Élie Metchnikoff

ESSAIS OPTIMISTES

メチニコフの長寿論

楽観主義的人生観の探求

エリ・メチニコフ 著
森田由紀 訳

発行 中山人間科学振興財団／発売 中山書店

メチニコフの長寿論
楽観主義的人生観の探求

エリ・メチニコフ 著
森田由紀 訳

中山人間科学振興財団

ESSAIS OPTIMISTES
ÉLIE METCHNIKOFF
MALOINE, PARIS, 1907

《翻訳》
森田由紀

《編集協力》
細野明義
公益財団法人中山人間科学振興財団 創立三十周年記念事業特別委員会
村上陽一郎（代表理事）
岩田誠（理事） 五十嵐隆（理事） 池田清彦（評議員） 武藤徹一郎（評議員）
平田直（業務執行理事） 八木由理子（事務局長）

《カバー原画提供》
Professor Jean-Marc Cavaillon

序　本書刊行にあたって

公益財団法人中山人間科学振興財団 代表理事
村上陽一郎

二十世紀に入って、細菌性の感染症に関しては、社会のインフラストラクチャーの整備、その限りでの国際的防疫体制の整備、魔弾と言われる抗菌性の医薬品の開発などが成果を挙げ、世界的に見れば、そうした諸要素の行き届かない地域に、依然として厳しい状況が残されてはいるものの、克服の目途がたったかに見えた。またウィルス性の疾患に関しても、魔弾の開発は未だしながら、天然痘をはじめ、ワクチンの開発・普及が顕著な効果を見せてきた。しかし、二十世紀後半になって、主としてウィルスを病原体とする新興感染症が、世界的規模で問題になり始めた。最初の衝撃はＨＩＶによる免疫不全の疾病、これは基本的には性感染症であるため、防疫に関しては比較的単純な対応で済むが、その後ラッサ熱、エボラ出血熱など、ある程度地域に限局されだ、しかし、感染力の極めて高いウィルス性感染症の認知を経て、今世紀、ＳＡＲＳ、そしてＭＥＲＳと、コロナ・ウィルス系の感染症が相次いで発生、そのエンド・ポイントのように、ＣＯＶＩＤ－19が、完全なパンデミックの形態をとって、日本でも収まる気配がない。

他方で、日本は、超高齢社会の先陣を切って走っている。総人口の減少にもかかわらず、総人口に対する高齢者の比率は年々上がるばかり、人口統計のグラフは、中ほどが膨らんで、下向きに極端に先細りという、異例のパターンを示すに至っている。百寿社会などという言葉さえ耳にすることが多くなった。COVID－19はそこに殴り込みをかけた形になった。

トリアージュは、戦場か激甚災害の場で、初めて考慮すべき措置だが、日本でも、ワクチンの接種順に関して、医療従事者の次に高齢者を定めたのは、誰も指摘はしなかったが、トリアージュが適用されていることに他ならない。数に限りのあるECMOを誰に適用するのか、も同じ問題であろう。長寿を目指してきた医療が、自らそれを否定する場面に遭遇する事態を、戦時ならぬ平時に経験するのは、予想の外にあることだったかもしれない。

メチニコフが生きていた時代は、現代とは社会状況は大きく違っている。感染症対策も未発達であったし、普通の人間はもちろん、医療人も病気を克服して長寿を手に入れることに、およそ疑念はない時代であった。しかし、ウィルス禍のただ中にあって、状況は一層複雑になっている。ただ、一方では、医療と社会との関りには、普遍・不変な側面があることもまた確かである。新たな、しかも騒然たる時代状況の中にあって、過去を振り返り、そうした普遍・不変な要素に思いをいたすことも、大切なのではないか。

人間・社会・医療の間に介在する問題を一つ一つ取り上げ、解き明かす努力を重ねることを標榜する当財団の、創立三十周年記念事業の一つとして、メチニコフの本書の新訳を取り上げる計画が始まったのは、ウィルス禍の始まる直前のことだったが、今振り返ってみると、そして、今本書を読み返してみると、現代に生きる私たちが、服膺しなければならない内容が多々あることに気づき、自賛ではあるが、この計画を実行してよかった、という想いを持つ。書物の出版の困難な時代ではあるが、願わくば、この古くて新しい書物の読者が多くあらんことを。

二〇二一年秋

エリ・メチニコフの仏語の原典からの日本語新版の刊行にあたって序文執筆の依頼を受けたことを、私は大変光栄に思っています。この新訳版により、日本の読者の皆さんが、メチニコフの重要な著作を再発見できると考えるからです。メチニコフは私が特に敬愛する比類のない人物です。今なお普遍的な意味を持ち続けている彼の思想を、日本の皆さんと共に分かち合える日が来ることを待ち望んでいました。

Jean-Marc Cavaillon, Dr.Sc.

Professeur Honoraire de l'Institut Pasteur
パスツール研究所名誉教授
Conseiller scientifique auprès de l'Agence Nationale de la Recherche
フランス国立研究機構科学顧問
Ancien président de l'«International endotoxin and Innate Immunity Society»
国際エンドトキシン・自然免疫学会 元会長
Ancien président de l'«European Shock Society»
欧州ショック学会 元会長

日本語新版刊行によせて

ジャン＝マルク・カヴァイヨン
パスツール研究所名誉教授

一八八七年、新たな研究拠点を探していたロシア人の学者エリ・メチニコフはルイ・パスツールに出会い、翌年、パリに開所が予定されていた最新の研究所内に研究室をもつ機会を与えられた。パスツールは常に人道主義的、国際主義的なヴィジョンを示すことで知られていたが、その時もメチニコフを喜んで迎え入れたのである。

一八七六年九月十二日にミラノで開かれた養蚕国際会議で開催されたバンケット（祝宴）において、パスツールは世界各国から訪れた参加者に語りかけ、その中で「日本の参加者に対しても」次のように述べている。

「日本の皆さん、あなた方の政治、社会の驚くべき変化、世界は目を見張っています。諸科学の育成が、その最大の関心事の一つでありますように」

この演説の中で、パスツールは次のようにも言っている。

「科学に国境はありません。なぜならば知識は人類の財産であり、世界を照らす松明だからです」

かくしてその後パスツール研究所に光明をもたらし、世界中から研究者を引き寄せ、数多くの若い科学者の指導者となり、たぐいまれな先見の明の持ち主だと判明することとなる人物メチニコフは、フランスを第二の祖国に選んだのである。[1]
メチニコフ夫妻は、最初はパリに住むことに少し不安を抱いていた。フランスの生活を知らなかったことが、懸念の一因だったのは間違いない。しかし、エミール・ゾラやフランス写実主義文学の作品を読んだことも、不安の原因となっていた。

エリ・メチニコフについては数多くの著作や論文が書かれている。その筆頭にくるものは二人目の妻、オリガ[2]が著した彼の完全な伝記である。この偉大な学者の生涯を詳しく語るのに、オリガより適任な人物があっただろうか。彼女は妻として彼の私生活の詳細を知っていただけでなく、また学問上の同志として、数々の新知見に対する理解に必要な科学知識も持ち合わせていたのだ。

一九一〇年一月には、科学ジャーナリストのチャールズ・J・ブランドレスがメチニコフを訪ねて、彼に魅了され、『寿命を延ばす男』というタイトルで華々しい記事をロンドン・マガジン（*London Magazine*）に寄稿した。「エリ・メチニコフは確かに何かに〝取り憑かれている〟、しかしそれは悪魔ではない。彼の頭脳から生まれ彼を輝かせる才気、生き生きとしたまなざし、そして耳に心地よく物事を明快に説明する話し方。これは人類の利益に資する科学の高貴な天才の反映なのだ」。彼はマックス・フォン・グルーバーの発言も引用している。グルーバーは凝集反応を発見したオーストリア人の細菌学者である。「メチニコフは、実り多い科学的発見を行うことを唯一の目的として、特別に創造された人物のように見える。しかし彼は単なる卓越した科学者ではない。それをはるかに超えた存在である。善良で偉大な人物で、スラブ人に非常によく見られる情熱家の性質を最も美しい形で体現した人物の一人なのだ。メチニコフは人類の理想なのである」。

彼の誠実な協力者であるアレクサンドル・ベスレドカは、師に献じた本の中に次のような記述を残している。[3]「メガネ越しに見える彼の眼は、茶目っ気とやさしさできらめいている。気取りがなく、常に変わらない温かい態度。［中略］その博識と驚異的な記憶力のおかげで、メチニコフは生きた文献目録ともいうべき存在だった。相談するのは楽しかった。彼は嬉々として答え、まるで相談されることをありがたがっているような様子だったのでなおさらである。彼の教師としての才能を強調する者もいる。彼は聴衆の心をつかみ、誰一人として彼の影響力から逃れられないのだった。学会（アカデミー）での論戦、中でも国際会議の論争で彼が発揮する青年のような情熱、論敵を恐れおののかせる激しい気性」。

メチニコフは十四歳の時にドイツの哲学者の本を読むためにドイツ語を学ぶことを決心した。十五歳で微生物の世界を発見し、種の進化に関するダーウィンの本を読むことに取り組んだ。これが生命と生物学に関する彼の考え方に強い影響を与えることになった。十七歳の時に滴虫類について初めての科学論文を著した。一八六四年に十九歳のメチニコフはドイツとイタリアに長期間遊学した。二十四歳でリュドミラ・ワシリエヴナ・フェドロヴィッチと結婚したが、彼女は結核にかかった。彼らは療養に必要な気候と太陽を求めて、イタリア、フランスの多くの都市に滞在し、最後にマデイラ島に落ち着いた。そして夫人は一八七三年にマデイラ島で逝去した。

1 Cavaillon JM, Legout S. Centenary of the death of Elie Metchnikoff: A visionary and an outstanding team leader. Microbes and Infection 2016; 18: 577-594.
2 Olga Metchnikoff. Vie d'Élie Metchnikoff. Librairie Hachette, 1920.
3 Alexandre Besredka. Histoire d'une idée: l'oeuvre de Metchnikoff. Masson, p.135, 1921.

夫人の死はメチニコフを絶望に陥らせた。帰国途上のジュネーヴで、彼は大量のモルフィネを飲んで自殺を図った。一命はとりとめたものの一時期モルフィネ中毒になった。

オデッサに戻ると自然科学に情熱をもやす年若い隣人に動物学を教えた。八人きょうだいの長女、オリガ・ベロコピトワである。そして一八七五年、メチニコフは彼女と結婚する。当時彼女は十七歳でメチニコフは三十歳だった。

一八八〇年にオリガが腸チフスに罹った。妻の病気、自らの心臓と眼の不調からくる疲労のせいで、メチニコフはうつ状態になり、再び自殺を図った。今回は回帰熱患者の血液を自分に注射したのだ。この結果、重篤な状態に陥ったものの、再び死を免れた。これは科学にとって非常に幸いなことだった。彼の重要な発見はこの後になされたからである。

メチニコフはドストエフスキー作品の登場人物に似ている。苦悩に責め苛なまれるパーソナリティー、厭世的な人生観、それどころか時には自殺を図るほどのうつ状態に陥る。しかし年齢を重ねるにつれ思慮深くなり、二冊の楽観主義的哲学に関する著作をものするまでになった。最初の作品『人間性の研究―楽観主義的哲学エッセイ』(一九〇三年)に記述された人物描写を読むと、やや奇妙な感じがしないだろうか。「青年時代に非常に不幸に感じていた一人の科学者を、私は完全に親密な形で知っている。生まれつき苦悩に対する一種の過敏症ともいえ、あらゆる方法でそれを鎮めようとした。つまらない不満が彼を真の虚脱状態に陥れ、麻薬でそれに対処した。彼は、ある倫理的苦悩から逃れるため、病原体ウイルスを自分に接種した。しかし時がたち、熟年、老年に達すると、彼の極度の感受性は、それほど鋭くない感覚に場所を譲った。若いころのような激しさでは苦痛を感じなくなったのだ。それに対して、生活のよりポジティブな面をはるかに強く味わうように

1891年にロンドンで開催された「衛生と人口統計学会議」の細菌学部門の集合写真。メチニコフは2列目中央に北里柴三郎と並んで写っている。
（PICTURE CREDIT : Institut Pasteur/Musée Pasteur）

なり、不幸を感じる時でさえ命を絶とうという考えは全く起こらなくなった。青年期の彼は厭世主義者で、苦痛は幸福よりもはるかに大きいと認めていたが、年を重ねると彼の人生観は完全に変化した」。

一八八二年に家族でシチリア島のメッシーナに滞在した際に、メチニコフは食細胞に関する初の発見をし、その後の彼の研究は、発生学者だったメチニコフを、動物学者、病理学者、感染症学者、微生物学者、細菌学者、免疫学者、疫学者、栄養学者、そして老年医学の専門家にした。メチニコフが「液性免疫の父」と呼ばれるパウル・エールリヒと共に一九〇八年に受賞したノーベル賞は、細胞性免疫の分野における先駆的な業績に関してメチニコフの名声を確立したが、彼の天才はこの分野にとどまらず、はるかに広い領域に及ぶものだった。

免疫学の先駆者として、メチニコフは肺に存在する肺胞マクロファージと、脳に存在し彼が当時ニューロノファージと呼んだミクログリア（小膠細胞）を発見した。彼はミクログリアが神経を変性させる病気の原因だと考えた。メチニコフはここでも先見性を発揮しており、彼の研究結果はのちに二十一世紀になってから立証されたのである。[4・5・6] とはいえ、彼はいたるところにマクロファージを認め、あらゆる現象にマクロファージが関係しているとみなす傾向があった。たとえば、彼は髪の毛の白髪化の原因となる「ピグメントファージ」を確認したと考えた。

大の親友、同志で同僚のエミール・ルーは一九〇四年から一九三三年までパスツール研究所の所長だったが、感染症学者メチニコフは、ルーと共に、当時の悪疾の一つだった梅毒の研究に着手することにした。病態生理学を理解し、治療法を見つけるためである。本書に「この病気に罹患しないことが確実になれば、婚外交渉の頻度は増加する」と書いた時、彼は自分の個人的な動機をほのめかしていたのだろうか。

十九世紀末から二十世紀初頭のパリの幸福で気苦労がない生活というイメージは、トゥールーズ＝ロートレックの絵に華やかに描かれている。露骨な表現をするならば、売春宿は大繁盛し、性病は蔓延していた。一九〇〇年にはパリの人口の一六％が梅毒に冒されていたと考えられる。つまり梅毒は公衆衛生上の重大問題だったのだ。このため、これを解決すれば、メチニコフの言葉を借りるなら、「婚外交渉を伴う生活は、おそらく、より心安らかなものになる」はずだった。

メチニコフとルーは一九〇三年から一九〇六年にかけ、百頭以上のサル、特にチンパンジーとオランウータンを研究に使用した。ヒトの梅毒の研究に適した動物は、サルだけであることが判明したからである。二人は、カロメル〔塩化第一水銀〕が梅毒の治療に有効であることを突き止めた。

彼らの研究は非常に説得力があったため、若い医学生ポール・メゾンヌーヴは、梅毒病原体の接種後にカロメルを使用する実験の被験者となることを自ら名乗り出た。

『人間性の研究—楽観主義的哲学エッセイ』において、メチニコフは「老年学（ジェロントロジー）」という新語を作り出した。彼は次のように書いている。「我々が現在目にしている老化現象は、もしかすると生の異常な状態で、何らかの治療法を探すことが可能ではないかと推測したい気持ちになる」。我らの偉大な科学者は、老化に伴う変性は消化管の細菌が産生する毒素によるものだと信じていた。これを証明するために、ヒトや著しい数の動物の菌叢、すなわちマイクロバイオータを研究することになる。彼は「食品衛生を、腸内細菌が惹起する慢性中毒症の予防に役立たせるべきだ。腸内細菌は毒素を体内に広め、組織の病変を引き起こすのだ」と考えた。

メチニコフは我々の消化管中の菌叢は有毒であり、腸内腐敗と腸自体に起因する自家中毒の源だと確信しており、老化に伴う変性は我々の大腸内に存在する細菌の有害作用がもたらすものだと考えた。もしそうであるなら、人間の寿命を延ばすためには、腐敗に対抗する有用菌を大腸に導入し、

---

4 Sierra A, et al. Microglia shape adult hippocampal neurogenesis through apoptosis-coupled phagocytosis. Cell Stem Cell 2010; 7: 483-495.

5 Luo XG, et al. Microglia in the aging brain: relevance to neurodegeneration. Mol. Neurodegener. 2010; 5:12.

6 Neher JJ, et al. Inhibition of microglial phagocytosis is sufficient to prevent inflammatory neuronal death. J. Immunol. 2011; 186: 4973-4983.

生来の腸内菌叢を「培養した」腸内菌叢に変えればよい。彼は腐敗細菌が有害物質を産生し、これらの細菌の特定の代謝物（パラクレゾール、インドール）が組織の病変を誘発することをウサギとサルで証明した。これらの病変は人間の高齢者に認められるものに類似している。

注目すべきことに、最近の研究では、腸内菌叢が、メチニコフが同定したものに類似した小分子を放出し、それが血管の病変の原因となることが立証されている。[7] メチニコフは、ヨーグルト摂取が〔健康に〕良い影響を及ぼすことを自分で確かめた後に、老化を遅らせるために「プロバイオティクス」を使用することを提案した（「プロバイオティクス」という言葉は後世のもので、当時彼は使っていない）。

ジュネーヴでレオン・マソルのもとで研究し、ブルガリア桿菌（ラクトバチルス・ブルガリクス）[*]を発見したブルガリア人研究者、スタメン・グリゴロフが、パスツール研究所でセミナーを開くよう招かれた。メチニコフはそれ以来、プロバイオティクスの賛美者になった。ヨーグルトが長寿に貢献していると考え、定期的にヨーグルトを摂取した。自分の死後に消化管を調べてほしい、とさえ言い残している。

メチニコフの研究室に集った約百人の研究者をみてみよう。アレクサンドル・ベスレドカは師の死後、研究室を受け継いだ。イオン・カンタキュゼーヌはブカレストに戻ると、パスツール研究所をモデルにした研究所を設立した。ヴァルデマール・ハフキンは、コレラとペストのワクチンを開発し、これらの疫病と闘うべくインドでワクチン接種にとりくんだ。マーク・アーマンド・ラファー卿は「古病理学の父」と仰がれている。ジュール・ボルデは、補体系の液性免疫の研究でノーベル賞を受賞した。「細胞性免疫の父」と呼ばれるメチニコフのもとでボルデの研究が行われたのは逆説的ともいえる。[8]

　そして最後に、東京大学出身の山内保を挙げよう。彼は、ドイツのいくつかの大学で学んだ後に、パスツール研究所に加わった。ルーマニア人研究者のコンスタンティン・レヴァディティのもとで、トリパノソーマ症の治療にヒ素化合物を使う研究や、ウサギとマカクを実験動物に用いての梅毒の研究をした。またメチニコフの研究室でアナフィラキシーや神経興奮性の研究も行った。また、アレッサンドロ・サリンベーニ、エティエンヌ・ビュルネと共に、メチニコフ夫妻に同行してカルムイク〔カスピ海北西部〕の草原地帯に行った。ロシア人病理学者レフ・アレクサンドロヴィッチ・タラセヴィッチと結核の疫学的研究を共同で行うのが目的だった。一九一三年にはパリ訪問中の野口英世を歓待している。この時、野口は狂犬病の病原微生物の同定をメチニコフに示した。だが残念なことに、これは培養環境の汚染によるアーチファクトであることが後に判明した。後日、山内は第一次世界大戦（一九一四〜一九一八年）の初期に、激しい論議の的になっていたウジェーヌ＝ルイ・ドワイヤン博士のがん研究をメチニコフに紹介し、ドワイヤンと共に戦傷から破傷風菌を同

7　Wang Z, et al. Gut flora metabolism of phosphatidylcholine promotes cardiovascular disease. Nature 2011;472: 57-63; Gregory JC, et al. Transmission of atherosclerosis susceptibility with gut microbial transplantation. J. Biol. Chem. 2015; 290: 5647-5660; Donia MS & Fischbach MA. Small molecules from the human microbiota. Science 2015; 349: 1254766; Zhu W, et al. Gut Microbial Metabolite TMAO Enhances Platelet Hyperreactivity and Thrombosis Risk. Cell 2016; 165: 111-124.

*****　タクソノミーの変化で現在は「ラクトバチルス・デルブリッキィ亜種ブルガリクス」。

8　Cavaillon JM, Sansonetti P, Goldman M. 100th Anniversary of Jules Bordet's Nobel Prize: Tribute to a founding father of immunology. Frontiers Immunol. 2019; 10: 2114.

1911年、アストラカンにおけるパスツール研究所仏露ミッション（フランス、ロシア共同研究団）。前列左から山内保、メチニコフの義妹ベロコピトワ夫人、エリ・メチニコフ、夫人のオリガ・メチニコフ、アレッサンドロ・サリンベーニ、エティエンヌ・ビュルネ。
（PICTURE CREDIT : Institut Pasteur/Musée Pasteur）

定した。

ダーウィニズムを信奉していたにもかかわらず、メチニコフは人間の身体の不調和に驚かされた。不調和の例として、結腸の長さ、盲腸の虫垂、胃、親知らず、体毛、処女膜、男女の性的成熟の差、オナニスムと死に対する恐怖を挙げた。死は本書『長寿論』の中心テーマであり、「死」という言葉は三〇〇回近く使われている。また死の学術的研究を意味する「タナトロジー」という言葉を作り出したのもメチニコフである。メチニコフのもしかするとユートピア的な見解は、たとえば忙しくてへとへとになった一日の後で人が睡眠を熱望するように、生に飽き足りた気持ちで死を迎えることが可能だというものである。

こうして、メチニコフは人生の黄昏ともいうべき時期に、楽観主義的哲学の著作を二冊出版することになった。この中で、彼は、膨大な学識にもとづいて主張を展開している。彼の知識は科学だけでなく、文学、哲学にまで及び、プラトン、アリストテレス、ソクラテス、孔子、ブッダ、老子、ショーペンハウアー、ゲーテ、レオパルディ、ヴォルテール、ユゴー、ルソー、カント、バイロン、シェイクスピア、プーシキンなどの他、一九〇九年五月に会見を果たしたトルストイも引用している。

一九〇七年に刊行された本書は、最初の著作が巻き起こした反発に対して書かれたものであると同時に、自説の論拠を強化することを目的としたものである。自殺未遂を少なくとも二度は経験し、食細胞に関する研究が引き起こした論争に直面して何度も自殺を考えた人物にとり、人生の経験が苦悩を和らげ、思慮分別をもたらしたことは幸いだった。また乳酸菌を定期的に摂取したおかげで、彼がより楽観的な人生観を抱くことができたと考えることも可能であろう。たとえば一九一〇年には、乳酸桿菌を与えた一八人の患者のうち一一人がうつ状態と精神の不調から回復したという報告があった。[9] 最近ではマウスにおける実験で、細菌が脳−腸軸の双方向のコミュニケーションに重要な役割を果たすことが明らかにされている。[10] 特定の微生物が、不安神経症やうつなどストレスに関係した不調の治療を補足する手段として有益だと証明される可能性が浮上し、「サイコバイオティ

9 Phillips JGP. The treatment of melancholia by the lactic acid bacillus. J. Mental Science 1910; 56 (234): 422-430.
10 Bravo JA, et al. Ingestion of Lactobacillus strain regulates emotional behavior and central GABA receptor expression in a mouse via the vagus nerve. PNAS. 2011; 108: 16050-16055.

クス」という概念が生まれた。

結びにあたり、科学が果たす役割に関する信念と楽観主義的見解を述べたメチニコフの言葉を引用したい。

「未来のいつか、あるひとつの宗教のもとに人類を結集させることが可能だとすれば、その際の理想は、ひとえに、科学的な諸原理をその基礎とすべきである。そして、よく言われているように、もし信仰を持たずに生きることが不可能であるならば、その信仰とは科学の力に対する信仰以外の何物でもあり得ない」

（訳　森田由紀）

二〇二一年五月　パリ

目次

第二章 動物の寿命 041

第九章 科学と道徳

原著 序

私は四年前に『人間性の研究』というタイトルで楽観主義的人生観についての試論を出版した。人間が動物から受け継いだ複雑な要素の中には、我々の不幸の原因となる不調和なものがあるが、一方、より幸福な人生を可能にする要素も認められるという論旨の本である。

私の意見に対し、相当な数の反論が巻き起こった。私はさらに論証を進めることで、こうした反論に応えたいと思った。それがまさに本書であり、本書には私の理論の根幹に密接に関わる一連の研究も引用した。

私は、私自身や同僚たちが証明した数多くの新事実に基づいて論証を進めることができたが、多くの点では仮説に頼らざるを得なかった。私は出版を遅らせるよりこの不完全な方法を選択した。

今日でさえ、私には健全で道理にかなった論理を組み立てる能力がないと考える批判者がおり、出版が遅れれば遅れるほど、これらの批判者に攻撃の機会を与えることになるからだ。

今述べたことは、私の見解が「個人的な強い懸念」の産物にすぎないという批判に対する回答でもある。生物学者が（時期尚早の）老化を身近に観察し、原因の追究を始めるのはごく自然なことだ。しかしながら、その研究が長年進行中の老化を阻止できると主張できないのはいうまでもない。我々が展開した見解が老化の進行に変化をもたらしうるとしても、それは恩恵を受けることを望む若い世代が、これらの見解を実行に移した場合にのみ可能なのだ。また『人間性の研究』と同様に本書も、早すぎる老化の洗礼をすでに受けた世代よりも、若い世代を念頭において書いた。長年にわたり生活し働いてきた人間の経験は、有益な情報をもたらすのではないかと考えたからである。

この本は『人間性の研究』の続編である。このため、前著で十分カバーしたテーマについては、繰り返しを極力、避けた。

我々は本書に『人間性の研究』の出版以降に行った研究の成果を加えた。いくつかの章は、すでに複数の学会のテーマとして取り上げられており、別の形で発表されている。たとえば「人間の心理に残る進化の痕跡」に関する試論は一九〇四年の「心理学総合研究所紀要（*Bulletin de l'Institut général psychologique*）」に、「動物社会」に関する試論は一九〇四年の「ボルドーおよびフランス南西部の学術愛好家雑誌（*Revue Philomathique de Bordeaux et du Sud-Ouest*）」と同年のJ・フィノの「ルヴュ（*Revue*）」に発表され、さらにこのドイツ語訳がオストワルト教授の「自然哲学年報（*Annalen der Naturphilosophie*）」に掲載されている。「酸乳」に関する章は一九〇五年に発行された小冊子として日の目を見た。「自然死」に関する試論の要約は一九〇七年一月のニューヨークの「ハーパーズ・マンスリー・マガジン（*Harper's Monthly Magazine*）」に、「動物の自然死」に関する章は一九〇六年の「今月のルヴュ（*Revue du Mois*）」第一号に掲載された。

新事実の発見や有益な情報の提供で私の仕事を助けてくれた友人や弟子たちに心から感謝する。彼らの名前のほとんどを本文中に記載した。唯一記載されていないのはJ・ゴールドシュミット博士である。仕事の遂行にあたり、彼の絶え間ない励ましと貴重な援助には非常に助けられた。また、原稿と校正刷りのチェックと訂正という骨の折れる作業を受け持ってくれた友人たち、特にルー博士、ビュルネ博士とメニル氏にも感謝したい。

一九〇七年二月七日　パリ

本書を私の友人たちと弟子たちに捧げる

ESSAIS OPTIMISTES

メチニコフの長寿論

楽観主義的人生観の探求

訳者註

本書と前著『人間性の研究』(*Études sur la Nature Humaine: Essai de philosophie optimiste*) について

本書刊行の四年前、一九〇三年に刊行されたエリ・メチニコフの『人間性の研究―楽観主義的哲学エッセイ』(*Études sur la Nature Humaine: Essai de philosophie optimiste*) は、進化論に立脚し、動植物の生態、発生学、比較解剖学、医学的知見のみならず、人類学、哲学、宗教、文学の知識も駆使して人間の現状を検討し、仮説に基づきながらも人類が幸福を手にするための提言をしたものであった。内容は多岐にわたり、要約の作成は訳者の手に余るが、主なものを列挙すると次のようになる。

比較解剖学、発生学、血清の研究などのデータを挙げながら、人間と類人猿が縁戚関係にあるとし、人間は進化の一段階で類人猿が突然変化して出現したと主張する。そのうえで、生殖器、消化器官や痕跡器官の研究に基づいて人間性には不調和があるとし、死に対する本能的恐怖と人生の目的に対する疑問が人類の不幸と厭世主義の根源にあるとする。続いてこの不調和を克服しようという東西の宗教、哲学の試みを精査し、いずれもその目的を達していないと指摘、科学こそがこの問題を克服する可能性を持つと結論した。そして人の自然死は稀ではあるが存在し、科学的知識に基づいた生活を送ることで、健康な老年期の後に眠りへの欲求に似た死の本能が生まれ、安らかな自然死を遂げることが可能になると予測した。同時に、その実現に必要な老化と死に関する科学的知見はあまりにも少ないとし、老年学(ジェロントロジー)と死生学(タナトロジー)の必要性と、社会において科学により重要な役割を与えることが必須であると主張している。

本書の序でメチニコフ自身が書いているように、『人間性の研究』の主張は多くの批判を招き、これが本書の執筆につながったとされる。

なお、本書の原書は一九〇七年刊行の仏語版であり、現在では不適切な表現と思われる箇所もあるが、当時の空気感を伝えるためにできるだけ著者の真意が伝わるような訳を心がけた。著者の意図するところがうまく伝わらない場合はすべて訳者の責に帰するものであることをご容赦いただきたい。

第一章　老化の研究

I

開発途上国における高齢者の扱い――文明国における高齢者殺害――高齢者の自殺――高齢者扶助――百寿者――百六歳のロビノー夫人――老化の主な特徴――老齢の哺乳類の例――老齢の鳥類とカメ――下等動物の老衰に関する仮説

『人間性の研究』では我々の生体の老化の内的メカニズムに関する理論を提示した。我々の見解は一方でさまざまな反論を呼び起こしたが、他方で、このテーマについて新たな研究が生まれるきっかけにもなった。老年期の研究は理論的に大きな意味を持つだけでなく、実用の面でも非常に重要である。このため、この問題を新たに検証することは有意義だと考える。

老年期の問題を高齢者の排除という最も単純な方法で解決する民族は依然として存在する。かたや近代化した国においては、高邁な感情と一般秩序への配慮から高齢者を簡単に排除するわけにはいかず、これが老年期の問題を複雑にしている。

有用な仕事ができなくなった高齢者を生き埋めにする風習はメラネシア全域にある。

『人間性の研究』
(*Études sur la Nature Humaine: Essai de philosophie optimiste*)
本書の四年前(一九〇三年)に刊行されたメチニコフの著作。進化論に立脚し、動植物の生態、発生学、比較解剖学、医学的知見のみでなく、人類学、哲学、宗教、文学の知識も駆使して人間の現状を検討し、仮説に基づきながらも人類が幸福を手にするための提言をした(詳細は二頁「訳者註」および三四九頁「メチニコフ小伝」を参照)。【森田】

フエゴ諸島の住民は飢饉が迫ると、イヌよりも先に老女を殺して食べる。その理由を尋ねたところ「イヌはアザラシを捕まえるが、老女はそれをしないからだ」という答えが返ってきた。

文明化された民族はフエゴ諸島の人々やその他の「未開人」のように高齢者を殺したり食べたりはしない。それにもかかわらず高齢者の生活はしばしば非常に辛いものとなる。一家やコミュニティで有用な役割を果たせないので、人々は高齢者を大きな重荷と見なし、厄介払いすることは許されないとしても、その死を待ち望み、死がなかなか訪れないことに驚く。イタリア人は老女には七つの生があるという。ベルガモの住民は老女には七つの魂と八つ目のごく小さな魂とさらに二分の一の魂があると考えている。リトアニア人は老女の生命は非常に堅牢で粉挽き車でも粉砕できないと不平をいう。

大衆のこうした考えは、欧州で最も文明が進んだ国においてさえ高齢者殺害事件が多発している事実に映し出されている。犯罪ニュースをざっと見ただけで、高齢者、特に女性の殺害件数が多いことに驚かされる。こうした犯罪の動機は容易に理解できる。数人の高齢者を殺した罪でサハリン島に送られた流刑囚は、刑務所医に対し、非常に無邪気な様子で「なんで憐れむ必要があろうか。彼らはみな年取っていて、私が殺さなくても何年もしないで死んだだろうに」と語った[1]。

ドストエフスキーの有名な小説『罪と罰』には、若者たちが酒場でいろいろな問題を論

『罪と罰』
一八六六年に雑誌［ロシア報知］に連載された長編小説。貧乏な青年であるラスコーリニコフは「小さな犯罪は大きな善をもたらせば許される」との信念のもとで、高利貸しの老婆を殺害し、奪った金で世の中に善を施そうとし、殺害時に偶然居合わせたその妹までを殺害してしまった。罪の意識、幻覚などに苦悩し、最後には自首する主人公を描くことで、人間回復へのヒューマニズムを描いた作品。本作品の執筆は、一八六五年に二人の老婆を殺害し金品を強奪したモスクワでの事件がきっかけとされる。【五十嵐】

じている場面がある。会話の真っ最中に一人の学生が「全く良心の呵責を感じることなく呪われた老女を殺害し盗みをはたらく」ことを宣言する。実際のところ、と彼は続ける。「一方には、愚かで無分別で取るに足らない、意地悪で病身の老婆がいる。彼女がいなくても寂しがる者は誰もいない。この老婆は、むしろ万人にとって有害な存在で、なぜ生きているのか自分でもわかっておらず、もしかすると明日にでも大往生を遂げるかもしれない。これに対し、もう一方には、誰からも生活援助を受けられず、何の理由もなく死んでしまう若くみずみずしい若者の大群がいる。それも何千人という数である。そして至る所で状況は同じなのだ[2]」。

高齢者は殺害される危険にさらされているだけでなく、自殺で時期尚早に生を終えることも多い。

生活手段を失ったり重病に侵されたりした高齢者は、苦痛に満ちた生よりも死を選ぶ。新聞のニュースは、苦しみに疲れはてコンロに火をつけて酸欠死する多数の高齢者の例を報じている。

高齢者の自殺が多いことは統計や大量のデータが裏付けている。これは旧知の事実で、新たに得られるデータはこの結論を再確認するにすぎない。たとえば一八七八年にプロイセンでは一〇万人のうち二十〜五十歳の男性の自殺は一五四件だったが、五十〜八十歳の男性ではそのほぼ二倍の二九五人だった。典型的な自殺多発国として知られるデンマーク

高齢者の自殺
世界的にも高齢者の自殺は昔も現代も多く、わが国では現在全自殺者の約四割を六十五歳以上の高齢者が占める（平成十七年・厚生労働省資料）。高齢者の自殺の原因・動機の約七割は健康問題で、高齢自殺者の九割以上が身体的不調を訴え、八割以上が治療を受けている。継続的な身体的苦痛がうつの引き金となり、家族への精神的負担や喪失感・孤独感が加わり、自殺に繋がると考えられている。【五十嵐】

でも同じ傾向が確認されている。コペンハーゲンでは一八八六年から一八九五年までの十年間に、三十～五十歳の〔成人〕男性三九四人が、五十～七十歳の〔高齢〕男性六八六人が自殺した（一〇万人あたりの数字）。成人男性は自殺件数の三六・五％を占め、高齢男性の自殺は、男性自殺者の六三・五％を占めたのだ。[3]

こうした状況の下、政治家や慈善家が哀れな高齢者たちの苦痛を緩和するために大変苦労していることは容易に理解できる。いくつかの国ではすでにこの方向で法律が可決されている。たとえば「一八九一年六月二十七日付のデンマークの法律は、高齢者援助を義務化した。この法律は六十歳以上のすべての国民は必要があれば援助を受ける権利があると定めた」。この法律に基づき、一八九六年には三万六〇〇〇人以上（三万六二四六人）が年金を受給し、その総額はほぼ五五〇万フラン（五四〇万七九二五フラン）に上った。[4] ベルギーでは六十五歳以上の困窮高齢者に年金受給権が与えられている。

フランスではごく最近まで「困窮高齢者を入院させるためには、まず当人が乞食だという判定を県知事が下し、県の乞食収容施設に入れることが必要だった」。[5] 一九〇五年七月十五日の法律の施行により、こうした状況に終止符が打たれた。この法律は「フランス人のうち、財産がなく労働で生活必需品を賄うことができない七十歳以上の者、身体障害者あるいは治癒不可能と認められた疾病の患者は、当該の法律により制度化された扶助を受ける」と定めている。

平均寿命の推移
二〇一八年の男女合計の平均寿命は、香港八十四・九三歳、日本八十四・二一歳、マカオ八十四・一二歳の順で、フランスは八十二・

こうした法律を制定し、高齢者の扶助を国民に負担させることは当然なことだと考えられている。その一方、身体の障害を伴う老年期の訪れを遅らせ、いかにして高齢者が労働で生計を立てられるようにするか、は考えられていない。しかし老化は自然科学の方法を使って研究することが可能な現象である。このため、精密科学の進歩により、現在では公的援助に依存せざるを得ない年齢でも、将来、健康と活力の維持を可能にする法則が確立される日が来るかもしれない。この目的を達成するためには、老人ホームで老化に関する体系的研究を実施し、高齢者が活動を維持するために最善の健康管理法とその条件を明らかにすることが必要だと考えられる。老人ホームでは七十五~九十歳の高齢者は多いが、百歳以上の者（百寿者）は非常にまれだ。百歳という例外的な高齢に達した者が、設立以来一人もいない複数の男子老人ホームを私は知っている。女性は男性より長寿になるが、女子老人ホームでも百歳を超える例は珍しい。たとえば非常に多くの老年女性を収容するサルペトリエールでも、百寿者の住人はまれである。百寿者は老化の研究に重要だが、百歳以上の被験者を探し出すには在宅介護のケースを調べる必要がある。

我々が観察できた百寿者のほとんどは、精神面で非常に顕著な衰えを見せていた。このため、研究は必然的に純粋に身体的な特性と機能に限られることになった。数年前サルペトリエールは一人の老婦人が百歳になったことを喧伝したが、彼女は寝たきりで身体が極度に虚弱だったうえ、知的にも強度の衰退が見られた。質問されると短く返答したが、質問の意味はよく理解していなかった。

七二歳で十四位である（厚生労働省「平成三十年簡易生命表の概況」より）。一九〇〇年の平均寿命は、英国五十歳、フランス四十七歳、米国四十七歳、日本四十四歳、インド二十四歳で、世界全体の平均は三十一歳であった。このように平均寿命が伸長したのは、一九六〇年代までは衛生環境や医療技術の改善により乳幼児死亡率や感染症患者の死亡率が低下したことや食料供給の安定化が、一九七〇年代からは医療技術の進歩による高齢者死亡率が低下したことが主な要因とされる。　【五十嵐】

サルペトリエール
一六五六年にルイ十四世がパリ中心地から離れたセーヌ川左岸に設立した浮浪者のための収容施設（総合救貧院）が始まり。当時は、女子と特殊な犯罪者がサルペトリエールに収容された。その後、十八世紀には精神病患者の病棟や老人のための養老院も設けられ、十九世紀中頃にサルペトリエール病院となった。　【五十嵐】

ごく最近、ルーアンの郊外に住む女性が百歳に達した。それを記念して複数の地方紙が彼女を称賛する記事を掲載し、身体は強壮で知力も衰えていないと書いた。私たちは詳しい調査をしようとこの女性に会いに行ったが、ジャーナリストが彼女の姿を誇大に伝えていたことはすぐに見破れた。身体的には比較的良好な状態を維持していたものの、知力は非常に衰退していたので、多少とも重要な研究の対象にはとてもできなかった。

我々が面識を得た百寿者のうち、最も興味深かったのはその中の最高齢者で、彼女はもうすぐ百七歳になる（一八〇〇年六月十二日生まれ）。約二年前、フラマン氏というジャーナリストがパリ近郊に住むこのロビノー夫人のもとに我々を案内した。彼女は小柄でやせており、背中は曲がり、杖にすがって歩行し、身体的には大きな衰えを見せていた。歯は一本しか残っておらず、数歩歩いただけで椅子に座る必要があった。楽な姿勢で腰をおろせばかなり長く座っていることができたが、夜は早く就寝し寝ている時間が長かった。顔は年齢相応の特徴を示しているが（図1）、皮膚のしわは極度にひどくはなく、手の皮膚はかなり透明になっており、骨、血管、腱が透けて見えた。

五感はかなり衰弱しており、片眼の視力喪失のほか、嗅覚と味覚もわずかに残るのみだった。外界との交流手段として最もよく残っているのは聴覚であるが、耳の疾患の専門医として有名なレーヴェンベルク医師は「ロビノー夫人の耳には極めて重度の聴覚減退の兆候がある。高齢者に典型的な症状で、高音は完全に聞こえなくなっており低音は軽度の難聴である」と診断した。レーヴェンベルク医師は、聴力減退は老化によるものだとした。

年齢が上がるにつれ聴覚器官の神経組織が破壊されるが、その一方で音を伝達する器官自体は損なわれない。ロビノー夫人の肉体は弱っていたが、知性は高度に保たれていた。非常に繊細な感情や細やかな心遣いを示し、心の優しさは感動的ですらあった。高齢者は利己的だという一般的な考えとはうらはらに、夫人は同胞への敬意にあふれ、会話は理知的

図1　百寿者ロビノー夫人（105歳の誕生日に撮影）

で論理には非の打ちどころがなかった。

身体機能の検査からいくつかの非常に興味深い事実が判明した。アンバール医師は聴診の結果、彼女の心音は正常で、少しアクセントが強いと認めた。脈拍は規則正しく七〇～八四、血圧は正常で動脈圧は一七、*肺は健康と、あらゆる指標が良い健康状態を証明していた。何より驚かされたのは、このような高齢にもかかわらず動脈硬化が見られなかったことで、「動脈硬化は高齢者では普通に見られる特徴である」という依然として広く流布する定説に一致しなかった。尿検査で腎臓は何らかの慢性疾患に侵されていることが判明したが、それはごく軽度のものと思われた。**

味覚はかなり衰えていたが、それでも食欲は申し分なかった。飲食の量は少ないが、食事はバラエティに富んでいた。肉類はわずかだが、卵、魚、澱粉質、野菜や火を通した果物をしばしば食べた。また白ワインを少し加えた砂糖水を飲むほか、食後にデザートワインを少量飲むこともあった。消化と腸の機能は全体として正常であった。

一般に、寿命は子孫に遺伝すると考えられている。しかしロビノー夫人にはこれがあてはまらない。両親は若死にし、親族で百歳に達した者は一人もいない。このため彼女の長寿は後天的な特質だといえる。彼女は生涯を通じて簡素な生活を送った。木材商人と結婚して裕福な暮らしを営み、長い間パリ近郊に住んだ。優しく愛想の良い性質で、家庭的な生活を送り、あまり交際することなく「マイホーム」に引きこもるのを好んだ。

＊　原文で「動脈圧一七」とあるが「一七㎝」すなわち「収縮期圧一七〇㎜Hg」と推測される。現在では収縮期圧一七〇㎜Hgは明らかな高血圧だが、当時は「正常」と考えられていたものと思われる。【五十嵐】

＊＊　一九〇五年一月に二十四時間で排出された尿は五〇〇ミリリットルにしかすぎなかった。濃度は一〇一九だった。尿には蛋白も糖も含まれていなかった。一リットルあたり尿素一一・五グラム、塩化物九グラム、リン酸塩一・一五グラムが含まれていた。沈殿物には尿酸結晶、扁平上皮細胞の他、ごく少数の尿細管細胞および少数の硝子円柱と白血球が見られた。【原註／森田訳】

百六歳を過ぎると、知力が急激に衰退した。記憶をほとんど失い、言動はしばしば理性を欠いた。しかし優しく愛想の良い性質は変わらなかった。

老人の外観はあまりにもよく知られているので詳しく記述する必要はないだろう。顔の皮膚は乾燥してシワに覆われ、多くの場合青白い。頭髪と体毛は白い。程度の差はあるが腰が曲がっている。歩行は緩慢で困難、記憶力は衰えている。これが老人の最も際立った特徴である。禿頭は老化の特徴的な兆候だと考えられることが多いが、実はこれは誤っている。というのは、頭は若いうちから禿げ始めるからだ。年齢が進むと禿の度合いは進行するが、若いうちに禿げ始めなかった人が年取って禿になることは「ほとんど」ない。

また、老人は身長が縮む。数多くの身体測定の結果によると、五十〜八十五歳の間に男性は三センチ以上（三・一六六）身長が低くなり、女性はそれよりも顕著で四・三センチも縮む。時には身長が六センチ、七センチも低くなることがある。

ケトレーによると、男性は四十歳、女性は五十歳で体重が最大になる。六十歳から体重が減り始め、八十歳では減少が平均六キロになる。

身長と体重の減少は老人の身体が全体的に萎縮することを示している。年齢につれて筋肉、内臓などの柔らかい部分が軽くなるだけでなく、骨格でさえ重さを失う。骨が軽くなるのはミネラル質の減少によるもので、老年期におけるカルシウム喪失は骨格のあらゆる部分に及んで骨を脆くし、これが原因で死亡する人も多い。

アドルフ・ケトレー
Lambert Adolphe Jacques Quetelet（1796-1874）。ベルギーの数学者・統計学者。肥満度の指標として用いられるケトレー指数（Quetelet index：Body Mass Index [BMI] またはカウプ指数と同一の計算式）を発案した。【五十嵐】

老年期では筋肉も非常に萎縮しやすい。筋肉量は減り、筋肉組織の血流は悪くなり、色が薄くなる。筋束の間にある脂肪の量が減り、ほぼ完全に消滅してしまうこともある。動作は緩慢になり筋力も弱まる。筋力計を使って行った手と体幹の筋力の測定は、高齢者の筋力が徐々に減少することを示しており、それは女性より男性において著しい。内臓も体積と重さが減少するが、減少の度合いは臓器によって異なる。

哺乳類の老化現象はヒトと同じ特徴を見せる。『人間性の研究』では年老いたイヌについて記述したが、さらに他の例を二つ挙げることができる。

ゾウについて最も造詣の深い人物の一人であるエヴァンス氏の記述[6]によると年老いたゾウは次のような姿をしている。「みじめな外観の寄せ集めだ。頭はやせこけ、頭頂はほとんど皮膚に覆われていないように見える。目の上に深い穴があき、頬にも穴があることが多い。前頭部を覆う皮膚にはしばしば亀裂が入っていてイボ状になっている。目は混濁していることが多く、異常に大量の液体が流れ出ている。耳の縁、特に下部は破れ、擦り切れた様子だ。鼻の皮膚はごつごつして固くイボに覆われており、鼻の器官自体の柔軟性が大幅に失われたように見える。身体を覆う皮膚はてらてらし縮んでいる。脚も若いころに比べて細く、以前の巨大な筋肉が消失し、特にくるぶしのすぐ上の部分が著しく細くなっている。爪の周りの皮膚はイボ状で亀裂が入っている。尾はうろこ状で硬く先端は毛がなくなっている」。

年取ったウマの外観も同様の特徴を示している。ウマはゾウに比べ老化の始まりが大変早い。添付の図2はマイエンヌ県のメテーヌ氏所有の牝馬で、三十七歳という珍しい高齢である。

図2　37歳の牝馬

皮膚は明らかに萎縮しており、あちらこちらに毛足が短い箇所があるが、他の部分は長い毛に覆われている。姿全体から身体の総体的な衰弱が見てとれる。

これに対し、二十五歳を超えたアヒルの写真（図3）は、多くの鳥がこの年齢で正常な外観を保っていることを示している。写真はジャン・シャルコー医師所有のアヒルである。しかし、鳥も非常に年を取ると、高齢のオウムに時々見られるように、弱々しい身体、貧相な羽、関節の腫れの形で歴然とした老化が表れる。

図3　4半世紀以上生きた白アヒル

ところが、これまで観察された最高齢の爬虫類は、同種の成体と全く同じ外観を保っていた。ラボー氏とコールリー氏の厚意により入手することができた雄ガメ（*Testudo mauritanica*）は少なくとも八十六歳になっているが、老化の兆候は全く見られず、他のどの個体とも変わらない生活を送っている。三十一年以上前にツルハシによって大きな傷を負い、その傷跡が今でも甲羅の右側に残っている（図4）。直近の三年間はモントーバンの公園で二匹の雌ガメと一緒に飼われており、これらの雌ガメは受精卵を産んだ。すなわち、ほぼ確実に八十六歳を超えているこの雄ガメは性的機能を果たすことができたのである。

レイ・ランケスター氏の非常に興味深い本[7]から「おそらく地上に生存する動物の中で最も高齢と思われる」モーリシャス島の巨大カメの写真と記述を借用しよう（図5）。このカメは一七六四年にセーシェルからモーリシャス島に連れて来られ、それ以後、提督の庭園で飼育されている。すでに百四十年の間、人間に飼育されていたので、確定はできない

レイ・ランケスター
E. Ray LANKESTER (1847-1929)。英国の動物学者。比較解剖学、進化学の専門家で、主として原生動物、軟体動物、節足動物を研究し、優れた業績を残した。【五十嵐】

が百五十歳以上になっていると考えられる。しかしこのカメの外観は高齢である兆候を全く示していない。

これまで紹介した例で、人間よりもはるかによく加齢に抵抗できる動物が脊椎動物の中

図4　高齢の陸棲カメ

図5　150歳を超えると思われる巨大カメ（E・R・ランケスター氏による）

モーリシャス島の巨大カメ

セーシェルの固有種のアルダブラゾウガメ（*Aldabrachelys gigantea*）の有名な個体で、この記述から判断すると、所謂「マリオンのゾウガメ」のことだと思われる。一七六六年（本文では一七六四年になっている）にマルク＝ジョゼフ・マリオン・デュフレーヌによってセーシェルからモーリシャスに連れて来られたことから、この名がある。一九一八年に死亡し、飼育記録は百五十二年である。同じ種で二百五十五年の飼育記録を持つ個体がいたという報告があるが、疑問視する向きもある。なお、ダーウィンがガラパゴス諸島から持ち帰ったとされるガラパゴスゾウガメは百七十五歳まで生きた。「マリオンのゾウガメ」は『百二十年の孤独』という物語のモデルとしても有名だが、自分の属する種が絶滅した後も生き延びたという話は脚色で、アルダブラゾウガメはセーシェル諸島にまだ健在である。【池田】

にも存在することが明らかになった。この事実から「老衰、すなわち人類最大の禍の一つである時期尚早な老化は、高等動物の身体に一般に考えられているほど深く根を下ろしているわけではない」と結論することができる。この結果、「老化による衰退は生物にとって不可避な現象か」という、より一般的な問題を長々と論じる必要がなくなる。

すでに『人間性の研究』において、老化による我々の身体の変性と、モーパ氏が記述した滴虫類の老化現象の違いを指摘した。滴虫類の場合、老化に続いて若返りが起こるのである。複数の研究者が新たに行った研究で、この違いは実際にはさらに大きいことがわかった。エンリケ[8]は、老衰現象を起こすことなく七百世代にわたって滴虫類を飼育するのに成功し、人類とは全くかけ離れた状況が観察されたのである。

下等生物について世界最大の知識を持つ研究者の一人R・ヘルトウィッヒ[9]は最近、極微動物の中でも最も単純な太陽虫（*Actinosphaerium*）が生理的衰退を見せることを証明しようとした。彼は、この根足虫類の生物が、栄養が豊富にあるにもかかわらず、培養基の中で全滅する様子を何度か観察した。ミュンヘンの動物学者であるヘルトウィッヒは、この現象を「その前の期間にあまりにも活発な活動を見せたことで太陽虫の身体が損なわれてしまったため」と解釈した。しかし何らかの感染症に侵されたために死滅したと考えるほうが、よほどシンプルではないだろうか。こうした感染症で下等動物、下等植物が全滅するのは、非常に頻繁に起きる現象なのである。ヘルトウィッヒはこの可能性に思い及ばなかったので、太陽虫が内包する数多くの顆粒の間に寄生細菌がいたかどうかは調査してい

滴虫類（Infusoria）
繊毛虫類のこと。原生動物の一群で、体表は繊毛で覆われ、細胞核には大核と小核が存在する。ゾウリムシ、ラッパムシ、ツリガネムシなどが相当する。【五十嵐】

R・ヘルトウィッヒ
Richard von Hertwig (1850-1937)。ドイツの動物学者。放散虫などの下等動物の研究の第一人者。【五十嵐】

太陽虫
微小管を中心に有する針状の仮足（軸足）を多数持つ球形のアメーバ様原生動物の総称。淡水、海水に生息する。放散虫と異なり、硬く複雑な骨格を持たない。仮足に近寄ったエサを仮足が接着し、仮足に沿って輸送し、食胞に取り込み捕食する。分裂により増殖する。【五十嵐】

下等動物・下等植物
「下等動物」とは、発生学、比較解剖学、系統学などの見地から、進化の程度が低いと思われる動物。脊椎動物では、爬虫類、両生類、

ない。いずれにしても、彼が挙げる実験結果を、動物界で最も下等なこの生物が老化で衰弱した証拠であると認めることはできない。

本章に挙げた事実から、身体的な衰弱が著しい場合でも、超高齢者が知的能力を保つ可能性は存在すると結論することができる。さらに、これらの事実から、脊椎動物の身体は、現在の人間よりもはるかに長い時間、加齢の影響に抵抗する力があると認めざるを得ない。

II

老化の原因に関する仮説：老化の原因を細胞増殖力の衰退に帰することはできない――老齢における頭髪、体毛、爪の成長――組織老化の内的メカニズム――マリネスコの反論にかかわらずニューロノファージは真正の食細胞である――細胞増殖力の衰退が老化の原因であるという学説に対する反論の論拠：頭髪の白髪化と神経細胞の破壊

有機体が必ず老化によって衰退する、という仮説はまだ立証されていないが、人間と人間に最も類似した生物が老化によって衰退するのは事実である。このため何が老化の原因なのかを明らかにすることは非常に重要である。仮説は数多く立てられており、不足しているのはむしろ明確なデータである。

ビュッチュリは、細胞の生命は生命維持に不可欠な特殊酵素によって維持されており、

魚類などが相当する。高等動物に対する語。
「下等植物」とは、維管束を持たず、構造が簡単で、器官の分化が発達していない植物。コケ植物、菌類、地衣類、藻類などが相当する。高等植物に対する語。【五十嵐】

ビュッチュリ
Johann Adam Otto Bütschli (1848-1920)。ドイツの動物学者、細胞学者。線虫の増殖過程の研究を通じて動物細胞における有糸分裂（細胞分裂の際にクロマチンが染色体を形成し、紡錘体によって分配される分裂様式）を発見した。また、原形質の微細構造の増殖過程や原生動物の分類に重要な業績を残した。【五十嵐】

細胞が増殖するにつれてこれが枯渇してしまうという見解を発表したが、これは何の裏付けもない単なる思いつきと見なすべきである。なぜならば、こうした酵素は一度も観察されておらず、実際に存在するかどうかさえ怪しいからだ。より広範に流布しているのは、以下のようなヴァイスマン教授の説だ。我々の器官を構成する細胞は、生きている間中失われ続けるが、新たな細胞の増殖には限りがあるので、補完が不十分になり、この結果老化が起こるという説である。種と個体によって老化が表れる年齢が異なることから、ヴァイスマンは、細胞増殖が可能な世代数は、ケースによって異なるという結論を下した。しかし、細胞増殖が特定回数で止まるケースがある一方、その回数を大幅に超えて継続するケースがある理由を、彼は説明できなかった。

アメリカの学者マイノットはこれに類似した理論を展開した[10]。彼は精密な方法を使って、誕生以降、動物の成長過程が緩慢になっていくことを検証した。一生を通じて細胞の増殖力は次第に弱くなり、この結果損失を補完できないので生体は萎縮、衰退する。最近になって、ビューラー医師もこの説を再び主張している[11]。

ヒトの一生で細胞増殖が最も盛んなのが胎児期であることは疑問の余地がない。その後、増殖の速度は減少するものの、一生を通じて増殖は継続する。ビューラーは、高齢者で特定の傷が治りにくいのは、まさに細胞の再生が不十分だからだとした。また皮膚の落屑箇所に入れ替わる表皮の代替細胞の生産も、老年期には著しく減少すると考えた。彼は、理論的には、表皮の細胞増殖が完全に止まる瞬間を予測するのは容易だと考える。一方、皮膚表面では乾燥と落屑が絶え間なく起こるので、この結果、表皮は最後には完全消失する

ヴァイスマン
August Friedrich Leopold Weismann (1834-1914)。ドイツの動物学者。発生学と遺伝学に多大な貢献をした。多細胞生物では遺伝は生殖細胞によってのみ引き起こされ、体細胞は遺伝には関係しない(生殖質説)。生殖細胞は多くの生殖細胞と体細胞を作るが、生殖細胞は体細胞がその生涯で得たいかなる変化からも影響を受けないと指摘した。また、生物の個体死は体細胞の死を意味し、生殖細胞は原生動物と同様に世代から世代へ送られて行くと考えた。
【五十嵐】

マイノット
Charles Sedgwick Minot (1852-1914)。米国の解剖学者、発生学者。人体発生の形態学的研究で多大の業績を残した。特に、細胞の老化は細胞質の分化過程が進行した結果であるとの仮説を提唱した。
【五十嵐】

細胞増殖機能の低下
胎児細胞の分裂能は一般に約五〇回が限界で、限界まで分裂した細

はずである。ビューラーは、生殖腺、筋肉その他のあらゆる器官で同じことが起こると考えた。

しかし、この理論的考察は周知の事実に反している。これらの事実は、老年期における細胞増殖の全体的な衰退という仮説と相いれない。頭髪、体毛、爪は表皮から派生したものだが、生涯を通じて成長を続ける。構成細胞が再生されるからである。これらの部分は、非常な高齢になっても成長を止めることはなく、それどころか特定部分の体毛は、老人になると数も長さも増加することが知られている。モンゴル人など特定の人種*は、高齢になってはじめて口ひげや頬と顎のひげが大量に生えてくる。青年は非常に小さな口ひげが生えるだけで、頬と顎はひげが全くないか、ほんのわずかしか生えない。白人女性にも同様の現象が見られる。若い女性は非常に細くほとんど見えない産毛が上唇、顎、頬に生えているが、老年女性ではそれが本物の体毛に変化して口ひげ、頬ひげ、顎ひげになる。

頭髪と体毛の専門家であるポール医師[12]は、特定の状況下での頭髪の成長速度を計測した。六十一歳の老人は、こめかみの髪が一か月に一一ミリ伸びた。これに対し十一歳と十五歳の少年は、同じ部位の髪が同期間に一一ミリから一一・八ミリ伸びた。これはほとんど同じ数値だといえる。つまりポール医師が研究対象にした三人は年齢が大きく隔たっていたが、それにもかかわらず、老人の細胞増殖には少しも顕著な減少が見られなかった。ポール医師の報告によると、一人の男性の頭髪は、二十一～二十四歳の間は月に約一五ミリ伸びたが、同じ人物が六十一歳の時の伸びは一一ミリだった。しかし、この頭髪成長速度の

胞は老化細胞と呼ばれる。老化細胞では、増殖能力が回復できないように制御されており、老化細胞に増殖を促す処理を施しても増殖はできない。加齢と共に組織が新しい細胞に入れ替わるスピードは遅くなり、取り替えること自体ができなくなると、細胞分裂の限界にまで達した細胞ばかりとなって組織の機能は低下する。老化の原因には三〇〇の仮説が挙げられるが、活性酸素、異常蛋白の蓄積、ミトコンドリアの損傷などが重要視される。したがって、老化細胞では細胞増殖機能が低下していることは現在では多くの研究者が同意している。【五十嵐】

* 原文は「下等人種」。【森田】

低下は、単なる見かけにすぎない。実は、前者の数字は頭皮の異なる部位の髪の測定値なのに対し、後者はこめかみの髪だけを測った数字なのである。こめかみの髪の成長が他の部位に比べ遅いことは、ポール医師自身がはっきりと証明している。また、彼が研究対象にした十一歳と十五歳の少年の頭髪の成長速度は常に一五ミリ未満で、六十一歳の老人で計測した一一ミリを下回ることもたびたびあった。

非常な高齢でも爪が伸びるのは確かである。前述の百寿者のロビノー夫人は三週間で左手の中指の爪が二・五ミリ半伸びた。これに対し、三十二歳の女性では同じ爪が二週間で三ミリ伸びた。つまり、極度に大きな年齢差に対応するほどの違いは存在しない。ロビノー夫人は、爪が伸びるので、時折、爪を切らなければならなかった。

さて、上記のように頭髪や体毛は老人になっても伸び続けるが、老化による衰退があるのは確かで、これは白髪の形で表れる。長さは伸びるが色素が減り、最後には色素が全くなくなってしまう。『人間性の研究』で記述した白髪のメカニズムは、決定的に確立されたと見なすべきで、このため、人体の老化の内的現象を解釈する際の出発点として利用することができる。

私は、複数の研究論文で、頭髪の色素が食細胞によって破壊されるように、他の器官の老化に伴う萎縮も貪食細胞マクロファージの介入によって起こるのではないかという仮説を立てた。マクロファージは、神経細胞、筋肉細胞、肝臓や腎臓の細胞など、我々の身体

マクロファージ
白血球の一種である遊走能を持つ食細胞のこと。死んだ細胞、体内に生じた変性物質、細菌などを異物として認識し、細胞体を突起状に伸ばして異物を捕食し細胞内で分解する。抗原を捕食すると各種のサイトカインを放出し、特定のT細胞を活性化させる。分解した異物は細胞内の主要組織適合遺伝子複合体クラスⅡ分子と結合し、細胞表面に表出させる（抗原提示）。その結果、ヘルパーT細胞が活性化され、サイトカインを産生・放出し、B細胞を活性化し、抗原に対する抗体を産生・放出させる。一八九二年にメチニコフはマクロファージを発見し、その功績により一九〇八年にノーベル生理学・医学賞を受賞した。【五十嵐】

の最も高等な細胞を破壊する食細胞である。我々の理論のこの部分に対しては強い反論が巻き起こった。中でも神経組織の老化にマクロファージが果たす役割に関する反論は特に激しいものだった。

我々の見解に反対したのは主に神経学者である。マリネスコは数年にわたって、老化における神経細胞の萎縮に関する我々の理論に反対し、論陣を張っている。彼の論点は次のようなものである。「脳細胞を取り巻き貪食する食細胞が老人で見つかる頻度は、非常な高齢者でも低い」と彼はまず断言し[13]、この主張の根拠として、非常に高齢な人物二人の脳標本(プレパラート)のうち二個を我々に送ってきた。私は、このプレパラートを詳細に検討した結果、私の論敵の見解は間違っていると確信した。この二人の百寿者(そのうちの一人は百十七歳で死去した)の脳には、食細胞に取り巻かれ、食細胞による破壊真っ只中の神経細胞が大量に存在したのである。しかし、切片の色は薄く、我々が研究したプレパラートに比べて画像が不鮮明だった。『人間性の研究』の第二版、第三版で、私はこの事実を指摘し、自説の正しさを主張した。

しかし、私の反応を顧慮することなく、マリネスコは「老化のメカニズムの組織学的研究」という論文で私の理論を改めて批判した[14]。神経細胞を貪食する食細胞の呼び名として「ニューロノファージ」という名前を作り出したマリネスコ自身が、この論文で、この細胞の異物捕食能力を否定したのである。彼によると、神経細胞はこれを取り巻く細胞に係わりなく萎縮する。この周辺要素、すなわち前述のニューロノファージは、単に神経細胞

マリネスコとの論争
マリネスコは高齢者の脳にマクロファージの神経細胞貪食現象が少ないことからマクロファージの神経細胞貪食が老化の現象ではないとしたが、現時点では、マリネスコの主張が正しいと思われる。ニューロノファージ、クロモファージ(二七頁)、ミオファージ(三一頁)のいずれもマクロファージによる貪食現象であるが、それらは組織崩壊の結果としてマクロファージが動員された現象であり、マクロファージが神経細胞、色素、筋肉を貪食することが老化の原因であるとは言えない。【五十嵐】

ニューロノファージ
neuronophage(神経貪食現象)とは、壊死した神経細胞とその断片を除去する目的で、神経細胞の周囲や細胞内に小膠細胞が集合する現象のこと。マクロファージによる貪食現象を病理学的に捉えたもの。【五十嵐】

を圧迫し、場所と栄養の欠如から萎縮をうながす役割しか果たさないというのである。マリネスコは、神経細胞の構成部分がニューロノファージの内部で見つかったことは一度もないと主張する。つまり、ニューロノファージは決して、接触物を中に取り込む力をもった貪食細胞と見なすことはできないということになる。

レリ[15]も前回の精神神経医学会で老人の脳に関する報告書を発表し、その中でマリネスコの見解を支持している。彼によると「破壊されつつある神経細胞を囲む核は、ニューロノファージの役割を全く持っていない」。また、「ニューロノファージ」というタイトルのサンド[16]の専門研究も、この見解を長々と擁護している。サンドはいわゆる「ニューロノファージは、ほとんどの場合、原形質がないか、原形質の薄い膜しかない。アメーバ状の突起物があることも、細胞体の中に何かが包含されていることも決してない」という点に自説の根拠をおいている。レニエル＝ラヴァスティーヌとヴォワザン[17]も最近の論文でこの見解を支持しており、ニューロノファージと呼ばれるものは「食細胞のようには行動しない」と強調している。

我々の批判者の見解に対する詳細な反論をここで述べることはできないが、彼らの論証の過程で忍び込んだ大きな誤解を指摘したい。神経系の内部構造を研究するためには、まず各種の試薬を使って研究対象にさまざまな処理を施すことが必要である。しかし試薬は、このようにデリケートな組織を傷つけずに原形を保持することができない。試薬処理による変性は多くの場合避けられないので、判断を下す場合にこのことを決して忘れてはならない。上記研究者のデータの図を一目見れば、プレパラート作成の過程でニューロノファージがひどい取扱いを受けたことが明白だ。レリが「特定の神経細胞を囲む核」について語り、サンドが「原形質がない」または「原形質の薄い膜しかない」ニューロノファージについて語る時、彼らが語っているのは人工的な操作で損なわれた細胞にすぎない。マリネスコの研究報告の図でも、ニューロノファージがプレパラートにされる段階でひどく損なわれたことがみてとれる。

組織中に核が単独で存在することは決してなく、核が原形質なしで存在するのは技術的ミス以外ありえないのは常識である。ニューロノファージが核と膜だけから構成されていることはありえない。他のあらゆる細胞同様、ニューロノファージにも原形質があるのに、組織学的準備の間に行われた乱暴な処理の結果、原形質が溶解してしまうことが非常に多いのである。

反論者たちの主張は、私に一人の医学生の解答を思い起こさせる。彼は「結核菌とはどのようなものか?」と教師に聞かれ「赤い非常に小さな桿菌です」と答えたのだ。実際には、結核桿菌はほとんどの細菌と同じく無色なのである。しかし顕微鏡のプレパラートを用意する際、対象が観察しやすいよう赤く染色するのが慣習となっている。染色処理後の結核桿菌しか知らなかった学生は、結核菌は赤いと勘違いしてしまったのである。

適切な方法で処理すれば、ニューロノファージは原形質を備えた完全な細胞の姿を現す。

内容物を溶解させない処理を施すと、ニューロノファージが神経細胞内部にあるのと同じ顆粒状のものを内包しているのが明瞭に識別される。

ニューロノファージの問題を研究するため、パスツール研究所のマヌエリアンはプレパラート準備の手法を完成させようとした。彼はまず[18]狂犬病に侵された人物の神経細胞が破壊される時、神経細胞の内容物が周囲のニューロノファージに吸収されることを証明するのに成功した。彼は「狂犬病の人間の脳と脊髄の神経節の研究は」「マクロファージによる神経細胞の食細胞活動があることを議論の余地なく証明した」と結論した。「神経節の神経細胞のほとんどは、原形質内部に黄色、褐色がかった色や黒の色素を持つ顆粒をたくさん持っており、この顆粒はたいていコンパクトな塊になっている。神経細胞が破壊され消滅する際、この顆粒はどうなるか？　もし、マリネスコが主張するように、この現象が侵略者の食細胞活動によるものでなく、単にニューロノファージの機械的作用の結果だとすると、この顆粒は周囲の間質に散らばっているはずで、侵略者側の要素の内部にあるはずがない。ところが実際は全くこの逆で、顆粒状の物質は侵略者の細胞、正真正銘のマクロファージの中にぎっしり入っているのである」。

同じく神経細胞の顆粒状物質のニューロノファージによる併合は、マヌエリアンが高齢者の脳のプレパラートで確認したが、これは精巧を極めた手法のおかげで可能になった。マヌエリアンのプレパラートを研究した我々は、彼の結論が正しいことを保証するものだ（図6、図7）。

パスツール研究所
一八八七年にルイ・パスツール（Louis Pasteur）の狂犬病ワクチンの開発成功による寄付金により科学、医学、公衆衛生の発展を目的としてパリに設立された民間の研究機関。パスツールは感染症の原因が微生物であることを解明し、細菌などの病原体を弱毒化したワクチンを開発した。また牛乳・ワイン・ビールの腐敗を防ぐ低温殺菌法を開発し、化学・生物学・医学の発展に数多くの貢献をした。【五十嵐】

もはや疑問の余地はない。老化による衰退では、ニューロノファージが神経細胞を囲んで、その中身を吸収するため、神経細胞はほぼ完全に萎縮するのである。また、ニューロノファージが食細胞としての機能を果たすには、神経細胞の内部に侵入することが必要だと考えられていたが、この現象は非常にまれにしか見られない。しかし、食細胞が細胞の構成物を吸収するためには、細胞全体を取り込んだり、細胞の内部に入り込んだりすることが必ずしも必要ではないことはよく知られており、特定の赤血球を対象とした食作用プロセスはその典型的な例である。食細胞がその役割を果たすためには、接触した細胞の中身を少しずつ取り込んでいきさえすればよい。

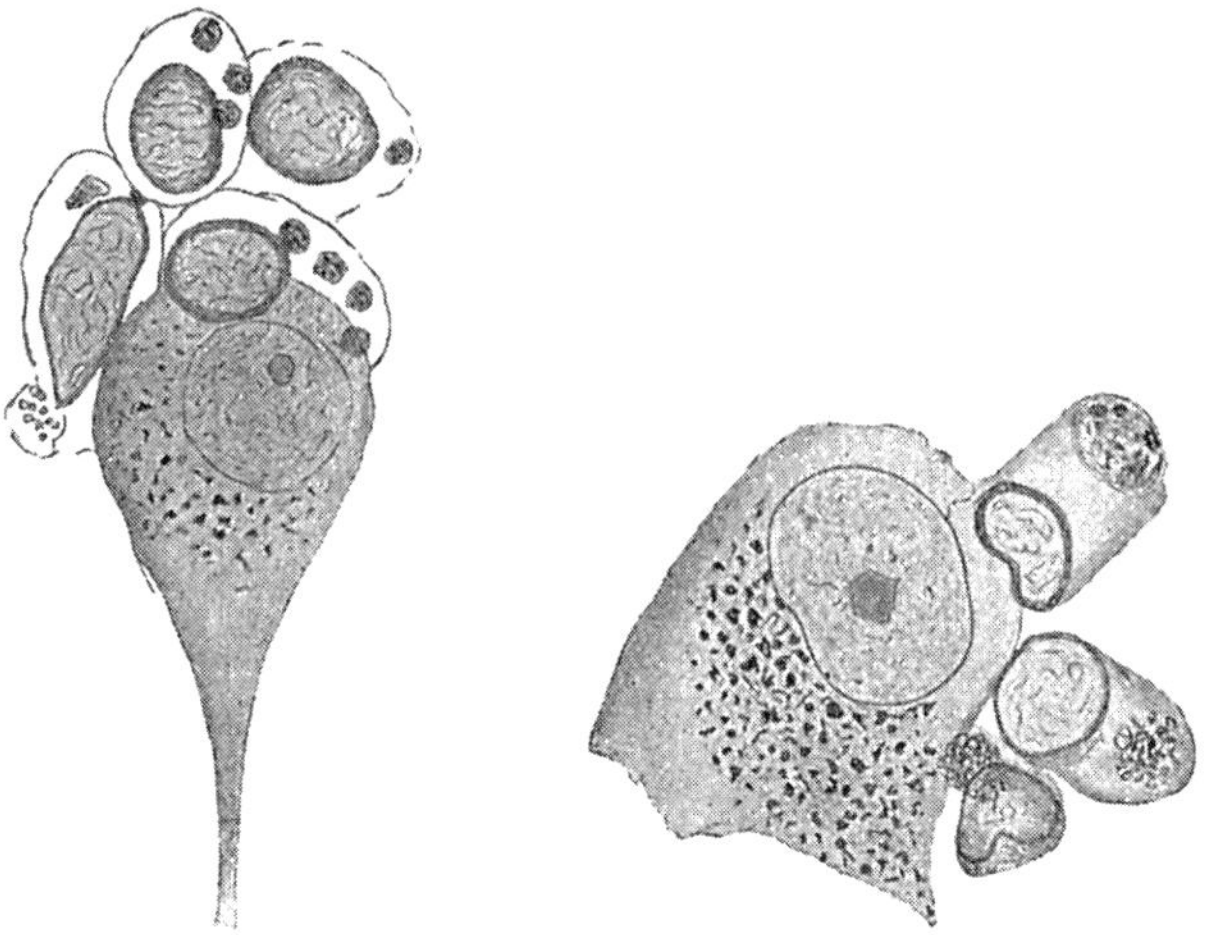

図6, 図7　15歳の老犬の大脳皮質の二つの神経細胞─神経細胞の周りのニューロノファージは多数の顆粒を内包している（マヌエリアン作成の標本から）

ニューロノファージが神経細胞を吸収する際の状態について多くの議論がなされ、食細胞に捕食されなくても、神経細胞がある程度まで衰弱することがある、という事実が当然のことながら指摘された。事実、高齢者の脳で、色のついた顆粒で一杯になった神経細胞がニューロノファージの餌食になっていない状態がしばしば観察される。その一方、食細胞に吸収されている最中でも、細胞が正常な構造を保っていることも多い。しかし、ニューロノファージの介入を招く条件を明確に論証することができない以上、ここでこの問題を議論するのは無意味である。

高齢者の脳神経細胞がニューロノファージによって損なわれるのは一般的な現象だが、脳神経細胞が無傷で残っているケースもあると思われる。たとえば、非常に高齢なのに知的機能をほとんど失っていない人の脳細胞がニューロノファージによる貪食を免れていても驚くには値しないだろう。しかしこれは例外的なケースで、高齢者の脳では一般的に強力な食作用が見られる。ニューロノファージによる脳神経細胞の貪食現象を否定したサンドの見解を認められないのはこのためで、彼の説はたった「二つの老化ケース」に基づいているのだ。

老化による脳の衰退メカニズムに関する我々の理論への反論を分析することにより、ニューロノファージが重要な役割を果たす、という我々の確信はより強固なものになった。ワインベルクと行った新しい研究が、我々のこれまでの結論を完全に裏付けるものだったのでなおさらである。

老年における頭髪の白髪化と脳の萎縮は、「老年期の衰退は細胞増殖機能の低下が原因」だという説を論駁する最も強力な論拠になる。頭髪は老化し白くなるが伸び続ける。

また、増殖能力の喪失は神経細胞の老化の原因ではない。なぜなら青年期においても神経細胞は増殖しないからである。

Ⅲ 我々の高等細胞の破壊におけるマクロファージの役割――筋線維の老化による衰え――骨格の萎縮――アテロームと動脈硬化症――老化は内分泌腺の変性の結果として起こるという学説――マクロファージによる破壊に抵抗する身体組織

食細胞に重要な機能があると認められるのは、組織の老化メカニズムの特徴を説明するために我々が選んだ例だけではない。我々は、頭髪の白髪化について、クロモファージの破壊的な役割を観察した。脳の萎縮では、ニューロノファージが我々の身体で最も貴重な細胞である神経細胞を破壊するのを観察した。

上記の二つの食細胞はマクロファージのグループに属するが、この他にも類似した細胞が数多くあり、これらは高齢者の組織の中を動き回り、腎細胞、肝細胞などさまざまな高等細胞を破壊する。腎細胞については『人間性の研究』（第三版）で取り上げた。老化による萎縮で見られる食細胞活動が、多くの感染症で観察される食作用のように目立たないが、それはマクロファージには接触する高等細胞の内容物を小片ずつしか吸収しないという特性があるからである。これは卵細胞の萎縮（図8）においてはっきりと観察できる。卵細胞を囲むマクロファージは卵細胞を満たす顆粒状の物質をとらえて長い距離を運搬し、

クロモファージ
chromophage（色素貪食現象）とは、破壊された細胞から出現した黒色色素を除去する目的で、貪食する小膠細胞が集合する現象のこと。マクロファージによる貪食現象を病理組織学的に捉えたもの。【五十嵐】

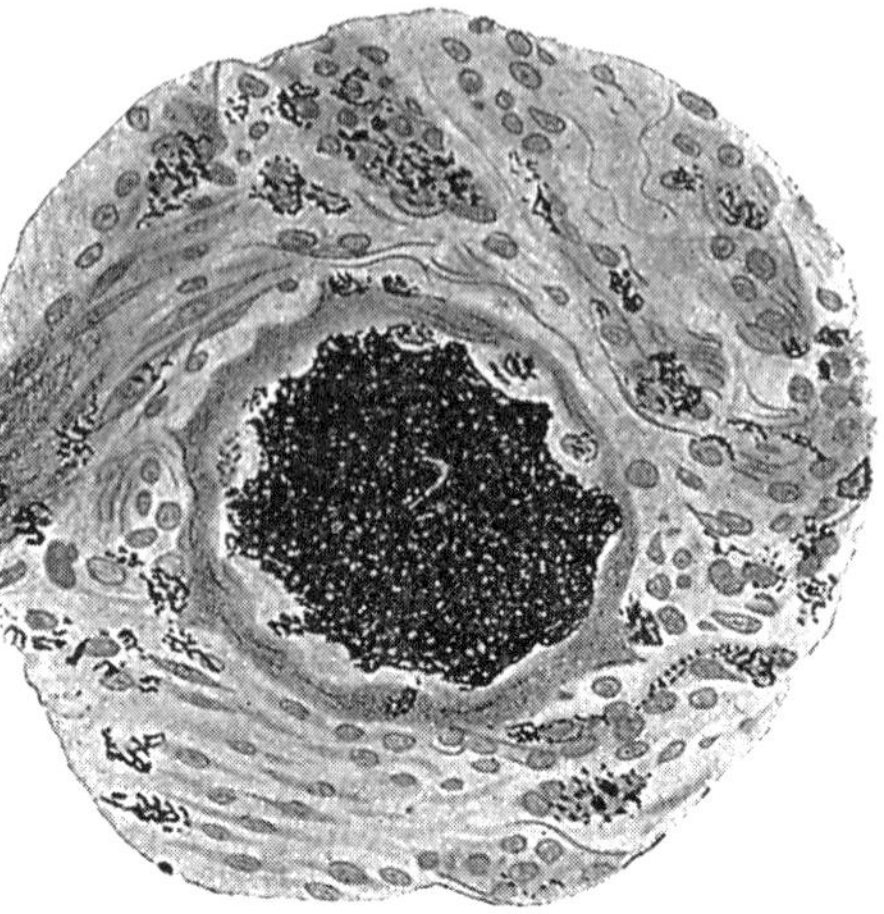

図8　食細胞が破壊中のイヌの卵細胞。食細胞は脂肪の顆粒で充満している（マチンスキー提供）

この結果、卵細胞は萎縮する。卵細胞の構成部分が隣接する食細胞に吸収されると、それにつれて卵細胞は異常な形をした塊に変わり、最後には小さな複数の破片になるか完全に消滅してしまう。マチンスキー[19]はこの現象を私の実験室で観察し、私自身も卵細胞の萎縮におけるマクロファージの重要性をはっきりと確認することができた。

これに対し、一般的な萎縮現象、中でも老年性の萎縮においては、これらとは異なる組織破壊の例が見られる。こうしたプロセスでは、神経細胞や卵細胞の萎縮に比べ、食細胞的な性質が、変形したはるかに目立たない形で表れる。

老化の最も明らかな兆候が筋肉の衰えであることは周知の事実である。六十歳過ぎの男性に仕事が与えられないのは、以前と同じ筋力がないことが知られているからである。筋肉の活動が衰え、疲労しやすくなり、歩行は緩慢で痛みを伴うものになる。知的活動が依然として非常にすぐれている高齢者でも、すでに相当な筋肉の衰えが見られる。原因は正真正銘の筋肉組織の萎縮で、この現象はすでに長い間、学者の関心を集めていた。組織学の創始者の一人であるケリカー[20]はすでに半世紀も前にこの問題に取り組んでいた。彼は、筋肉組織が老化でどのように変化するかを次のように描写している。「老年期には筋肉が正真正銘萎縮してしまう！　筋線維は著しく細くなる。そのうえ、筋線維の深部には、しばしば相当な量の黄色っぽいまたは褐色の粒点や小胞状の核の大群が沈着する。これらの核は、途切れのない複数の長い列を形成することが多く、胚の増殖に匹敵する極度に活発な内因性増殖のあらゆる兆候を見せる」。

同様の現象は、後に複数の他の研究者によっても観察された。ヴルピアン[21]も非常に高齢の老人の萎縮した筋肉に「筋肉核の増殖」を確認した。ドゥオー[22]も同様である。

筋肉組織の老化による衰弱は、老化メカニズムの研究において大きな重要性を持つので、我々はワインベルク医師と共に高齢者と老齢の動物の筋肉萎縮の複数の例を研究した。我々は先人たちが指摘したことを容易に検証することができた。老化による萎縮では、常に筋線維が核で一杯になり、核は次第に数を増して収縮性物質のほぼすべて、または完全な消滅を招く（図9）。筋線維は長期間にわたり横紋構造を保持するが、最後にはこの構造を失い、増殖した大量の核を含む無定形の塊を内包するようになる。

我々に先立ってこの事実を確認した学者たちは、単に珍しい事実としてこれを報告し、何らかの解釈を加えることはなかった。老化のメカニズムに関する複数の理論では、老化

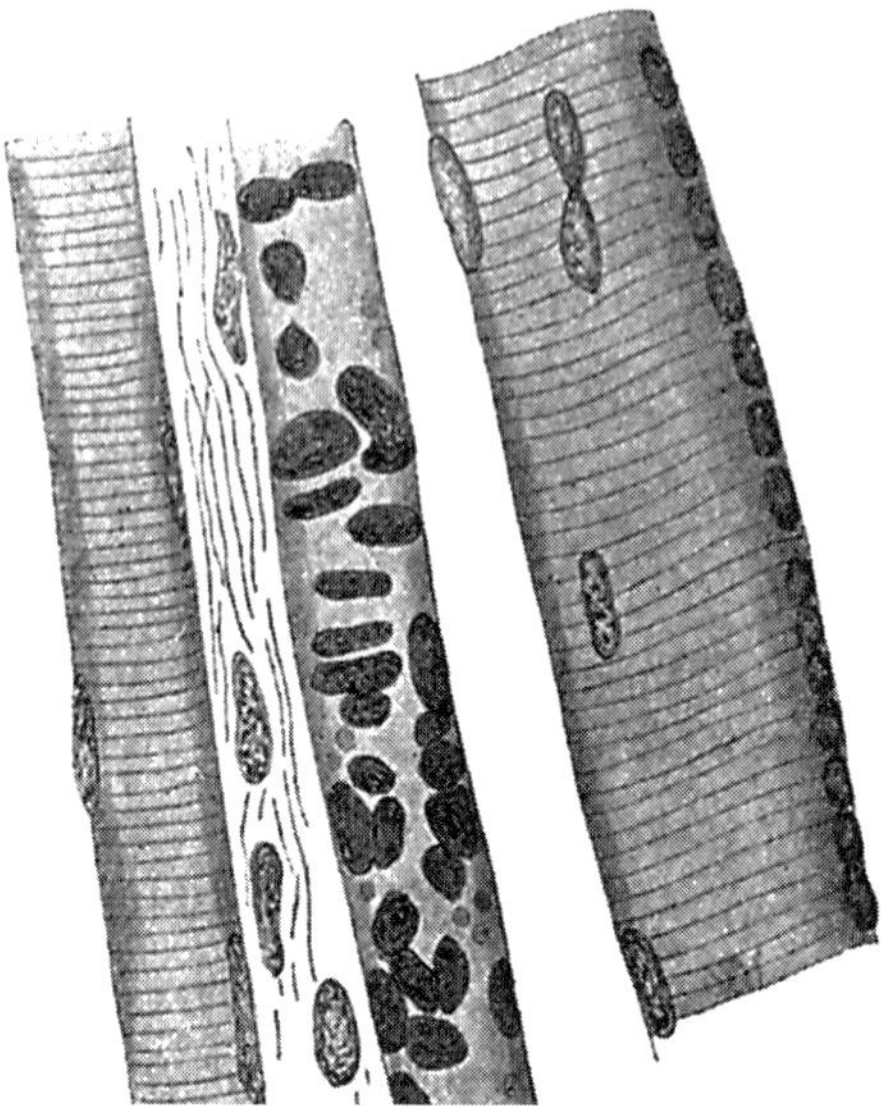

図9 87歳の老人の耳介筋の横紋筋線維の変性（ワインベルク医師作成の標本から）

現象は細胞の増殖力枯渇によるものだと主張されている。しかしここで観察された驚くべき増殖は、老化の兆候を細胞の増殖力の枯渇に帰することができないことを何よりも示すものだ。筋肉の萎縮には、増殖力の衰退どころか、非常に強力な増殖力が関係しており、白髪、神経細胞の萎縮と同様に、組織の老化変性が細胞の増殖力低下とは無関係な現象であることを示している。脳の萎縮において、ニューロノファージを供給する組織であるグリア細胞の増加が見られるように、筋肉の萎縮では筋肉核の増加が見られる。ただし、核の数の増加と同時に筋線維の原形質物質の量も増える。この物質は筋形質（サルコプラズマ）と呼ばれる。これが、筋肉の条線のある物質、筋細胞線維質（ミオプラズマ）と入れ替わるが、このメカニズムは食細胞活動現象のカテゴリーに分類されるべきものである。正常な筋線維では、この二つの物質（筋細胞線維質と筋形質）と、筋形質に属する核のバランスが完璧なのに対し、老齢では筋形質と核が、収縮性物質である筋細胞線維質を犠牲にして増えていく。

バランスが崩れ、筋力の衰退が引き起こされる。この状況の下では、筋形質は筋細胞線維質の食細胞として作用し、これは白髪においてクロモファージが髪の色素の食細胞となり、ニューロノファージが神経細胞の食細胞となるのと同じである。

筋肉収縮に関する他の研究、特にオタマジャクシのしっぽの筋肉萎縮の研究でも、ヒトの老化において観察されたプロセス、すなわち、特殊な食細胞であるミオファージが筋肉収縮性組織を破壊していることが明らかになった。

老化による萎縮の奇妙な例として、多くの器官の硬化症の他に、身体の最も堅固な部分である骨の硬度が低下することを挙げなければならない。この、骨の脆弱化は高齢者にとって時には致命的なものとなる。骨はすき間が増えて脆くなり重さが減る。マクロファージは神経細胞や筋肉の収縮性物質などの柔らかい要素は破壊できても、ミネラル塩が浸透した骨のように硬い物質を侵食する力があるとは信じがたい。事実、骨の萎縮のメカニズムは、これまで検証した他の器官の貪食現象と同列に論じることはできないが、ここでも特定のマクロファージに大変よく似た細胞が介入していることがわかっている。オステオクラスト（破骨細胞）と呼ばれる複数の核がある細胞である。破骨細胞は骨層板の周りに発生し、これを溶解する。ただし骨の断片を切り離して細胞内部で溶かす力はない。破骨細胞の破壊メカニズムはまだ十分明らかにされていないが、何らかの酸性物質を分泌し、これがカルシウム塩を溶かして骨を軟化させている可能性は高い。この現象は添付の図（図10）が示すように、骨のカリエスのあらゆるケースで観察され、高齢者の骨の萎縮に

ミオファージ
myophage（筋肉貪食現象）とは、破壊された筋細胞とその断片を除去する目的で、貪食する小膠細胞が集合する現象のこと。マクロファージによる貪食現象を病理組織学的に捉えたもの。【五十嵐】

も見られる。

マクロファージの変種である破骨細胞の活動により、我々の骨の石灰質の一部は老年期に溶解し、血流に入る。高齢者のいろいろな組織に簡単に付着するのは、おそらくこのカルシウムだと考えられる。骨の密度は低下し、軟骨が骨化する一方で、椎間板にはカルシウム塩が浸透し、この結果、高齢者特有の脊柱の変形が起こる。

老年期に起こるカルシウムの移動（変位）は、血管に非常に特殊な影響を与える。動脈のアテロームは、すべての高齢者に起こるわけではないが、非常に頻繁に見られる現象である。この形の血管の退化においては、カルシウム塩が変異を起こした部位に沈着した結果、動脈は硬く脆くなる。複数の著者（このうちデュラン＝ファルデル、ソヴァージュを引用する）が「動脈のアテローム性病変と老化による骨の変性が同時に起こることを強調している。これは頭蓋骨で最も明瞭に認められる。硬膜動脈は蛇行しアテローム性病変をきたす。頭蓋骨の内側では、硬膜動脈を収める複数の溝が、頭蓋骨の内板の萎縮と溝の側面の隆起によって深まり、広がる。側面の隆起は、老人性頭頂骨萎縮で見られるものに類似している」[23]という。

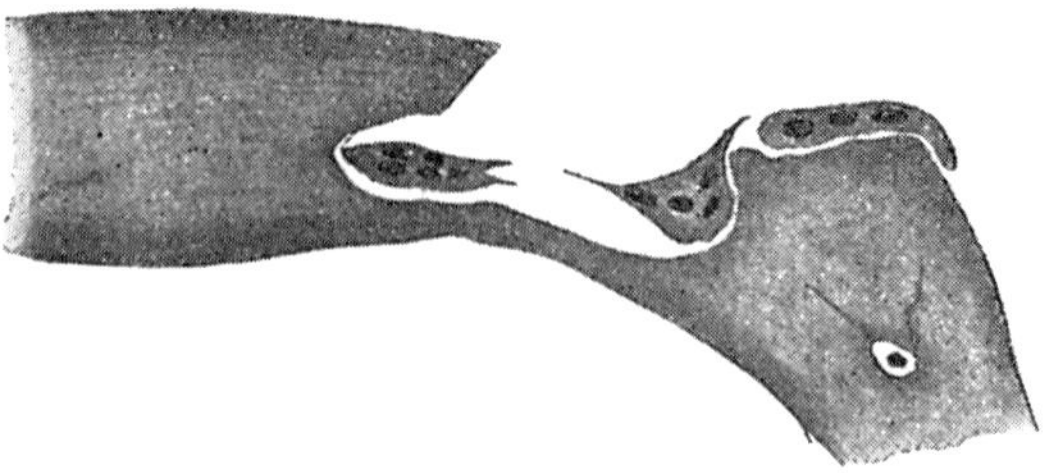

図10　81歳の老人の胸骨の骨質が破骨細胞により破壊されている様子（ワインベルク医師作成の標本による）

老化とカルシウム

高齢者の血管などの組織にカルシウムが沈着する機序は、破骨細胞の活動による骨破壊に起因するカルシウムの血管などへの血流を介した沈着ではなく、老化に伴う糸球体血流量低下に起因する血清リン値の上昇により血管平滑筋細胞が形質転換して骨芽細胞特異的遺伝子の発現が誘導され血管内皮細胞にカルシウムが沈着すると共に、血管平滑筋周囲のマトリックスにおいてナトリウム依存性リン共輸送体を介した形質転換が生じて血管細胞外マトリックスのミネラル化が生じるためと現在では考えられている。【五十嵐】

老齢期にカルシウム塩は骨を離れて骨を脆く弱くし、血管に付着して柔軟性を奪い、血管を体内諸器官への栄養運搬に適さないものにしてしまう。この現象は高齢者の特質の中でも最大の不調和を表すもので、身体の構成細胞の機能が極度の混乱に陥ったことを示している。

動脈のアテロームは動脈硬化と深く関係している。動脈硬化はすべての老人に見られるわけではないが、広く蔓延している病変である。この血管変性の問題は非常に複雑で、満足できるレベルまで解明されたとは、とてもいえない状況である。総論が出るまでには多数の新研究が必要である。

アテロームと動脈硬化の名前で、異なる起源と性質を持つさまざまな動脈疾患がひと括りで呼ばれている可能性が高い。この中には細菌と細菌毒によって引き起こされた炎症性の病変も含まれる。たとえば梅毒性の動脈硬化がその例で、この場合は特別な微生物（シャウディンの螺旋菌）が血管壁に侵入して大きな変化をもたらし、これが早すぎる老化の主原因の一つとなっている。しかし、動脈がカルシウム質のプラークを形成する変性現象を起こし、これが血流を大きく妨げるケースもある。

ここ数年間の研究で、特定の動脈アテロームの原因について非常に面白いデータがもたらされた。動脈の病変を実験的に起こそうという多くの試みが不完全な結果しか生まな

シャウディン
Fritz Richard SCHAUDINN（1871-1906）。ドイツの動物学者。一九〇五年、梅毒の原因となるスピロヘータ（梅毒トレポネーマ *Treponema pallidum*）を発見した。螺旋状の形態をとり、グラム染色で陰性である。大きさは、直径〇・一〜〇・二マイクロメートル、長さ六〜二〇マイクロメートル、巻き数六〜一四で、ねじれた糸の形態をとることから、「ねじれ」を意味するTreponema、青い色彩を放つため「青い」を意味するpallidumの名がつけられた。【五十嵐】

かったのに対し、ジョズエ[24]は副腎の毒であるアドレナリンを注射することでウサギに本物の動脈アテロームを起こさせることに成功した。この実験結果は非常にたくさんの追加実験で確認されており、すでに（教科書に掲載されるような）古典的事例になっている。その後、ボヴェリ[25]は、タバコの毒であるニコチンを注射することで同様の結果を得た。このため、老化に非常に大きな役割を果たす動脈の病変は、微生物が起こす慢性的炎症の他に、体内由来（アドレナリン）、体外由来（タバコ）の毒によって誘発される場合もあると結論できる。

これらの研究結果は、動脈の病変は加齢でしばしば見られるものの、必ずしも高齢に関係したものではない、という我々がこれまで何度も繰り返した事実に一致している。

副腎の毒が特定の動脈病変の発生に関係していることが判明したことで、腺状器官が老化変性の原因として圧倒的な重要性を持つという理論が復活した。特にロラン医師は、「老化は、甲状腺やその他の栄養補給を確保する役割を持った内分泌腺が変性した（衰えた）結果として起こる、死に至るプロセスである」という説を展開した[26]。

甲状腺が変性して（衰えて）起こる粘液水腫患者が高齢者に似ていることはかなり昔から知られている。サヴォワ地方、スイス、チロルへの旅行の際、これらのクレチン病患者を見る機会があった者は、彼らが、若くても老人に似た容貌を持っていることに驚かされたに違いない。甲状腺の変性がクレチン病と身体の衰弱をもたらすのである。一方、高齢

アドレナリン
副腎髄質から分泌されるホルモン（カテコールアミンの一つ）で、生物学の世界ではアドレナリンと呼ばれるが、医学の世界ではエピネフリンと呼ばれる。心拍数や血圧を上げ、瞳孔を開き、血糖値を上げる作用を有する。動物が敵から身を守る、あるいは獲物を捕食する必要に迫られるなどといった状態に相当するストレス応答を全身の器官に引き起こすことから、かつては副腎の毒と解釈されていたことがあった。【五十嵐】

クレチン病
先天性甲状腺機能低下症のこと。【五十嵐】

者では甲状腺と副腎に嚢胞性変性などの現象がよく見られることが知られている。このため、これら内分泌腺が老化に関係している可能性は高いように思われる。これらの腺が身体に侵入した特定の毒を破壊することは数多くのデータが示しており、これが損なわれると組織が毒に侵される脅威に曝されることは容易に理解できる。しかし、このことから、内分泌腺が老衰を起こす唯一の原因または主原因の一つだと結論することはできない。ワインベルクがパスツール研究所で行った研究によると、年老いた動物（ネコ、イヌ、ウマ）の甲状腺と副腎は、これらの動物が明らかな老化の兆候を見せていたにもかかわらず、正常またはほぼ正常だった。肺炎で死亡した八十歳の高齢者の甲状腺も完璧な状態だった。

高齢者がしばしば肺炎、結核、丹毒などの感染症で死亡することを忘れてはならない。これらの病気は、内分泌腺一般、中でも甲状腺に損傷を与えることが多い[27]。このため、実は感染が原因で変性が起きたのに、老化による変性だと誤った結論が出されている可能性がある。

甲状腺を切除した人や甲状腺が自然発生的に衰退した人の外観は高齢者に似ているが、この類似を誇張してはならない。これらの不幸な人たちを最近、著名な外科医であるコッヘル[28]が描写した。これによると、高齢者には典型的ではないが、これらの患者を特徴づける点がある。皮膚の浮腫はこれらの患者に見られる最も顕著な特徴であるが、老化の特徴では全くない。粘液水腫患者に見られる頭髪と体毛の喪失も、高齢者と異なる兆候である。甲状腺のない女性では月経が過剰であるが、これも高齢者に月経がないのと対照的である。

また、甲状腺のない者は筋肉系がよく発達するが、これも筋肉が弱く萎縮した老人と対照的である。また、生理学的研究も、老齢と甲状腺の変性の間に緊密な関係があることは証明していない。甲状腺を切除した場合、カヘキシー（悪液質）は若年者にしか起こらないことが知られている。ブルヌヴィルとブリコン[29]が集めたデータによると、甲状腺全摘後にカヘキシーになる傾向は、三十歳を超えるとほとんど突如として消失する。三十歳というのはまさに青年期、つまり甲状腺機能が特に重要な成長期の上限なのである。また、甲状腺全摘後のカヘキシーは、五十～七十歳の高齢者では完全に例外的なケースである。

齧歯類（ラット、ウサギ）は甲状腺の全摘によく耐え、カヘキシーも起こさない。それにもかかわらず、これらの動物は老化が早い動物のカテゴリーに属している。ホースリー[30]によると、鳥類と齧歯類は甲状腺を摘出してもカヘキシーを起こさない。反芻類とウマ科の動物では、甲状腺摘出は緩慢なカヘキシーを誘発する。ヒトと猿類では、中度だが明白なカヘキシーが起こり、肉食動物では最も強度のカヘキシーが起こる。これらの事実を、動物の寿命に関する本書のデータと比較すれば、両者に関連性がないことは明白である。

結局のところ、内分泌腺が毒素破壊を通じて老化メカニズムに関与している可能性は否定しないが、ロラン医師の学説を支持することはできない。

これに対し、老化変性（老衰）に最も重要な役割を果たすのは、各種マクロファージ（ニューロノファージ、ミオファージなど）による高等細胞の変質、破壊だということは

カヘキシー（悪液質）
何らかの原因疾患によって体内で蛋白質が合成できず、筋肉の蛋白質が破壊され栄養不良状態が生じ衰弱した状態。二〇〇六年には「基礎疾患に関連して生ずる複合的代謝異常の症候群で、脂肪量の減少の有無に関わらず筋肉量の減少を特徴とする。臨床症状として成人では体重減少、小児では成長障害がみられる」と、二〇一一年には「通常の栄養サポートでは完全に回復ができず、進行性の機能障害に至る骨格筋量の持続的な減少を特徴とする多因子性の症候群」と定義された。【五十嵐】

内分泌系と老化
内分泌系は様々なホルモンを分泌することにより身体の機能の調節や制御を行う。ホルモンは生体内でメッセンジャーとして働き、身体のそれぞれの部位の活動を制御し、協調させる。一般に多くのホルモンの血中濃度は加齢と共に低下する。一方、ホルモンの血中濃度が下がらなくても、加齢によりホルモン受容体の感受性が低下するため、高齢者では多くの内分泌

疑いの余地はない。マクロファージは高等細胞の場所を占領し、これを線維組織に変えてしまう。この現象は、分泌器官（腎臓）、生殖器官[31]だけでなく、変化した形で皮膚、粘膜、骨にも及んでいる。一方、マクロファージの侵略に最もよく抵抗する器官として、精巣を挙げなければならない。すでに『人間性の研究』（第三版）で、九十四歳と百三歳の老人が、妊孕能力のある精子を大量に持っていた例を挙げたが、これは例外的なケースではない。人間だけでなく年取った哺乳類でも、精巣の細胞は増殖し大量の精子を供給し続ける。我々はワインベルク氏と共に、一匹のイヌを研究したが、このイヌは数年間にわたって老化の顕著な特徴を見せた後、二十二歳で死亡した。このイヌのほとんどの器官はマクロファージの侵略による変性現象を見せていたが、精巣は驚くべき活動状態を見せていた。精巣の細胞は強度の増殖の最中で、大量の精子を生産していた（図11）。精巣のこの状態は、このイヌが性本能を保持していたという事実と一致していた。我々が研究した、十八歳で死亡したもう一匹のイヌは、精巣をがんに侵され、精子の生産は不可能だった。しかしこのイヌは、非常な老衰にもかかわらず、死のわずか前にメスに対して興味を示した（図12）。

つまり老齢による組織の衰えには例外があるのだ。また、老化変性を起こす部位は、必ずしもマクロファージによる細胞の破壊と線維組織

図11　22歳のイヌの精巣組織（ワインベルク医師作成の標本による）

機能は低下する。したがって、現在では内分泌腺が毒素破壊を通じて老化メカニズムに関与するのではなく、老化により内分泌機能が全般的に低下するものと理解されている。【五十嵐】

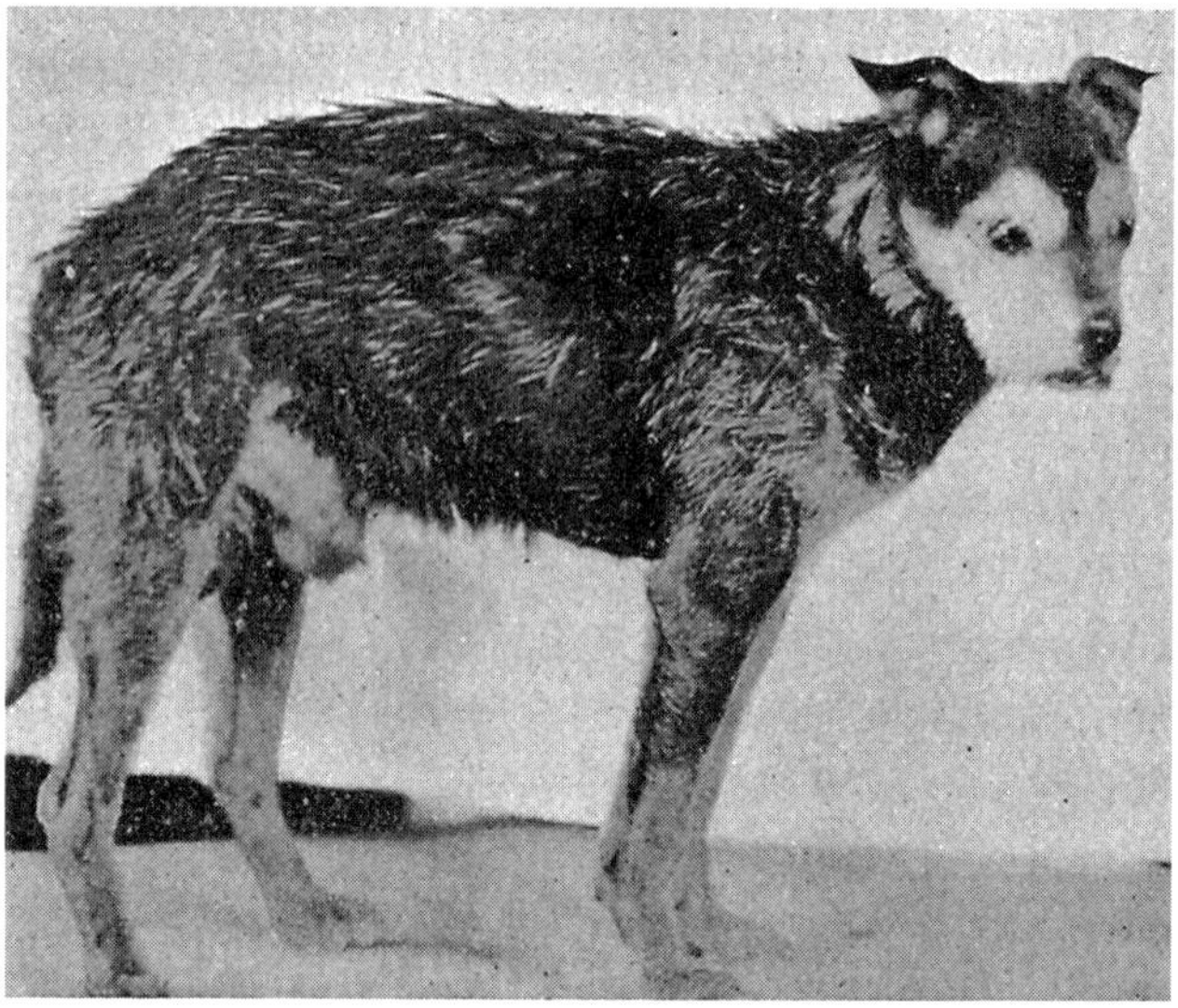

図12　18歳の老犬

による置換という鉄則に従って変化しているわけではない。脾臓、骨髄、リンパ節などの食細胞を生産する器官では、老齢期における線維質への変性がある程度見られるが、高等細胞を破壊するマクロファージの大量生産に十分な力は常に残っている。これらの器官では細胞分裂現象が頻繁に観察された。ここでは八十一歳の男性の骨髄の例を挙げたい。彼の骨髄には分裂中の細胞が豊富に見られた(図13)。

　老化により変性するがマクロファージの介入は受けない器官の例として、目の特定部位を挙げることができる。白内障と角膜周辺に乳白色の環の形で表れる老人性のアーチは、どちらも高齢者に非常によく見られる。この変化は、水晶体と角膜の一部に脂質が浸透することで起こる。[32]これによって水晶体と角膜が濁るのである。内部に脂肪が沈着するのは、これらの器官への栄養供給に欠陥があるためだとされている。

しかし、身体の他の部分では脂肪による変性が始まるとすぐにマクロファージの反応が起こるのに対し、角膜と水晶体ではこれが起こらない。これは主に解剖学的な理由によるものである。ほとんどの器官では、高等細胞と共にマクロファージが常に供給可能な状態にある。中枢神経では、マクロファージの源としてグリアがあり、横紋筋では筋形質がこの機能をもっている。骨組織には破骨細胞があり、肝臓と腎臓は血流によって容易にマクロファージが侵入する。これに対し、角膜と水晶体には、マクロファージの役割を果たすことができる細胞が全く、またはほとんどないのである。

特定の感染症が原因で、普通よりも老化が早まることがある。梅毒に罹患した子供は、「顔はしぼみ、皮膚はくすみ、こげ茶色でたるみ、まるで中身に対しサイズが大きすぎるかのようにしわがよっており、まるでミニチュアの老人[33]」である。この場合は、すでに母親の胎内で感染した梅毒菌が衰弱をもたらしているのは確かである。我々の老化も生体が慢性的かつ緩慢に毒に侵される結果として起こる、という仮定には、単なる類似を超えた根拠がある。毒が十分に破壊または除去されなかった場合、組織の衰弱が起こる。組織の働きは緩慢になり、たとえば特定器官の脂肪付着などの形となって表れる。我々の細胞の中で、身体を侵す毒の働きに最もよく耐えるのは食細胞である。食

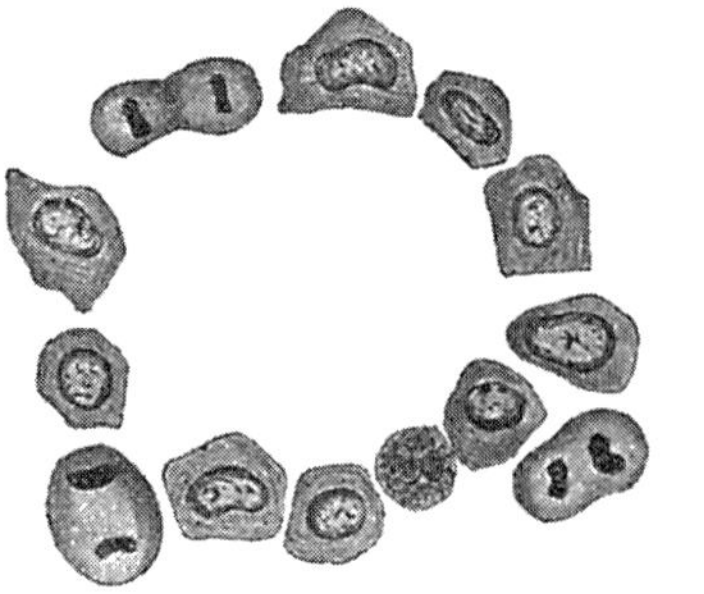

図13　81歳の老人の胸骨の骨髄（ワインベルク医師作成の標本による）

細胞は、時には毒性物質によって刺激されることさえある。こうした状況で、身体の高等細胞とマクロファージの闘いが起こり、最終的にマクロファージが勝利を収めるのだ。

我々の老化を遅らせ、老年期の状態を改善することが可能かどうかという疑問に答えるためには、複数の観点からこの問題を考察する必要がある。我々はこの本の他の章でこの考察を試みたいと思う。

第二章　動物の寿命

I

動物の身体の大きさと寿命の関係――寿命と成長期間――出生時の体重倍増に必要な時間と寿命の関係――寿命と繁殖力――寿命と食生活の関係について

動物の寿命は、長命のものと短命のものの間に大きなひらきがある。特定の種類のワムシのオスのように卵から死亡までの一生のサイクルを五十～六十時間で終えるものがいる一方で、ある種の爬虫類のように百年以上生き、さらに二百歳、三百歳に達しうると考えられるものもいる。

これほど大きな差のある寿命は一体どのような法則によって決定されるのか、長い間疑問に思われてきた。一般的に小型動物が大型動物より短命なことは、家畜を見ればすぐにわかる。マウス、モルモット、ウサギは、ネコ、イヌ、ヒツジより短命で、ウマ、シカ、ラクダはネコ、イヌ、ヒツジよりも長命である。人間の周囲で生活する哺乳類のうち最も長命なのは、身体も最大のゾウである。

しかし、身体のサイズと寿命の関係が絶対的なものでないことは、オウム、カラス、ガチョウなどの小型動物が、多くの哺乳類や大型の鳥よりはるかに長寿であることから容易

ワムシ
輪形動物門に属する水棲の微小動物の総称で、世界で約三〇〇〇種が知られる。通常はメスのみで単為生殖をしているが、条件が悪化すると、オスが生まれて有性生殖をする。オスは消化器官がなく、ひたすらメスを探して泳ぎまわり、二、三日で寿命が尽きる。世界に四五〇種ほど知られるヒルガタワムシの仲間は、すべて単為生殖で四千万年近く生き延びている。通常、単為生殖の生物は遺伝的多様性がほとんどなく、環境が激変すると絶滅する確率が高いが、ヒルガタワムシは周りの生物からDNAを取り込んで、遺伝的多様性を増やしていると考えられている。【池田】

に確認できる。

一般的な法則として、大型動物は小型動物に比べ成体になるのに時間がかかることから、妊娠期間と成長期間の長さが寿命に比例すると推測された。ビュフォン[34]はすでに「寿命と成長期間の長さの間には確固とした関係があり、寿命は成長期間に基づく何らかの方法で推測することが可能だ」と考えた。成長期間の長さは種に固有なものであるため、寿命の長さも非常に安定しているはずで、ある動物種の身体のサイズが、全個体についてすでに定められているのと同様に、動物は正常な寿命の限界を超えて生きることはできないと考えられる。このためビュフォンは、「寿命は習慣、習性、食物の質によって左右されず、何ものも寿命を定める法則を変えることはできない。寿命の長さを左右できる因子は、栄養過多または極度の節食以外にはほとんど存在しない」と考えた。

ビュフォンは、身体が完全に成長するのに必要な時間を成長期間とした場合、寿命は成長期間の六倍から七倍だという結論に達した。「人間は十四年間かけて成長し、その六～七倍生きることができる。すなわち九十歳から百歳に達することが可能である。ウマは四年で成長するので寿命はこの六倍から七倍、すなわち二十五歳から三十歳である」と彼はいう。「牡ジカは五年から六年で成体となる。このため、寿命はこの七倍の三十五歳から四十歳である」。

フルーランス[35]はこの原則には同意したものの、成長期間の測定方法が精度を欠くとして

ビュフォン

Georges-Louis Leclerc, Comte de Buffon（ビュフォン伯）(1707-1788)。フランスの博物学者、数学者。はじめは数学者として出発し、一七三九年に「王の庭園」(現パリ植物園）の管理者になり、死ぬまでその職に留まった。ラマルクの植物学の功績を認め、植物園に招請した。『ビュフォンの博物誌』として知られる『王立博物館の解説による博物誌（L'Histoire naturelle, générale et particulière, avec la description du Cabinet du Roy)」、総論、各論』は一七四九年から刊行され、ビュフォンが没するまで三六巻が出版され、ビュフォンの没後、ラセペードによって八巻が追加された。【池田】

ビュフォンを批判し、骨端線の閉鎖が成長の終わりを示すと見なすことにより、より精度の高い結果が得られると考えた。フルーランスはこの説に基づき、動物は骨端線閉鎖にかかる時間の五倍生きるという説を立てた。「人間は成長に二十年間かかるので、二十年の五倍、つまり百年生きる。ラクダは成長に八年間かかるので、八年の五倍、つまり四十年生きる。ウマは成長に五年間かかるので、五年の五倍、二十五年生きる。この他も同様である」。

しかしフルーランスのように対象を哺乳類だけに限っても、彼の法則は大きな条件付きでなければ認めることはできない。ヴァイスマン[36]は、四年で完全に成長し、その五倍、一〇倍どころか一二倍も生きたウマの例を挙げた。マウスは非常な速度で成長し、四か月ですでに子を産むことができる。成長期間を六か月とした場合、寿命である五年はフルーランス説の二倍にあたる。家畜ではヒツジの成長期間が比較的長い。五歳になるまで歯は永久歯にならず、それまでは成獣とはいえない。ところが八歳、十歳ですでに歯が抜けて老化現象が表れ、十四歳では完全に老いている[37]。つまり、ヒツジの寿命は成長期間のかろうじて三倍になるかならないかなのだ。

他の脊椎動物では成長と寿命の関係のバリエーションがさらに大きい。たとえば、鳥類の中でオウムは非常に長命で知られるが、成長が速く、二歳で羽が成鳥のものになり、繁殖も可能になる。小型のオウムはさらに成長が速く一歳で成鳥になる。孵化期間も同様に短く二十五日を超えることはまれで、中には、三週間に満たない種類もある。それにもか

ヴァイスマン
August Friedrich Leopold WEISMANN（1834-1914）。ドイツの動物学者。ダーウィンの進化論の熱心な擁護者であり、生殖質説を提唱して、ラマルク流の獲得形質の遺伝を否定した論陣を張った。生殖質説とは、多細胞生物では、遺伝は生殖細胞によってのみ行われ、体細胞は関与しないので、体細胞が獲得した形質は遺伝しない、というものである。ダーウィンの進化論から獲得形質の遺伝を除いた（ダーウィンは獲得形質の遺伝を認めていた）ヴァイスマン流の進化論は、ネオダーウィニズムと呼ばれたが、現在はこの説にさらにメンデルの遺伝学説を取り入れたものをネオダーウィニズムと呼ぶことが普通である。【池田】

かわらず、オウムが異例の長命であることは多数の確かな観察報告で検証されている。家畜化されたガチョウは孵化期間が三十日で成長期間もかなり短いが、それにもかかわらず長命で、八十歳、百歳に達した例が報告されている。一方、ダチョウは孵化期間が四十二日から四十九日で、三歳まで成鳥にならないが、後述するように比較的短命だ。

H・ミルヌ＝エドワール[38]は、「妊娠期間と寿命には直接的な関係がある」という説に本質的な重要性を認めることにかなり以前から反対している。彼の批判は次のように要約できる。「ウマの寿命は人間に比べはるかに短いが、人間よりも妊娠期間が長い。また特定の鳥は孵化期間が数週間にすぎないが、一世紀以上生きる可能性がある」。

ブンゲ[39]は、成長期間と寿命に関する研究を最近になって再開し、新しい研究方法を提案した。彼は、哺乳類の体重が出生時の二倍になる時間が、成長速度をよく反映していることに気づいた。人間の子供は、体重が出生時の二倍に達するのに百八十日かかるが、人間より著しく短命なウマは六十日しかかからない。ウシは四十七日、ヒツジは十五日、ブタは十四日、ネコは九日半、イヌは九日である。これは興味深いデータではあるが、体重倍増に必要な時間と寿命の間にこのように単純な法則があるという説は到底受け入れられない。数字のギャップが大きすぎるからである。ウマが体重倍増に要する時間はイヌのほぼ七倍だが、寿命はイヌのせいぜい三倍にすぎない（ウマは六十歳以上になることはまれで、イヌも二十歳を超えることは珍しい）。牝ヒツジが体重倍増に必要とする時間はイヌよりもはるかに長いが、牝ヒツジはイヌよりも短命なのである。

我々の研究によると、生まれたばかりのマウスは最初の二十四時間で体重が四倍になることがある。体重の倍増に必要な時間はイヌやネコの三六分の一だが、イヌ、ネコの寿命はマウスの五倍以上にはならない。

ブンゲ自身も、これらの数字を結論に結びつけてはおらず、今後の研究を促す形で言及しているにすぎない。彼はフルーランスの見解にも反対しており、五倍という数字は、人間には当てはまるとしても、ウマには当てはまらないと考えた。ウマは四歳で成獣となるが、ウマが四十歳になるケースは人間が百歳になるケースより多いのだ。

身体の大きさと寿命の間にも、さらにビュフォンやフルーランスが主張した成長期間と寿命の間にも、確定的な関係が存在すると認めることはできない。しかしながら、動物の何らかの内的な条件が、その種には超えることのできない身体のサイズと寿命の限界を定めているのは事実である。ただし、これらの純粋に生理的な条件は、寿命に相当大きな違いを生む余地を残している。つまり、寿命は外的条件の影響によって変わりうる特質なのである。ヴァイスマンが寿命に関する有名な研究で強調しているのは、まさにこの点なのである。

彼によると、寿命は究極的には生物を構成する細胞の生理学的性質によって定められるものの、生存条件に左右され、かつ、その種の存続に有用な特性が自然選択されることによって変化する。

動物の種の存続のためには、動物が子を産み、その子が成年に達してまた子を産むことが必要であるが、繁殖力が制限された例が数多く見られる。ほとんどの鳥は、身体が重すぎると空中生活に適応できないため、ごく少数の卵しか生まない。ワシ、ハゲタカなどの猛禽類がその例で、一年に一度しか卵を産まず、ヒナは二羽か時には一羽だけのことさえある。こうした状況では、寿命が長いことは種存続のための適応要素の一つになる。特に、卵とヒナが多くの危険にさらされることを考慮すると、この重要性はさらに高くなる。卵は、あらゆる種類の敵の餌食になることが多く、寒さの到来が早いとヒナは死んでしまう。こうした不利な条件下では、寿命が長くなければ種は消滅してしまっていただろう。同様に、繁殖力が強い動物は、一般に寿命が短い。マウス、ラット、ウサギなどの齧歯類で寿命が五年、十年を超えることが少ないものは、膨大な数の子孫を産むことで短命を補っている。

さらに長命と繁殖力の弱さの間には、密接な、いわば生理学的な関係があると推定することもできるかもしれない。繁殖は母体の消耗をまねくので多産の母親は老化が早く、高齢に達することがない、というのが通念になっている。つまり、繁殖力の強さが短命の原因になるというわけである。しかしこうした理論には注意しなければならない。少なくとも脊椎動物は一般に両性の寿命がほとんど同じである。メスは新世代創生のためにオスよりもはるかに大きな負担をになうが、それにもかかわらずメスのほうが長命なことが多い。

これは特に人間にあてはまり、百歳を超えるのは男性よりも女性のほうが多いのである。

繁殖力が非常に強くかつ長命な動物が多いことを考えると、繁殖力の弱さが長命の原因とは考えにくい。オウムには、年に二、三回産卵し、そのたびに六個から九個の卵を産む種類がある。カモの仲間のガンカモは、繁殖力が強く長命であることを特徴としている。「産卵の度に非常に多くの卵を産み、六個以下であることは珍しく一六個産むことさえある」(Brehm, *Oiseaux*, t. II.)。ツクシガモの一種は二〇個、三〇個の卵を産む。アヒルは、熱帯の特定の地域では産卵期の間、毎日一個の卵を産む。野生のガチョウは一シーズンに七個から一四個の卵を産む(*Ibid.*)。そしてカモもガチョウも一般に長命で、二十九歳に達したカモもいる。非常に多産のニワトリでさえ二十歳、三十歳まで生きることができるのだ(Oustalet)。

「しかしこれらの鳥は幼鳥期に多くの敵の攻撃にさらされる」、と主張する者もいるだろう。ハゲタカ、キツネなど肉食動物が、ニワトリ、アヒルやガチョウのヒナを攫うところを見たことのない者がいるだろうか。こうした例では「ヒナが捕食されても種が存続するように長命になった」と説明できるように思えるかもしれない。ヴァイスマンは、水鳥をはじめとする多くの動物が長命である理由をこのように説明した。しかし、これらの動物は、若鳥が直面するリスクが原因で長命になったわけではなく、寿命はこのリスクとは無関係に確立されたと考えるべきだ。多くのヒナが捕食される種は、長命でなければ短期間で絶滅する。過去の「複数の」地質時代には実際に多くの動物が絶滅した。つまり繁殖力が強く子が大量に死ぬ動物が長命である場合、強い繁殖力や幼時の高死亡率が原因で長命になったのではなく、長命だから生き延びることができたのだ。長命の原因は、その動物の生理学的条件に求めるべきだが、成長期間が長いことや成体が大きいことが長命の原因だと考えることはできない。

ウスタレ教授[40]は脊椎動物の寿命に関する大変興味深い研究の中で、いくつかの仮説を検討した後、寿命を左右する要因として食生活に注意を向けた。彼は「食生活と寿命の間には何らかの関係がある。一般に草食動物は肉食動物よりも長命なようである。これはおそらく、草食動物は生存に必要な食物をより容易かつ定期的に見つけることができ、肉食動物のように大食と断食の繰り返しを強いられないことが原因だと思われる」とした。事実、この法則に当てはまる例は多く、たとえばゾウとオウムは草食で長命である。しかし一方で、肉食でありながら非常に長命な動物も多い。鳥類では動物を捕食する昼行性、夜行性の猛禽類が長命であることが数多く確認されている。同様に死肉を食べるカラスも長命である。恐るべき肉食動物ワニの寿命については、正確なデータは欠けているものの非常な高齢に達しうることは明白である。

このため寿命の決定要因は他に探すことが必要で、何らかの結論を出すためには、動物世界の寿命の長さを調べることが有用である。

II

下等動物の寿命――イソギンチャクやその他無脊椎動物の長命の実例――昆虫の寿命――「冷血」脊椎動物の寿命――鳥類の寿命――哺乳類の寿命――両性の寿命の差――生物における寿命、繁殖力、生産性の関係

動物の寿命を見ると、その違いの大きさに驚かされる。ざっと見ただけで、寿命が多くの要因によって左右されることがわかる。

高等動物は、ほとんどの場合無脊椎動物より身体が大きく、身体の大きさと寿命の間には何らかの関係があるので、脊椎動物は常に下等動物より長命だと推測されるかもしれないが、実はそうではない。身体の構造が単純な動物にも非常に長命なものがいるのである。最もよい例がイソギンチャクである。下等な構造のイソギンチャクは、消化器官すらなく、神経系は散在しほとんど未発達だが、捕獲され飼育されて長生きすることが知られている。私は四十年以上も前、ハンブルクの水族館長ロイド氏の所で、特別なガラス鉢で大切に飼育されている数十歳のイソギンチャクを見たのを覚えている。また、ウメボシイソギンチャク科 *Actinia* 属の *Actinia mesembryanthemum* 種の個体は、六十六年間生きた。この個体は、一八二八年にスコットランド人の動物学者ダリエルが採取した時すでに成長しきっており、当時七歳程度だったと思われる。持ち主よりも三十六年間長く生き、一八八七年にエディンバラで死んだが、死因は不明である。このように著しく長命なのにもかかわらず、この種のイソギンチャクは成長が早く、繁殖力も非常に強い。ダリエルによると、この種は十五か月で成長を達成する。彼が捕獲した個体は一八二八年から一八四八年の二十

長寿動物
哺乳類は一般に脊椎動物のなかでは短命だが、知られる限り一番長生きするのはホッキョククジラだと言われている（寿命は二百年以上）。魚類で一番長寿なのはニシオンデンザメの四百年。無脊椎動物に関しては、ケイブクレイフィッシュ（洞窟ザリガニ、北アメリカ産の眼が退化したザリガニ）の百七十五年、アイスランドガイの五百七年（これは知られる限り多細胞動物の最長寿記録）などがある。【池田】

イソギンチャク
刺胞動物門花虫綱イソギンチャク目に属する動物の総称。二胚葉性の原始的な動物で、口の周りに毒のある触手を持つ。世界から約八〇〇種が知られる。他の生物と共生するものが多く、クマノミと共生するサンゴイソギンチャクが有名である、渦鞭毛藻類と共生するものも多い。寿命は定かではないが、本文にあるウメボシイソギンチャクは飼育下で七十年以上生きた記録がある。【池田】

年間に三三四匹の子を産んだ。その後数年間、子を産まなかったが、一八五七年には一晩で二三〇匹の子を産んだ。驚異的な繁殖力は年と共に衰えたが、五十八歳になっても一回あたり五匹から二〇匹の子を産み、一八七二年から七年間に産んだ子の数は一五〇匹に上った。[41] 体重が成体のウサギの四〇分の一から五〇分の一しかないこの動物は、ウサギの六倍以上も長生きしたのだ。

アシュワース氏とネルソン・アナンデール氏は、ナゲナワイソギンチャク科 *Sagartia* 属の *Sagartia troglodytes* 種の個体を観察した。このイソギンチャクはすでに五十歳だったが、同種の若い仲間と比較して繁殖力が劣ること以外、何の違いも見られなかった。

こうした長命のポリプ〔イソギンチャク〕がいる一方で、たとえばサンゴの *Flabellum* 属のように二十四歳以上にならないものもあり、寿命の違いの原因は確定することができない。

また、軟体動物と昆虫も寿命の違いが大きい。腹足類にはカタツムリの一種 glass snails、オカモノアライガイなど数年の寿命しか持たない種もあるが、タマガイ科の *Natica héros* などの種は三十歳に達することがある。海棲の二枚貝の軟体動物は、オオシャコガイ *Tridacna gigas* のように六十歳から百歳になるものさえある。[42]

多くの面でバリエーションが豊富な昆虫も寿命の差が大きい。ある種のアブラムシのように寿命が数週間しかなく一か月のうちに死んでしまうものがある一方、同じ半翅目に属するセミには、寿命が十三年、十七年に及び、マウス、ラット、モルモットなどの小型齧歯類よりよほど長命なものもいる。17年ゼミ *Cicada septendecim* と呼ばれる北アメリカのセミは、十七年間リンゴの木の傍の地中に隠れ、根を吸って生きることからこの名前がついた。このセミは、成虫になってからは、産卵して次世代に生命を与えるのに必要な一か月強しか生きない。また次の十七年が過ぎると次の世代が成虫となって地中から現れるのである。

これら両極端のケースの間に、さまざまな寿命の昆虫たちがいる。この条件の下で、現代の科学は、寿命を決定する法則を見つけようと無駄な努力を費やしている。動物一般にある程度まで適用できる法則も昆虫に当てはめようとすると覆されてしまうことが多い。たとえば大型のバッタ、イナゴ、コオロギは、はるかに小さい多くの甲虫類よりも短命である。非常に繁殖力の強い女王バチは二年から三年、時には五年も生きるが、繁殖力を持たない働きバチは一年未満で死んでしまう。身体が小さく素晴らしい繁殖力を持つ女王アリは七歳に達することがある。[43]

今日の科学には下等動物一般と特に昆虫の生理に関する知見が欠けている。このため、寿命の違いがなぜこのように大きいのか、その原因について大まかな推測をすることさえ不可能である。具体的なデータがはるかに多い脊椎動物について検証するほうが、成功の確率が高い。

17年ゼミ
所謂周期ゼミで、17年ゼミと13年ゼミがいる。本文では*Cicada*という属名が使われているが、現在は一九二五年に創設された*Magicicada*という属名が一般に使われている。17年ゼミには三種が含まれ、北アメリカ北部に棲息し、13年ゼミには四種が含まれ、南部に棲息している。棲息地では十七年または十三年に一度大量に発生し、その間には発生しない。インディアン（アメリカ先住民）の部族の中には17年ゼミを伝統食にしているところがある。【池田】

脊椎動物の身体は魚類から哺乳類へと大きな進化を遂げた。しかし、寿命については逆行現象が起きたことが、数々の事実の分析から明らかになっている。下等脊椎動物は一般に哺乳類よりも長命なのである。

魚類の寿命については不十分なデータしかないが、非常に長命だと考えられる。ローマ人はウツボを珍重し、水槽で六十年以上飼育することに成功していた。またサケは百歳に達するが、パイクはさらに長命と考えられており、ハイルブロン近郊で一二三〇年に釣り上げられ、二百六十七年生きたパイクに関するゲスナーの記述がしばしば引用される。同様にコイも長命とされており、ビュフォンはコイの寿命は百五十年に達すると考えた。シャンティイーとフォンテーヌブローの池のコイは何世紀も生きていると考えられていた。ところがブランシャールは、この説はフランス革命時に王族の邸宅が襲撃され、大部分のコイが捕食された事実を考慮しておらず、正しくないことを証明した。それでもコイの寿命は非常に長いと思われる。

両生類に関するデータは魚類に比べ少ないが、両生類は小型でもかなり長生きすることが知られている。たとえば十二歳から十六歳になるカエルが観察されており、三十六歳に達したヒキガエルの報告もある。

爬虫類については両生類よりも多くのデータがある。爬虫類の中で最も身体が大きいワ

パイク
硬骨魚類綱条鰭亜綱真骨下綱原棘鰭上目カワカマス目カワカマス科カワカマス属の魚類の総称。北半球の淡水や汽水に棲み、七種が知られるが、日本には産しない。狭義にはパイクと言えば、ノーザンパイク（Northern pike; *Esox lucius*）を指す。北アメリカ、ヨーロッパ、シベリアに棲息し、大型の個体は一五〇センチメートルを超える。海外ではゲームフィッシュとして人気が高いが、日本では特定外来生物に指定されて、生体の輸入や飼育などは禁止されている。非常な長生きとされるが、古い記録は信憑性に欠けるものが多い。それでも二十年以上生きることは確かである。【池田】

自然史博物館
ロンドンにあるThe Natural History Museum。世界でトップクラスの自然史博物館である。日本では大英自然史博物館、ロンドン自然

ニとカイマンは、成長期間が非常に長く長命である。自然史博物館には四十年間も飼育されているカイマンが複数いるが、老いの兆候は少しも見られない。カメはワニに比べるとはるかに小さいが、それにもかかわらず長命であり、次のような具体例が報告されている。ケープタウン植民地の総督の庭で八十年間生きたカメがいたが、このカメは二百歳に達したと考えられている。ガラパゴス諸島生まれの別のカメは百七十五歳に達した。またロンドン動物園の爬虫類館には、動物学者ドーダン氏が所有する百五十歳のカメが飼われていた。英国のノーフォークでは、一匹のフチゾリリクガメ *Testudo marginata* が百年間生きた。さらに、マレ氏によると、一六二三年にカンタベリー大主教の邸宅に連れて来られ、百七年生きたリクガメは、その甲羅がランベス宮殿の図書館に保管されている[44]。もう一匹のカメは、ロード主教によってフラム宮殿の庭に連れて来られ百二十八年生きた。また、第一章では、すでに八十六年の生育史が知られている *Testudo mauritanica* 種のリクガメに言及したが、このカメは実はより高齢で、百歳近いと考えられている。

ヘビとトカゲの寿命についてはそれほどよく知られていないが、他の爬虫類に関する上記の事実から推定して、爬虫類は脊椎動物の中でも非常に長命だと結論することができる。

これらの下等脊椎動物が長命なのは、「冷血」動物はあらゆる生理機能が極めて緩慢なためだと容易に推測できる。「冷血」動物の血液循環は非常に遅くカメの脈拍数は一分間に二〇から二五回である。ヴァイスマンは寿命を左右する要因の一つとして「生命が経過する速さもしくは遅さ、言い換えると栄養交換と生命現象にかかる時間」を挙げている。

史博物館などと呼ばれる。元来は大英博物館の一部門だったが、収蔵品が増えたため、リチャード・オーエンの尽力により、自然史部門は現在のサウスケンジントンに新館を建てて、収蔵品を移管した。当時の名称はBritish Museum (Natural History)。一九六三年に正式に独立して、一九九二年に正式名称も通称だったThe Natural History Museumに変わった。入場は無料である（大英博物館も無料）。【池田】

血液循環と寿命
一般に代謝が活発な動物は脈拍数が高いことが多い。活発な代謝は活性酸素を発生させやすく、活性酸素はDNAなどの高分子を傷つけて老化の原因になるので、脈拍数が低い動物は長生きするという説は概ね正しいが、寿命に関連する因子は他にもあるので、成り立たない事例も沢山ある。たとえば人間では徐脈の人が頻脈の人より長生きするということはない。本文にあるように鳥類は代謝が活発で脈拍数も高いのに、長生きする種も多い。【池田】

鳥類の寿命の研究は、鳥類が温血動物で、動作と生理機能のスピードが速いにもかかわらず、概して長命であることを明らかにしている。すでに第一章でいくつかの例を挙げたが、このテーマは大変重要なので、問題をさらに詳しく分析する必要がある。ガーニーの研究は非常に多くの具体的な情報の集大成を試みたもので、この問題の検証には特に有用である。[45]五〇種類以上の鳥を網羅した表によると、全グループで最も寿命が短いのは八年半から九年（オーストラリアガマグチヨタカの一種 *Podargus cuvieri* とニシイワツバメ *Chelidon urbica*）である。しかしこれは例外的な短命で、十五年から五十年以上が一般的である。小型の鳥さえ比較的長命で、たとえばカナリアは十七年から二十年生き、ゴシキヒワは二十三年生きたという報告がある。ヒバリは二十四年、ニシセグロカモメ、セグロカモメはそれぞれ三十一年と四十四年も生きた。中型の鳥は、肉食・菜食、繁殖力の強弱にかかわらず、数十年間生きることができる。いくつかの例を挙げると、ガーニーの表によると一四羽のオウム［インコ］は、最短十五年、最長八十一年、平均して四十三年生きた。フンボルトが報告したアメリカの伝説に、インコはインディアンの一族が消滅した後も生き延びたというものがある。この伝説を全く信じない場合も、信憑性がある十分な数の具体例がインコの長命を証明している。たとえばルヴァイヤンはヨウム（*Psittacus erithacus*）について語っているが、この鳥は六十歳で記憶を、九十歳で視力を失い、九十三歳で死亡した。同じ種に属すると思われる別の個体は、J・ジェニングスによると七十七年生きた。オウムも長命で、ジョーンズ、レイヤードとバトラーは、黄色い冠羽のあるオウム（キバタン）が五十歳、七十二歳、八十一歳になった例を報告している。エイブラ

ヨウム
アフリカ西南部の森林地帯に棲息する大型のインコの一種（*Psittacus erithacus*）。長命な鳥として知られ、平均寿命は五十年。環境条件が良ければ百年近く生きる。ペットとして人気があり、知能が五歳児以上と言われ、人のコトバをよく覚える。現在ではCITES（ワシントン条約）の附属書Iの掲載種となり、商取引が禁止されている。ちなみに、鳥類で一番長生きしたのは、確実な記録ではキバタン（オーストラリア産のオウムの一種）で、「コッキー・ベネット」という名の個体は一七九六年から一九一六年まで百二十年生きた。【池田】

ムス氏は、アマゾンのインコが百二歳になったことを確認している。我々も同じ種（*Chrysotis amazonica*）の二つの個体を研究した。一羽は八十二歳で死亡したが、極度の老衰以外は何の兆候も認められなかった。もう一羽は我々のもとで三年間生き、約七十歳から七十五歳で死亡した。この鳥は活発で、全く老衰の兆候を見せず、死因は急性肺炎だった。

しかし長命な鳥はオウムやインコだけではない。ガーニーのリストには次のような例が見られる。六十九歳と五十歳のワタリガラス *Corvus corax*、六十八歳と五十三歳のワシミミズク *Bubo maximus*、五十二歳のコンドル、五十六歳のカタシロワシ、六十歳のアオサギ、八十歳の野生のガチョウ、七十歳の家畜化された白鳥。これらの数字は特定の種の鳥（たとえば白鳥の三百歳など）に関する伝説的な長寿にはとても及ばない。しかし多種多様な鳥が高齢に達することは否定できないだろう。さらに、ガーニーの報告が鳥類の寿命に関するすべてのケースを網羅しているわけではない。彼が報告していない例は多く、中でも次の事実を追加する必要がある。ウィーン郊外のシェーンブルン宮殿の動物園では、エジプトハゲワシ *Neophron peronopterus* が百十八歳、イヌワシ *Aquila chrysaetos* が百四歳と八十歳に達したことが報告されている（Oustalet）。パイクラフトは、一八二九年にノルウェーで捕獲されたメスのワシが英国に運ばれ、英国で七十五年間生きたと語っている。[46] このワシは最後の三十年間に九〇羽のヒナを産んだ。同じ著者は百六十二歳になったというハヤブサの例も挙げている。

これらのデータは、鳥類が一般に長命であることをはっきりと示しているが、同時に、爬虫類が鳥類よりもさらに長命であることも明らかに示している。鳥類がワニやカメほどの高齢に決して達しないことは、少なくとも認めなければならない。

このため、脊椎動物の進化では、寿命の面である種の逆行現象が認められると思われる。この逆行現象は、鳥類より一般に寿命が短い哺乳類では、さらに顕著である。特殊な例では、最も長命な鳥と同じくらい長生きする動物が哺乳類にも存在する。ゾウがそのよい例である。昔は、この哺乳類の巨人は、数世紀すなわち三世紀から四世紀生きると考えられていた。しかし白鳥の極度の長命に関する伝説と同じく、この説も決して確認されることはなかった。野生のゾウの寿命については正確なデータがないが、飼育されているゾウはごくまれに百歳に達することが確認されている。しかし、動物園や質の良い小型動物園で飼育され、世話が行き届いている場合でも、ゾウが二十歳から二十五歳以上になることは珍しい。メフメット・アリがパリ植物園に一八二五年に寄贈した「シュヴレット」という名前のアフリカゾウも、三十年以上飼育することはできなかった。また、ゾウの死亡例を記録した英国領インド政府の正式なリストによると、一三八頭の個体のうち、購入された後二十年生きた例は一件しかない（Brehm, *Mammifères*）。

ゾウの長骨の骨端線は三十歳前には閉鎖しないので、フルーランスは法則に基づきゾウは百五十年以上生きるはずだと結論したが、これまでのところこの見解を正当化するデータは存在しない。しかし、ゾウが時には百年以上生きる可能性があることは、かなり確か

長骨の骨端線

下肢と上肢の長い骨（脛骨、腓骨、大腿骨、上腕骨、橈骨、尺骨など）を長骨と呼び、この骨の末端に骨端線（成長軟骨）と呼ばれる軟骨層があり、この部分がX線写真では細い線のように見えることからその名がある。これが骨に置換されると、骨が伸びなくなり、成長が止まる。ヒトでは男子で十八歳くらい、女子で十六歳くらいで、骨端線が完全に閉じて、成人の身体になる。ゾウの骨端線が閉じる年齢はヒトに比べて倍近く遅いので、ここから類推すれば、ゾウは百五十年近く生きると推定される。現在の研究ではアフリカゾウの平均寿命は六十五歳と言われている。

【池田】

な方法で確認されている。オランダがセイロンを占領していた百四十年以上の間、ずっと働き続けたゾウの例が報告されている。このゾウは、一六五六年にポルトガル人が追放された際に厩舎で見つかった。あらゆる面でゾウに精通しているビルマ人とカリア人は、ゾウの寿命は八十歳から百五十歳だと考えた。ビルマ人は、ゾウは五十歳から六十歳の間に老化が始まるとした。[47]ゾウに関する数々のデータを総合すると、ゾウの寿命は人間に近いと考えられるが、ゾウに比べると人間の身体は非常に小さい。

ゾウでも珍しい百歳という寿命は、人間以外の哺乳類では例がない。四本足のゾウの「隣人」で大きな身体を持つサイでさえ、それほど高齢には達しない。ウスタレによると、「十九世紀初頭に博物館の小型動物園で死んだインドの一角サイは二十五歳を超えていたが、老化のあらゆる兆候を見せていた。もう一頭の同種のサイはロンドン動物園で三十七年間飼われていた[40]」。グリンドンはサイの寿命は七十歳から八十歳だとしているが、この見解は実例に基づくものではなく、サイの成長が遅いことを根拠とした推定のようである。

ウマとウシは、身体は大きいが比較的短命である。ウマは平均十五年から三十年生き、十歳ですでに老化しているが、例外的に四十歳かそれ以上になることもある。ウェールズのポニーが六十歳に達したが、これは極度に珍しい例である。この他、例外的な長命としては、五十歳（メッツ司教のウマ）と四十六歳（ラシー陸軍元帥のウマ）の例が報告されている。

ウシはウマよりもさらに短命である。家畜化したウシは、すでに五歳で老化の前兆が見られ、歯が黄色くなり始める。十六歳から十八歳になると歯は抜けるか欠けてしまい、牝ウシは泌乳がとまり、牡ウシは繁殖力を失う。「ウシの寿命は長くて二十五歳から三十歳である」(Brehm, *Mammif.*, t. II)。短命にもかかわらず繁殖力も弱い。牝ウシの妊娠期間は人間に近く(二百四十二日から二百八十七日)、一年に一頭の子ウシしか産まないうえ、繁殖可能期間も数年にすぎない。

ヒツジも家畜化した反芻動物であるが、ウシよりさらに短命である。グリンドンによるとヒツジは十二年しか生きないが、十四歳になるものもいる。通常八歳から十歳になると歯がなくなるので、十四歳はヒツジとしては非常な老齢だといえる。

ラクダや牡ジカなどの反芻動物は、ウシよりは長命だが、この点については正確なデータがない。

肉食の家畜動物が短命であることは周知の事実である。イヌは平均して十六歳から十八歳まで生きるが、すでに十歳、十二歳ごろから老化の兆候を見せはじめる。ジョナットは珍しい例として二十二歳まで生きたケースを報告しており、レイ・ランケスターは三十四歳まで生きた例を報告している(*Comparative Longevity*)。我々が所有した最も高齢のイヌは二十二歳で死亡した。

飼育下動物の寿命
野生動物を動物園で飼うと、むしろ寿命が延びることがわかっている。たとえば野生のオオカミは十年以上生きることはまれであるが、飼育下では平均十五年、長ければ二十年生きる。飼育下の動物は飢えることもなく、外敵に襲われることもないので、当然寿命は延びる。オオカミを家畜化したイヌの平均寿命は十四年で、飼育下のオオカミとほぼ同じである。【池田】

一般にネコはイヌよりも短命だと考えられている。平均十歳から十二歳が寿命とされているが、この年齢のネコは年取ったイヌのような老衰した様子は見せない。アルフォール獣医学校のバリエ校長のおかげで二十三歳のネコを手に入れることができたが、このネコはかなり活発で、老衰ではなく肝臓がんで死亡した。

一般に齧歯類は繁殖力が非常に強いが短命で、特にペットにこの傾向が強い。ウサギが十歳になることはまれで、モルモットは七歳が限界である。我々が集めることができたデータによると、マウスが五歳から六歳以上になることはあまりない。

これまで述べた事実から、哺乳類は大型小型にかかわらず、一般に鳥類より短命だといえる。このため、哺乳類の身体には何らかの特殊な要素があり、寿命を短縮していると考えざるを得ない。

鳥類をふくむ下等脊椎動物が産卵で繁殖するのに対し、哺乳類は、非常に特殊な例をのぞいて胎生である。胎生のほうが産卵より身体の負担が大きいことが多いので、これが哺乳類の短命の原因となっているのかもしれない。繁殖力が大きすぎる動物に衰弱の可能性があることは知られており、子供が母体に一種の寄生をする胎生が、母体を衰弱させるという仮説が容易に頭に浮かぶ。

しかしこの仮説を認めるのが不可能な事実にぶつかる。哺乳類の寿命は、雌雄だいたい同じである。ところが妊娠に伴う身体の負担はメスのほうがはるかに大きい。「寿命は種によって定まっており、したがって、両性の寿命は必然的に等しい」と考えることはできないと、今、改めて思い出すべきだ。実は動物界には雌雄で寿命が異なる例が多く、特に昆虫では同種の雌雄の寿命が著しく異なる例が見られる。多くの場合、メスのほうが寿命が長い。たとえばネジレバネのメスはオスの六四倍も長く生きる。しかし蝶類では、ヨーロッパエゾヨツメ（*Aglia tau*）のようにオスのほうが長く生きる例もある（WEISMANN）。人間も両性にある程度の寿命の違いが見られ、女性のほうが男性より長命である。

雌雄の寿命に違いがある場合、ほとんどのケースでメスのほうが長命である。このため、繁殖の負担が短命の原因でないことは明らかである。メスの負担のほうがはるかに大きいからである。

この事実をより詳しく検討していくと、哺乳類は鳥類より短命だが、繁殖のための負担は鳥類よりも小さいことがわかる。

動物の生産性（productivité）が必ずしも多産性（fécondité）に対応していないのは周知の事実である。一度に何千という卵を産む魚やカエルは（たとえばパイクは一度に一三万個の卵を産む）、年に一八個以上の卵を産まないスズメや、年に二五〜五六羽の子しか産まないウサギと比べ、明らかに多産である。ところがはるかに少数の卵、子を産むために、スズメやウサギは（この場合、鳥類と哺乳類で最も多産な種を選んだのだが）、魚やカエ

ネジレバネ
撚翅目に属する寄生昆虫の総称。微小な昆虫で、日本に棲息する一番大きなスズメバチネジレバネのメスは一五ミリ、オスは七ミリほどである。この種のメスはスズメバチの腹節の間に寄生して、一生宿主から出ない。メスが生んだ卵はメスの体内で孵化して、脚の生えた一齢幼虫になり、適当なところで脱出して脚のない二齢幼虫になり、スズメバチの成虫を探す。首尾よくスズメバチの成虫に取りついたネジレバネの幼虫は、宿主の巣に運ばれてスズメバチの幼虫に寄生する。宿主のスズメバチが蛹から成虫になるころ、メスのネジレバネも蛹から成虫になりそのまま宿主の体内に留まる。オスも宿主の体内で蛹になり、羽化すると宿主を脱出して飛び回ってメスを探すが、口器が退化していてエサを採れず、数時間しか生きられない。ネジレバネのメスは宿主を操って宿主の寿命を延ばすことがわかっている。【池田】

ヨーロッパエゾヨツメ
ヨーロッパに産するヤママユガ科

ルとは比較にならないほど多量の物質を消費する。カエルは莫大な数の卵を産むために体重の七分の一しか使わないが、スズメやウサギは自分の体重以上の量の物質を生殖のために費やすのだ。

生物が進歩するにつれて多産性すなわち卵または子の数は減少するが、生産性は逆に増加することが一般法則として確立されている。体重を一〇〇とした場合、両生類では一八%にすぎない生産性が、爬虫類では五〇%となり、哺乳類では七四%、鳥類では八二%に達する（Leuckart）。

もし哺乳類の短命化の原因が子孫を残すことによる生体の時期尚早の衰弱だとすると、ここで最も重要な役割を果たすのは多産性ではなく、生産性であるのは明らかである。ところが、前述のように、鳥類の生産性は哺乳類よりも高い。したがって、哺乳類が鳥類よりも短命なのは、生体が生殖のためにより大きな消費をするためではない。また、鳥類や爬虫類が卵生なのに対し、哺乳類が胎生であることが短命の理由でもない。子も卵も産まないオスの寿命がメスの寿命と変わらないのがその証拠である。このため哺乳類の短命には別の原因があると考えられる。

の一種で学名は*Aglia tau* (Linnaeus, 1758)。日本には近縁のエゾヨツメ (*A. japonica*) が産する。リンネによって一七五八年に*Phalaena*属として記載されたものである。動物は一般にメスのほうがオスより長生きだが、本種のオスがメスより長生きだという話が本当であれば、大変興味深いが、私個人は寡聞にしてその話は知らない。【池田】

チンパンジーの寿命の性差

なお、京都大学のチームが約百年前から現在まで、国内で飼育されていた出生年と死亡年が確実な八二一頭のチンパンジーを調べたところ、オスの平均寿命は三〇・三歳、メスは二六・三歳、一歳まで生存した個体の平均寿命はオス三五・七歳、メス三三・四歳であったという。平均寿命はオスのほうが多少長いが、五十歳以上生きたのはオス五頭、メス一〇頭で、最長寿はオスで六十八歳、メスで五十九歳であったという（『Primates』オンライン版、二〇一九年十月三日付）。【池田】

III 寿命と消化器官の構造の関係——鳥類の盲腸——哺乳類の大腸——大腸の役割——腸内細菌——生物の自家中毒と自家感染に腸内細菌が果たす役割——細菌の腸壁通過

哺乳類が、鳥類やいわゆる冷血の脊椎動物に比べてかなり短命であるのはなぜか、その理由を説明するのに、循環器や呼吸器、泌尿器や神経系、生殖器官を調べても無駄に終わるだろう。実はそのカギを握っているのは消化器官なのである。

脊椎動物の消化器官の解剖学的構造を調べると、哺乳類の大腸だけが著しく発達していることに気づく。魚類では、大腸は最も重要度の低い消化器官で、小腸より少し広がった短いチューブの形をしているにすぎない。大腸は両生類で初めてある程度の重要性を持ち始め、拡張したバッグの形をしている。爬虫類のいくつかでは、大腸の容量がさらに増し、盲腸と見なされるべき水平のポケットさえ備わっている。鳥類は大腸がほとんど発達しておらず、短く直線的である。多くの鳥は、消化管のこの部分にある程度発達した二つの盲腸が結合している。ヨーロッパアオゲラ、アカゲラなどの攀禽類をはじめとする多くの鳥は全く盲腸がないが、タカ、ハイタカなどの昼行性猛禽類やハト、スズメは、小さな未発達の突起物のような二個の盲腸がある。夜行性猛禽類、アヒル、キジ類では盲腸がさらに発達している。[48] しかし盲腸が一番発達しているのはダチョウ、レア、シギダチョウなどの走鳥類なのである。我々が観察できた一羽のアメリカレアの盲腸は、小腸のほとんど三分の二の長さに達していた。小腸が一メートル六五センチだったのに対し、盲腸の一つは一メートル一センチ、もう一つは九五センチあった。内容物も入れた盲腸二つの重さ（八八〇グラム）は、レアの全体重（八四六〇グラム）の一〇％を超えていた。

このようにいくつか例はあるものの、これはむしろ例外的なケースで、鳥類は一般に大腸がほとんど発達していない。これに対して消化管のこの部分が最大なのは哺乳類である。哺乳類では、「骨盤腔に収まり直腸と呼ばれる腸の最末端部分だけが、下等脊椎動物の腸の末端部分全体に相当する。直腸以外の部分はずば抜けて大きく、腸の最大部分を占めているが、これは哺乳類だけに発達した部分だと考えなければならない。この部分は結腸と呼ばれる」（Wiedersheim, *Grundriss d. vergl. Anat. d. Wirbelthiere*, 3e édit., 1893）。

このテーマについて、動物の比較解剖学のもう一人の権威、ゲーゲンバウルは次のように語っている[49]。

「長さの面で腸の末端部分が最も発達しているのは哺乳類である。この部分は太いことも特徴で大腸と呼ばれ、より細い中間部分の小腸とは太さで区別される。大腸はかなり長いため何重にも巻かれており、直腸と呼ばれる最末端の部分が、他の脊椎動物で見られるようにまっすぐになっている」

すなわち、二つの明白な事実が存在する。哺乳類は鳥類やその他の下等脊椎動物に比べ一般に短命である。また哺乳類は他の脊椎動物に比べ格段に長い大腸がある。しかしこの二つの特徴に因果関係を認めることは可能だろうか。むしろ単なる偶然ではないのか。

この疑問に答えるためには、まず脊椎動物の大腸の役割について考える必要がある。下等脊椎動物（魚類、両生類、爬虫類、鳥類）の大腸は、単に食物の残滓を溜める場所である。消化は胃と小腸で行われ、大腸は消化に全く関与していない。消化の面で何らかの役割を担うのは盲腸のみだ。脊椎動物の進化の過程をたどると、盲腸が時たま見られる最初のグループは爬虫類である。しかし爬虫類の盲腸は大腸とほとんど違いが見られず、特別な役割を認めることができない。これに対し、鳥類の多くは、二つの盲腸が消化管の他の部分から十分に分かれて発達している。一定量の食物が盲腸を通り、消化に必要な時間、盲腸に留まる。モーミュは鳥類の盲腸でアルブミンと澱粉を消化し、サトウキビの糖を変換する分泌液が出ることを発見した。しかし、この分泌液は、脂質については何の機能も確認されていない。ただし、盲腸の消化機能はそれほど重要なものではなく、彼が盲腸を摘出した雄鶏とアヒルは、全く問題なく状況に適応した。多くの鳥の盲腸は痕跡器官として存在するか、あるいは完全に消滅してしまっている。このため、鳥類の盲腸は、無用器官として退化の過程にあると結論しなければならない。盲腸が重要器官だと考えられるのは、二個の盲腸が並はずれて発達した走鳥類だけである。ただし盲腸が消化に果たす機能については、まだ何もわかっていない。

大腸の構造は、鳥類よりも哺乳類のほうがバリエーションに富んでいる。いくつかの哺乳類の大腸は、小腸の単なる延長で、太さは小腸と変わらず、構造もほとんど同じである。こうした状態でも、大腸がはっきりと消化機能を担うことがある。たとえば、Ｔｈ・アイマーは、食虫コウモリは、大腸でも小腸と同じように消化が行われることを確認した〔50〕。しかしこうしたケースは例外的である。哺乳類の大腸は、多くの場合バルブで小腸からはっきりと分けられ、盲腸につながっているが、盲腸が非常に大きい場合もある。ウマの盲腸は円錐形の巨大な袋で、腸壁は膨隆し容量は平均三五リットルにも及ぶ。盲腸はタピア、ゾウ、多数の齧歯類など、他の草食動物でもよく発達している。これらのケースでは、食物が盲腸に長く留まり、盲腸が消化機能を持つことに疑問の余地がない。しかし、数多くの哺乳類、特に肉食動物は盲腸が全くなく、イヌやネコなどの他の動物の盲腸はほとんど発達していない。こうしたケースでは、盲腸は消化機能を全く、またはほとんど持たない。

コウモリのような例外を除き、〔盲腸でない〕本来の意味での大腸は、たいした消化機能を果たしていない。アイマーはラットとマウスの大腸に何の消化機能も発見できなかった。同様に多くの研究者が、人間の結腸に消化能力がないことを確認している。

著名なロシアの生理学者パブロフの指導の下で行われた最近の研究で、ストラジェスコ医師は〔51〕、哺乳類では「正常な状況では、食物の消化と同化はもっぱら小腸で行われ」、「食物の変換につき大腸は非常に限定された役割しか持っていない」と結論づけた。特定の腸疾患のせいで蠕動運動が極度に盛んになり、消化液を含んだ食物が急激に小腸から大腸に送られ、この結果大腸で消化が行われるケースがあるにすぎないのである。

このため、大腸は、盲腸を除き、消化器官と見なすことはできないが、これは大腸が小腸でできた液体を吸収する役割を果たさないという意味ではない。我々は、大腸で食べ物の残余物から水分が除かれ、固体の大便になることを知っている。しかし結腸の粘膜は、水は容易に吸収するものの、その他の液体も同様に吸収するわけではない。

大腸における吸収の問題は、臨床的な適用の面からよく研究されている。患者が口から食事を摂ることができず、他の方法で栄養を与えなければ生命が危うくなるケースがしばしばあるからだ。栄養の皮下注射が試みられているが、直腸から栄養素を注入する試みのほうがより頻繁に行われている。この方法でしばらくの間は生命を維持できるものの、大腸の吸収力はかなり限られたものである。ツェルニーとラウツェンベルガーによると、[52]人間の結腸全体でも二十四時間でアルブミンを六グラムしか吸収せず、吸収できる栄養価は非常に限られている。事前に消化してペプトン化したアルブミン質のほうが、大腸によく吸収されるのではないかと考えられたが、エワルトの研究[53]では、この方法でも吸収が不十分だという観察が明らかになった。ハイルの最近の研究[54]は、盲腸に瘻孔を開けたイヌと、結腸に「自然に反する肛門」すなわち人工肛門を造設した人間を対象としたが、大腸は未消化の卵のアルブミンを吸収せず、水、蔗糖、グルコースの吸収も不十分だった。結腸の腸壁が容易に吸収するのは大便のアルカリ性液体だけなのだ。それにもかかわらず、特定の食物を浣腸で注入することで患者に栄養を与えることができた。中でも牛乳は極めて重要だった。[55]

消化機能と栄養物質の大量吸収の役割は果たせないが、大腸には多量の小さい腺があっ

直腸栄養補給
十九世紀の終わりごろのヨーロッパで、食事を拒否している精神病患者などに行われた方法であるが、現在では全く行われていない。患者本人が食事をとれなくなったときに、現在一般的に行われている強制栄養法は、鼻や胃ろうからチューブを差し込み栄養を補給する方法（経腸栄養）と、静脈にカテーテルを差し込んで栄養を補給する方法（経静脈栄養）の二つである。【池田】

て粘液を分泌する。この粘液は固体の大便を潤し、排泄を容易にする。

以上から、哺乳類で非常によく発達している大腸は、食物の残滓の処理と排泄の役割を担う器官だと認めなければならない。しかし、他のすべての脊椎動物に比べ、なぜ哺乳類では大腸が発達しているのだろうか。

私は、この疑問に対する答えとして、「哺乳類の大腸が大きく発達したのは、排泄のために立ち止まる必要がなく長時間走行できるようにするためだ」という仮説を立てた。つまり、大腸の役割を食物の残滓の単なる貯蔵所に縮小したのである。

両生類と爬虫類は、敵から身を守る毒を持っている（ヒキガエル、サンショウウオ、ヘビのように）、非常に硬い甲羅を持っている（カメ）、非凡な力を持っている（ワニ）などの理由で、怠惰な生活を送り緩慢に動くことができる。これに対し、地上のもう一つの四足動物である哺乳類は、エサを捕獲したり、敵から逃れたりするため非常に速い速度で走る必要がある。敏捷な動作は、四肢が大きく発達していることと、大腸の容量が大きく便を長時間溜めておけることで可能になっている。

哺乳類は、腸の内容物を排泄するため、静止して特別な姿勢をとらなければならない。このため、排便はその都度、生存競争におけるリスクとなる。エサを捕食する最中に何度か立ち止まらなければならない肉食の哺乳類は、静止することなく走り続けることが可能な動物より劣っている。同様に肉食動物から逃走する草食動物は、逃走中に静止する回数が少なければ少ないほど、うまく逃げ延びることができる。

この仮説によると、大腸が大きく発達したのは、生存競争における本質的な必要性に対応したため、ということになる。著名な生物学者イヴ・ドゥラージュ[56]は、この説明は受け入れられない、とした。彼は「(大便を溜めるには)直腸の膨大部があれば十分だ」と考え、「誰もが、走りながら脱糞する草食動物を見たことがある」と付け加えた。しかし、哺乳類の直腸は大便を溜めておくための役には立たない。なぜなら、大便が直腸に入ると便意を催し、便意が継続するからである。このため大便は大腸に溜まり、間隔をおいて大腸から直腸に送られる。直腸到達という最終段階になると、便意を催し排泄が起こるのだ。

ドゥラージュは、哺乳類が走りながら脱糞するケースの特定はしなかった。くびきにつながれたウマが歩きながら脱糞している光景はしばしば見られる。ゆっくり走りながら脱糞することはあるが、速く走りながら排泄することはできない。この件について専門知識を持つ人たちは、ウマはレース中には決して排泄しないと断言している。走るスペースのある動物園でもウマは静止して排便する。ムランの広大な庭園でアンテロープを飼っているCh・ドゥブルイユは、走りながら排便すると排泄物は散らばっているはずだが、実際には排泄物は常に一緒にまとまって見つかるとコメントした。アンテロープは非常な速さで疾走しジャンプする哺乳類だが、排便のためには立ち止まって、ヤギの糞に似た小さな糞を堆積しているに違いない。

アンテロープ
ウシ科の中からウシ族とヤギ亜科を除いた大部分の種を含むグループである。ウシ科約一三〇種のうち約九〇種が含まれるが、家畜種は含まれない。進化パターンに立脚した正式な分類群ではない。オリックス、インパラ、ヌーなどが代表種である。強力な大腿四頭筋を持ち、独特の跳躍ストライドで走る。走るスピードはチータに匹敵し、持久力はチータに勝り、地上最速の動物である。 【池田】

腸内細菌と健康との関連についてのメチニコフの先見性
腸内細菌の健康や老化への関与を

哺乳類が生存をかけて敵から逃げたり獲物を追いかける時は、乗合馬車や辻馬車につながれたウマのようにゆっくり走らず、全速力で走る。この状況では便を長く溜めることを可能にする器官は非常に役に立つ。このため、哺乳類の大腸の起源に関する我々の仮説はかなり信憑性があるといえる。

大便を溜める器官は、抜き差しならない状況で哺乳類の生命を保つ働きをするが、一方で多くの不都合・病気の原因となり、何よりも寿命を短くしている可能性がある。

食物の残滓が大腸に長い間留まると、大腸が微生物のすみかとなり、微生物が各種の発酵をうながし、身体に有害な腐敗を招くことになる。このテーマに関する我々の知識は不完全なものである。しかし腸内菌叢を形成する微生物の特定のものは、体中に広がったり、代謝物が中毒を起こしたりすることで健康に害を及ぼすと断言することができる。実は人間の臨床事例がこの件に関し貴重な情報を与えてくれている。

数日間排便しなくても、すぐには悪影響がない人は珍しくない。しかしそれによって、ある程度深刻なトラブルが引き起こされるケースは頻繁にある。身体に溜め込んだ便に特に敏感に反応するのは、何らかの原因で身体が弱った動物である。単純な便秘のせいで健康がひどく損なわれた幼児を見たことのない者がいるだろうか。これらの患者の状態をデュ・パスキエ医師[57]は次のように描写している。「顔色は鉛色、目は落ち窪み、瞳孔が開

指摘したのはメチニコフの大きな功績である。当時は腸内細菌の正確な分析はできていなかったが、腸内での腐敗は健康を損ね老化の原因になり、これを阻止するために乳酸菌を摂取すると長寿になるという彼の主張（第四章参照）は、今日、隆盛を極めているプロバイオティクス（健康のために摂取する微生物）の先駆けと言える。ただ、近年よく知られているように腸内細菌には腐敗を促進する悪玉菌ばかりではなく、善玉菌もあり、後者は発酵により有用物質を作り出し、健康に資すると考えられている。それればかりか、腸内細菌叢は肥満体質（やせ体質）やうつ体質や食物の嗜好にも関係していると言われ、われわれの身心は腸内細菌によって操られているようだ。国内では柳宗悦が一九一一年に「メチニコフが老衰に効用があるとしてヨーグルトをすすめた」と『科学と人生』のなかで記載している（鶴見俊輔「インタビュー 日常的ポリシー・サイエンスということ」［21世紀フォーラム］六五号・政策科学研究所より）。【池田】

き、鼻翼がすぼんでいる。熱は三九度から四〇度になり、脈拍は浅く、速く、時に不規則。興奮状態、不眠、時に痙攣を伴い、首すじが硬直し、斜視。これらは神経系が毒素に侵されたことを示している。虚脱や悪寒を伴うこともある。舌苔、舌の乾燥、嘔吐。悪臭のする下痢は、消化器官のトラブルの特徴である。またユティネルは、赤斑が特に背中、臀部、腿の外側と前腕部に現れることが多いと強調している」。この変調が死をもたらすことさえあるが、多くの場合、消化管をすっかり空にすることで回復する。

妊娠中の女性や産後間もない女性も便秘で苦しむことが多い。産科医はしばしばこうした症例を見る。ブーシェ医師は患者の様子を次のように記述している[58]。

「出産は正常で、無菌にするためのあらゆる予防措置がとられ、分娩が自然かつ完全な形で行われた後で、患者が激しい悪寒に襲われ頭痛を訴えることが時にある。息は悪臭があり舌苔が見られる。腋下で測った体温は三八度から三九度。腹は膨らみ、臍下に痛みがある。触診すると、腸骨窩でふくらみを感じるか、または結腸にそって帯状に固くなっているのがわかる。ひどくのどが渇くが、食欲は全くない。患者はすでに何日間も便通がないと訴える。下剤、浣腸を命じ、牛乳以外は絶対に口にしないよう指示する。何日かすると大量の便が排出され、熱が下がり、腹痛は消失し、食欲が戻り、患者は速やかに回復する」

同様に、心臓、肝臓、腎臓の病気に侵された患者も体内に蓄積された大便に非常に敏感に反応する。食餌療法からの逸脱や単なる便秘がこれらの患者に深刻なトラブルをもたらすことがよくある。

これらの症例はすべて、臨床医によく知られており、医師はすでに長い間、こうした場合には排便がよい効果をもたらすことを知っている。一方、実験研究者たちは、直腸や腸の他の部分を結紮して人工的に便を溜めると、身体に非常に大きな危険が及ぶことを確認している。

現在までのあらゆる知見を総合すると、大便中に大量に存在する微生物が病原であることに疑問の余地はない。たとえば胎児や新生児の便のように微生物を含まない場合は、身体に何の害もない。食物の残余物にセルロースの残滓と分泌物が加わったものは、少しも有害でない。大便中の微生物には確かに無害なものもいくつかあるが、それと並んで明らかに有害なものがある。

このため、大便の滞留に伴うトラブルが、腸内細菌のうち特定の微生物によって引き起こされていることは疑いの余地がない。しかし有害性の正確なメカニズムを明らかにしようとした時点で、学者たちは非常に大きな困難に直面することになった。腸内細菌が多種多様な毒素を発生させ、これが腸壁から吸収されて前述のトラブルを起こす、という仮説が立てられ、自家中毒という術語が習慣的に使われるようになった。こうして子供、産婦、腎臓病患者、肝臓病患者、心臓病患者の自家中毒、という表現が使われるようになった。毒素を分離してより詳しく調べようとしたが、実はまさにこの時点で、あらゆる種類の困難に遭遇することになった。菌自体の働きを除外するためには、熱や消毒剤で菌を殺したり、フィルターで菌を除去したりすることが必要だった。しかし、この処理では細菌性の毒素が同時に変質するため、この方法は使うことができない。最近になってシャバンとル・プレーは腸内細菌を五七度から五九度に熱することで正確な結果を得ようとした[59]。この温度だと細菌毒素は破壊されない、と考えたからである。この温度で処理した菌をウサギの静脈に注射したところ、ウサギは速やかに死亡したり、注射の量によって大便滞留に類似したトラブルを起こしたりした。

ククラ[60]も、腸閉塞症の患者から採取した微生物の分泌物で、動物に中毒現象を再現しようと試みた。この結果、嘔吐、痙攣、首と背中の筋の拘縮など非常に急性の症状を起こすことができたが、これらは人の腸閉塞症やその他の大便停滞のケースで見られる一連の症状を思い出させるものだった。

腸内細菌の生成物の中には、特定のベンゾール誘導体（フェノール、クレゾール等）やアンモニア塩のように毒性が明白なものがある。細菌毒の多くはまだ十分に研究されていないが、すでにそのうちのいくつかは腸壁を通して容易に吸収され、大きな害をもたらすことが知られている。ヴァン・エルメンゲム[61]が調製し研究したボツリヌス毒素がその例である。ボツリヌス毒素は時に非常に重篤な食中毒を引き起こす細菌によって生成され、一滴を口にしただけでウサギを中毒死させる力がある。その場合、人が腐敗した食物を食べて中毒を起こした時と同じ症状が見られる。

ボツリヌス毒素

ボツリヌス菌により作られる毒素で、自然界に存在する毒素としては最強である。ボツリヌス菌はクロストリジウム属の細菌（*Clostridium botulinum*）で土の中に芽胞の形で普通に存在する。嫌気性菌で、芽胞は低酸素状態に置かれると発芽、増殖が起こり、毒素を産生する。加熱が十分でない食品を酸素濃度がごく低い密閉容器に入れておくと、菌が増殖して、食中毒の原因になることがある。【池田】

毒性が特に強い細菌毒としては、特に大腸で生成される酪酸や蛋白質の腐敗生成物を挙げることができる。消化のトラブルが、多くの場合腐敗ガス（硫化水素、メタンガス）の逆流（＝げっぷ）と悪臭を持った便を伴うことはよく知られている。これらの現象に腐敗菌が何らかの役割を果たしていることは疑いの余地がない。

便の停滞が腸内の腐敗を促し、そのためしばしば便秘が健康に甚大なトラブルを与えることはかなり昔から知られている。しかし、最近になって、便秘患者の便中の細菌数が少ないことに驚いた細菌学者がこの広く受け入れられている学説に反対の声を上げた。この新しいデータをもたらしたのはシュトラスブルガー〔62〕であるが、彼の協力者であるシュミット〔63〕は、便秘患者の大便を腐敗しやすい物質に入れても全く腐敗が起こらないことを証明した。これらの観察が正しいことは認めるが、彼らが導き出そうとしている結論は受け入れることができない。なぜなら自発的に排泄された便秘患者の大便が体内の状況を十分に反映しているとは言えないからである。排泄物中に比較的少数の微生物しかなくても、体内に細菌が残っており、浣腸で体外に出した内容物は、逆にあらゆる種類の細菌を多く含んでいるのである。この事実は、便秘患者の尿の分析によって裏付けられている。便秘患者の尿は、腸内腐敗の産物である硫酸エステルの増加を常に示しているのである。

細菌毒による自家中毒と共に、食物の残余物が停滞する時、腸内細菌が直接血流に入り込む可能性も高い。便秘が引き起こす病気には、細菌感染に非常によく似た症状が見られる。このため、この方向で新たな研究を行うことによって、もともと腸内にいた細菌が、前述した病気の子供、妊婦、出産後の女性の血液中に存在することが証明できるのではないかと推測できる。

細菌の腸壁通過の問題は、細菌学で最もよく議論されるテーマの一つである。この問題について非常に多くの論文が発表されているが、結論は全く一致しない。それでも、細菌が充満した腸内で起こる現象の全体像を説明することは可能である。

完全な状態にある腸壁は、細菌の体内侵入を防ぐ堅固な防壁であるが、腸管を通って臓器や血中に一定数の細菌が侵入するのは防げない。いろいろな動物で行われた多数の実験（ウマ、イヌ、ウサギなど）で、口から入った細菌の一部が腸壁を通って近くのリンパ節、肺、脾臓、肝臓などに侵入し、生息することが示されている。これらの細菌は、リンパ液や血液中に見つかることもある。細菌の侵入が、完全な状態の腸壁を経たのか、あるいは、微小でも何らかの病変がなければ侵入は起こらないのか、という点について多くの議論が戦わされた。この問題を正確に解明するのは非常に困難である。しかし、この問題は医療実践の面からは重要でないことが容易に認められる。腸管の壁はわずかな接触でも傷つきやすく、最大限の注意を払って最も柔らかいゾンデを胃に挿入しても、細菌の血液侵入を可能にする傷がついてしまうことが知られており、日常生活では腸管壁を細菌が通過する機会が頻繁にあると思われる。健康な動物の腸間膜リンパ節に細菌がしばしば見つかることが、これを十分に立証している。*

＊ 細菌の腸壁通過の問題についてフィッカー（Ficker）が最近、きちんと研究した。Ficker, *Archiv für Hygiene*, vol. LII, p. 179.【原註／森田訳】

このため、腸内細菌と細菌毒が体内に広がる可能性があり、程度の差こそあれ、ある程度重篤なトラブルの原因となることは明らかである。このことから、消化管内の細菌が多ければ多いほど、消化管は病気の根源となり寿命を縮める、という結論を導き出すことができる。

消化管全体で細菌が最も多いのは大腸であり、かつ大腸は他のどのような脊椎動物よりも哺乳類で格段に発達している。このため、非常に豊富な腸内細菌による慢性的な中毒が、哺乳類の寿命を著しく短縮していると推定することができる。

Ⅳ

寿命と腸内菌叢の関係——反芻動物とウマ——鳥類の腸内菌叢——走鳥類と腸内菌叢——走鳥類の寿命——飛行する哺乳類——コウモリの腸内菌叢と寿命——一般法則のいくつかの例外——特定の腸内毒素に対する下等脊椎動物の無反応

現在の我々の知識では、上記の仮説が正しいことを決定的な方法で証明することはできない。確定できない要素が数多くあるからである。しかし、すでに確立された多数の科学データとこの仮説を比較対照することは可能である。

哺乳類の寿命は一般に短いが、非常に短命な動物がいる一方で、かなり長命な動物も存在する。ゾウは長命グループの一例で、これは先に述べたとおりである。短命グループとしては特に反芻動物が挙げられる。前章では老化の始まりが早く、短命な動物の例としてウシとヒツジを挙げた。ウシとヒツジは、身体の大きさと成長期間の長さが寿命と相関関係にあるという法則の驚くべき例外ケースである。牝ウシは身体のサイズが人間の女性と比較にならないほど大きく、妊娠期間は人間と同じかそれより長く、四歳で歯が生えそろい、非常に早い時期に老化が始まる。人間の女性がまだ成熟したばかりの十六歳から十八歳の年齢で牝ウシは完全に老化しているのである。ウシの寿命の限界は三十歳だが、人間の三十歳の女性は非常に活動的である。

人間に最もよく知られ最高の飼育状態におかれた反芻動物は、老化がこのように早いが、これは極めて豊富な腸内菌叢と同時に見られる現象なのだ。反芻動物の胃の複雑な構造は、食物が長く体内に停滞することを意味しているが、それだけでなく食物の残余物が大腸にさらに長い間留まる。シュトーマンとワイスク[64]によると、ヒツジが食べた食物は残滓の排泄までに一週間かかる。通常、ヒツジの糞は固く、腸の内容物が強い腐敗状態にある兆候は見られない。しかし開腹してみると全く逆の状況で、腸の内容物は細菌を大量に含み強い腐敗臭をまき散らす。このような状態では、ヒツジがこれほど短命なのは全く驚くに値しない。

大型草食動物のもう一つの例であるウマも老化が早く短命である。ウマは食物を反芻せず、胃も一つしかないが、消化は遅く大量の食物の残滓を非常によく発達した大腸に溜める。エレンベルガーとホフマイスター[64]は食物が消化管に留まる時間が全部で約四日であることを証明した。胃と小腸に食物が留まるのはせいぜい二十四時間だが、大腸にはその約三倍近く留まる。食物が体内にほとんど停滞しない鳥類の消化と何という違いだろうか。

鳥類の身体は、飛翔に適応したもので、この結果、身体をできるだけ軽くする構造になっている。骨の大部分は中空構造で体腔には気囊がある。膀胱がなく言葉の本来の意味での「大腸」もないため、糞尿は生成されるとすぐに排泄され、溜めることがない。鳥類は頻繁に排泄するが、哺乳類と違い不都合はない。飛行に後肢は必要ないため、飛行は全く排泄の邪魔にならない。速いスピードで飛びながら排泄する鳥をよく見かけるのはこのためである。

このような身体構造と生息形態なので、特定の鳥類の腸内菌叢は非常に乏しい。これは驚くにあたらないことで、たいへんな長命で知られるオウム類の腸には、極めて少数の細菌しかいない。小腸には細菌がほとんどおらず直腸の細菌も少ないので、便には粘膜と食物の残滓には通常見られない細菌がいくつか含まれているだけである。ミシェル・コエンディはパスツール研究所で腸内菌叢を研究したが、オウムの消化管からは全部で五種類の細菌しか分離できなかった。

腐肉を食べる猛禽類でさえ腸内細菌の数は著しく少ない。カラスの研究では、細菌だらけの腐肉をエサとして与えた。しかし便中の細菌は非常に少なく、驚くべきことに腸には腐敗臭が全くなかった。ウサギのような草食の哺乳類の死体を開腹すると非常に強い腐敗臭があるが、消化管を開いたカラスの死体は全く悪臭がなかった。腸内腐敗がないことがオウム、カラスなどの鳥類の長命の原因である可能性が非常に高い。

これについては、腸内菌叢の欠乏よりも身体の内部構造が鳥類の長命の原因ではないかとの反論があるかもしれない。この反論に応えるには、走鳥類に目を向けることが有用だと思われる。

すべての鳥類が飛ぶわけではない。翼はほとんど発達していないが、かわりに非常に強い肢があり、速く走ることができる鳥がいる。ダチョウ、ヒクイドリ、レア、シギダチョウなどの走鳥類である。これらの鳥は地上で哺乳類に似た生活を送っているが、敵に追いかけられると、非常な速度で逃げる。ダチョウ、レアなどはウマよりも速く走るほどである。哺乳類同様、疾走は排泄を妨げる。これらの鳥も哺乳類同様、排泄のためには静止しなければならない。捕獲飼育の状況を観察できたアカバネシギダチョウ（*Rhynchotes rufescens*）は、興奮して走っている最中に突如立ち止まり、直腸を空にした。ドゥブルイユ氏は、私の頼みに応じてこの点に注意を払い、彼が庭園で飼育しているアメリカレア（*Rhea americana*）とシギダチョウが排便の際に静止することを確認した。便は、量が非常に多い場合でも常に一塊に積み重なっていた。ダチョウについては、アルジェリアのハマ試験農園長のリヴィエール氏が親切にも次の情報を私に提供してくれた。一九〇一年一月

レア
種としての名前はアメリカレア（*Rhea americana*）。南米のブラジル、ボリビア、パラグアイ、ウルグアイ、アルゼンチン北東部に棲息する飛べない鳥である。体高一・五メートルに達する。鳥綱レア目レア科レア属。レア属は他に、アンデス高原のアルティプラーノ（Altiplano）とパタゴニアに棲息するダーウィンレア（*Rhea pennata*）がいる。体高は一メートルで、レアより多少小柄である。【池田】

十八日付の手紙にはこうあった。

「排便の頻度は他の鳥よりも少ない。農園が比較的小さいため、ダチョウが持続疾走中に排便できるかどうかは確認できない。先験的には不可能だと考えられる。排便の際にダチョウは立ち止まる。尾羽を真っ直ぐ立て、身体の前部を後ろにのけぞらせる。腹部の筋肉が激しく収縮し、激しい圧力で総排出腔の括約筋が開くと、大きな音と共に便が勢いよく飛び出す」

走鳥類に大きな大腸が発達しているのは、排便のための停止にまつわるリスクのせいだと考えられる。これらの鳥の巨大な盲腸は、特にセルロースを多く含む植物については消化機能を果たすことができる。しかし走鳥類が盲腸を獲得したのは消化機能のためではない。実は、同じエサ（草、種、昆虫）を食べる他の鳥類は、走鳥類に比べて盲腸がはるかに未発達であり、たとえばハトのように盲腸が痕跡器官の状態のものもある。

走鳥類の大腸には食べ物の残滓が停滞するので、これらの鳥の腸内菌叢が極度に豊かなのは驚くにあたらない。これを確認するには糞を顕微鏡で観察するだけでよい。走鳥類以外の多数の鳥の腸の内容物と便には、非常に限られた種に属する菌がわずかに見つかるだけだ。これに対し、走鳥類の腸の内容物と便には、膨大な数の多種類の細菌が見つかる。レアの盲腸には、フィラメント状の菌と並んで螺旋菌、桿菌、ビブリオ属や各種の球菌が見られる（図14）。シギダチョウの腸内菌叢はさらに変化に富んでいる。ミシェル・コエンディの数量的研究によると、走鳥類の腸内細菌の数はヒトを含む哺乳類と同様である。

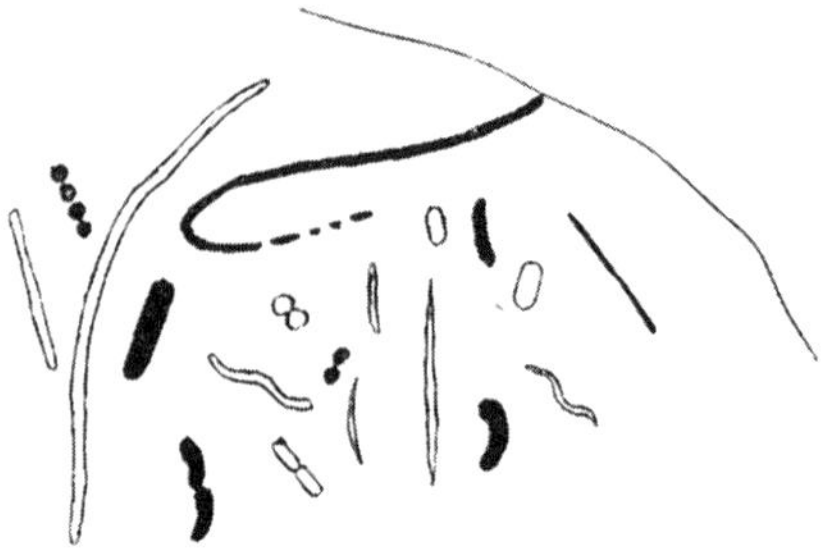

図14　レアの盲腸の腸内細菌

我々が主張する仮説が正しいとすると、豊富な腸内菌叢のせいで走鳥類は飛ぶ鳥よりも寿命が短いはずである。これは重要な問題なので検討したい。走鳥類の中には、現存する最大の鳥のグループに属するものがいる。ダチョウは現在地上に生息する鳥の中では最大だが、すでに絶滅した走鳥類、マダガスカルのエピオルニスは知られている限りで最大の鳥だった。大型動物は小型動物よりも長寿であるという法則に従うと、ダチョウは長命なはずである。ところが事実はその反対だ。アルジェリアでダチョウの飼育場を経営し、ダチョウについてあらゆる面で深い経験を持つリヴィエール氏は、すでに紹介した書簡の中で、次のように語っている。

「私がサハラ旅行の報告で紹介したダチョウの長命に関する伝説は信用できない。全く根拠がないためだ。この点に関する私の個人的な観察は、限られたものではあるが正確である。私のもとで誕生したダチョウの中には、二十六歳に達したものが何頭かいた。二十数年間に私自分の目で確かめた唯一の実例から見ても、ダチョウの寿命が三十五歳を超えるとは思えない。この例はメスで卵をよく産み、ヒナを上手に孵化させた。老衰で死亡したが、老化のあらゆる兆候を示していた。皮膚はぼろぼろで、良性の皮膚腫瘍があり、羽

エピオルニス
第六章二一八頁の註参照

毛は萎縮、乾燥していた。最後まで卵を産んだが、産卵は不規則だった。北アフリカのバルバリ地域のダチョウの卵はなめらかでつやつやしているが、この鳥の卵は非常に小さく、殻はざらざらしていた」

ダチョウ飼育場を備えたニース付近の農場では、クリューゲルという名前の年取ったオスを見せられたが、この鳥はおよそ五十歳だとされていた。[65] シュタッケルベルク伯爵夫人が私のために集めてくれた情報によると、農場にはこの鳥の年齢に関する正確なデータがなかったが、「この鳥の絶え間ない移動の歴史から見て、少なくとも五十歳になっていると確言できる」。リヴィエール氏はダチョウに関する長年の経験を通じて、このような長命の例は一度も確認したことがなかったので、この断定的な発言に非常に驚いていた。

他の走鳥類につき我々が集めることができたデータからは、走鳥類が長命だという結論を出すことはできない。ガーニーはロッテルダム動物園で二十六年間生きたコヒクイドリ（*Casuarius Westermanni*）の例と、オーストラリアの三羽のエミュー（*Dromaius novaehollandiae*）が、同園で二十八年、二十二年、二十年間生きていたことを報告している。ウスタレ（*Ornis*, 1899, t. X）は、同種のエミューが二十三歳を超えた年齢でロンドンで死んだと述べている。アメリカレア（*Rhea americana*）はかなり大型の走鳥類だが、寿命はさらに短い。ブレームは「ベッキングは、レアの寿命を十四年から十五年だと考えている。彼によると、この鳥の多くは老衰で死亡する」と記述している（Brehm, *Oiseaux*, t. II）。

走鳥類は、捕獲飼育で何不自由なく暮らし、繁殖もするのに短命である。これに対し、その他の多くの鳥（オウム、猛禽類など）は長命で八十年から百年も生きるので、その違いは驚くべきものである。そのうえ、これら長命な鳥は、走鳥類よりはるかに身体が小さいのだ。腸内菌叢によって寿命が短縮されるという理論を擁護するのに、これほど説得力のある論拠があるだろうか。大量の細菌を養える大きな大腸を獲得し寿命を短縮するには、鳥が地上生活に適応するだけで十分だったのだ。

鳥のあるものは空中生活を失うことによって、幾つかの面で哺乳類に近づいたのに対し、哺乳類にも翼を得て飛ぶようになり、ある程度鳥に近づいたものもいる。コウモリがその例である。走行する動物にとって有用な大腸は、空中生活を送るコウモリでは重要性を失った。それどころか大腸は無用に体重を増やすので、コウモリにとって有害なものになった。こうして、盲腸が全くなく、大腸の外観、機能が完全に変化したコウモリが登場した。大腸は食物の残滓を溜める大きな管ではなく、小腸と同じ程度の管になった。また、大腸は構造も小腸とほとんど変わらず、多くの腺を備え、前節でも述べたように小腸と同じく食物を消化する。要するに、大腸は短くなった小腸の一部に変わったのである。この結果、コウモリは糞を長時間溜めておくことができなくなり、鳥と同じ頻度で排泄するようになった。我々はインドオオコウモリ（*Pieropus medius*）がひっきりなしに排泄するのを観察した。糞を顕微鏡で観察したところ、哺乳類ではありえないほど細菌がまれだった。また消化管もほとんど無菌状態で、数えるほどの細菌しかいなかった。コウモリにウサギ、モルモット、マウスと同じエサ（人参）を与えると、エサを短時間で消化し一時間半後に

コウモリ
哺乳綱コウモリ目に属する動物の総称。哺乳類の総種数の四分の一はコウモリ目で占められ、ネズミ目に次いで大きなグループである。体の大きさの割には長命で、日本で最も身近なアブラコウモリの寿命はオスで三年、メスで五年と言われる。ペットとして飼うと二十年以上生き、キクガシラコウモリは三十五年生きた記録がある。またコウモリの腸内細菌数は他の哺乳類に比べ、少ないことがわかっている。【池田】

はすでに人参の残滓が入った便を排泄した。これに対し、齧歯類の消化時間は長く、盲腸に多くの残滓を溜めた。さらに、同じエサを与えたのにもかかわらず、腸内菌叢の違いは驚くべきものだった。コウモリには菌がほとんどいなかったのに対し、ウサギ、モルモット、マウスでは多種類の細菌が大量に見つかった。コウモリの糞には全く悪臭がなく消化管の中には腐敗がなかった。果物を与えられたコウモリは、リンゴやバナナのにおいがする糞を排泄した。

哺乳類同様の生活をする鳥が、豊かな腸内菌叢を獲得し、空中で生活する鳥に比べて短命であることはすでに述べた。このため、鳥のように生活する哺乳類で最小限の腸内菌叢しか持たないコウモリの寿命を確認することは非常に興味深いと思われたが、本来の意味でのコウモリ、すなわち食虫コウモリの寿命については正確な情報を得ることができなかった。専門家に情報提供を依頼したが全く成果がなかったのだ。俗諺によるとコウモリは長生きするようだ、との回答は得た。フランドル地方では「コウモリのように長寿」という表現が習慣的に使われている。同様の見方は小ロシア〔ウクライナ〕でも広まっている。

果実食性のコウモリについては、捕獲され理想的とはいえない状況で飼育された場合でも、かなり長命であることが確認できた。我々も、マルセイユで十四年前に買ったインドオオコウモリを観察していたが、全く老化の兆候を見せず、歯も完璧な状態だったのに、急病で死亡した。我々は、同種のコウモリが捕獲飼育の状態で十五年以上生きた例を一つ知っているほか、ロンドン動物園でも十七年生きたコウモリがいた、という情報を得ている〔66〕。どのコウモリも成体になってから捕獲されたので、寿命が上記の年数を超えているのは明らかである。

コウモリの寿命の上限を確定することはできないが、モルモットと同サイズの哺乳類としては相当長命だといえる。ヒツジ、イヌ、ウサギなど、コウモリよりはるかに大きく腸内菌叢が豊かな哺乳類の短命と比較すると、何という違いだろうか。

これまで紹介した一連のデータは、腸内菌叢が老衰に重要な影響を及ぼす因子だという我々の見解を裏付ける。しかし、観察されたすべての事実を、この仮説で簡単に説明できると考えてはならない。あらゆるケースで、細菌の有毒性を消化管中の細菌量によって測定できないのは明らかである。まず、有毒な細菌だけでなく有用な細菌も存在することを考慮しなければならない。次に、細菌の有毒性は主として代謝物によるものなので、たとえ細菌が体内に大量に存在していても、生物がその細菌毒に耐性を持つ場合は大した害を及ぼさない。たとえば破傷風桿菌は消化管に容易にすみつき、腸壁に傷がつくと生命を脅かす危険性もあるが、破傷風毒に対する感受性が非常に低いワニやカメには何の影響も与えない。ボツリヌス菌の毒素は、哺乳類の消化管に極微量が入っても死をもたらすが、ファヴォルスキー博士がパスツール研究所で行った実験が示したように、ある種の鳥やカメはこれを吸収しても全く害を受けないのである。

動物種による腸内細菌叢の多様性とメチニコフの主張

多くの哺乳類は種ごとに異なる腸

人間や高等動物の身体は、細菌の有害な働きやその毒素に対し複雑な抵抗システムを持っている。このため、抵抗システムの特定部分が優勢か否かにより、防御機能の表れ方は大きく変わる。たとえば身体に細菌毒を破壊したり中和したりする強い力がある場合や、有害な代謝物（生成物）が腸壁を通過できない場合は、腸内細菌が大量に存在してもこれに耐えることができる。我々が確認した法則が当てはまらない本物の例外については、この方向で理由を探るべきである。ただしここで問題にしているのは、単なる見かけ上の例外ではなく、本物の例外である。見かけ上の例外としては夜行性猛禽類を挙げることができる。ワシ、ハゲワシなどの昼行性の猛禽類は盲腸が短く、盲腸に食物の残滓が見つかることは決してない。これに対し夜行性猛禽類は盲腸が発達しており長さが一〇センチに達することもある（ワシミミズク）。しかし夜行性猛禽類でも食べ物の残滓は盲腸の末端の槌型に広がった部分にのみ存在し、残滓は少量で細菌数も少ない。夜行性と昼行性の猛禽類は盲腸の長さに大きな違いがあるが、それにもかかわらずどちらも長命で知られている。（これは一般的な法則から逸脱した例外のように見えるが）実は盲腸の違いは、これに対応した腸内菌叢の違いを意味してはおらず、どちらも腸内菌叢が乏しいのである。

一般的法則の正真正銘の例外はゾウかもしれない。ゾウは大腸、特に盲腸が非常に良く発達した大型哺乳類だが、百年以上生きることができる。この点については、これまでゾウの研究をしていないため理由はわからない。

サルと人間も、大腸の容量が大きいのに、ほとんどの哺乳類より長命という特徴を持っ

内細菌叢を有している。特に乳酸菌群の種類組成には動物ごとに大きな違いがあり、乳酸桿菌（*Lactobacillus*）が最優先で、ビフィズス菌（*Bifidobacterium*）が少ないマウス、ラット、ハムスター、イヌ、ウマ、ブタなどのグループと、ビフィズス菌が最優先で、乳酸桿菌が少ないヒト、サル、モルモット、ニワトリなどのグループと、両方とも少ないウサギ、ミンク、ウシなどの三つのグループに分けられる。また、アリの中には豊富な腸内細菌を持つものと、全く持たないものがあり、鱗翅目の昆虫でも腸内細菌を持たない種があることが知られている。

ゾウの腸内細菌は同様な環境に棲息するゴリラなどと違って特異なことがわかっている。ゾウの腸内の大半の細菌種は未記載であるようだ。腸内細菌叢は動物の生活様式と関係しており、腸の機能が健全かどうかは、善玉菌、悪玉菌、日和見菌のバランスで決まり、「細菌数が少なければ長命、多ければ短命という一般則がある」というメチニコフの主張は現在では受け入れられていない。【池田】

ている。サルの寿命については正確な情報を入手できていないが、いくつかの情報から、哺乳類の家畜（ウマ、ウシ、ヒツジ、イヌ、ネコ）よりも長命だと思われる。類人猿は五十歳まで生きることができると考えられている。哺乳類の中で、人間がゾウに準ずる長命グループに属することは周知の事実である。

V　人間の寿命——人間の正常な寿命に関するエプスタインの理論——人間の長寿の実例——人間の長寿の説明を可能にする条件

人は、祖先である哺乳類から身体の構造と特性を受け継いでいる。ある種の爬虫類と比べるとはるかに短命だが、多くの鳥や大部分の哺乳類よりも長命である。同時に人の大腸は非常によく発達しており、腸内菌叢が大変豊かである。

人の妊娠期間と成長期間は長く、理論的には日常我々が目にするより長生きできるはずである。十八世紀の著名な生理学者ハラーは、人は二百歳まで生きられるはずだと考えた。ビュフォンは「人は不慮の病気で死にさえしなければ、至る所で九十歳から百歳まで生きられるはずだ」とし、フルーランスは「人は成長に二十年かかり、二十年の五倍、すなわち百年間生きる[35]」としている。

しかし、実際は、理論的に算出されたこれらの年齢にとても到達しない。また、たとえ

ハラー
Albrecht von Haller (1708-1777)。スイスの生理学者、解剖学者、植物学者、詩人。数百体の人体解剖を行い、血管系の詳細を明らかにした。また、筋肉の収縮が神経の伝導によるものと考え、今日でいう運動神経と感覚神経を峻別する理論を提出して、近代生理学のパイオニアとなった。主著に『人体解剖学図譜』（全八巻）、『人体生理学要綱』（全八巻）がある。他にもスイスの植物相の研究などを行い、詩集も出版するなど多才であった。【池田】

フルーランス
Marie-Jean-Pierre Flourens (1794-1867)。フランスの生理学者。モンペリエ医学校を卒業して、パリに行きキュヴィエの援助を受け、ハトを使って脳の各部分を切除し、

成長期間と寿命の相関関係を一般的法則として受け入れたとしても、この法則を個々のケースに適用することはできない。具体的な事例では寿命を左右する要因が非常に変動的だからである。

統計から人の死亡率が最も高いのは幼年時であることがわかる。生後一年間だけで平均して四分の一の子供が死亡する。死亡率が最大のこの時期を過ぎると、死亡率は思春期まで徐々に低下し、その後穏やかな上昇を続ける。七十歳から七十五歳の間に死亡率は次のピークをむかえ、その後は寿命の上限まで下がり続ける。

イタリア人の学者ボディオ[67]は、幼児の死亡率が非常に高いのは、人類が増えすぎることを予防するための自然現象だと確信している。しかしこの見解には無理がある。乳幼児の死亡率は、合理的な衛生学の規則を適用すれば簡単に下げることができるからである。乳幼児の死亡の最大の原因は、劣悪な食生活のせいで起こる腸疾患である。このため文明の進化と共に乳幼児死亡率は著しく低下した。

同様に、「七十歳から七十五歳の死亡率が高いのは、この年齢が人間の寿命の自然な限界であることを示している」という見解も支持できない。欧州のほとんどの国の死亡率を研究したレクシスは、人間の正常な寿命は七十五歳を超えないという結論に達した。エプスタイン医師[68]は、この統計データを受け入れ、次のように宣言した。

「自然が人間に与えた正常な寿命の限界がわかった。この限界とは、最も多くの人が死

脳の各部の機能を調べた。一八三二年にキュヴィエの死去に伴い、彼の職を継いで、パリの自然史博物館の比較解剖学教授になり、一八五五年にコレージュ・ド・フランスの博物学教授になった。息子のギュスターヴ（Gustave Flourens）は革命家として知られる。【池田】

亡する年齢である。それ以前に死亡した場合、死は時期尚早だといえる。すべての人が寿命の限界まで生きるわけではなく、多くの場合、限界に達する前に生命は終わり、限界を超えることは非常にまれである」

七十歳から七十五歳の間の人間の多くが、身体的にも知的にもまだ良好な状態にあるということから、これを人間の寿命の自然な限界だと考えることは不可能だ。プラトンのような哲学者や、ゲーテやヴィクトル・ユゴーなどの詩人、ミケランジェロ、ティツィアーノ、フランス・ハルスなどの芸術家は、その最高傑作をレクシスやエプスタインが認めた寿命の限界を過ぎてから制作している。一方、この年齢で訪れる死のうち老衰によるものは少ない。一九〇二年のパリでは、七十歳から七十四歳の間の死亡例で老衰によるものは八・五％にすぎず[69]、肺炎や結核などの感染症、心臓病、腎臓病や脳溢血がこれらの老人の死因として最も多かった。さて、これらの病気は多くの場合予防が可能である。このため自然死ではなく不慮の死と見なすべきだろう。

一定数の人間が寿命の自然限界とされる年齢をはるかに超えて生きているという事実もこの結論を支える根拠となる。百歳以上になる者はまれではない。フランスでは毎年、百歳以上の老人が約一五〇人死亡する。一八三六年において三三〇〇万人を超える（三三五四万九一〇人）人口のうち百歳以上の者は一四六名いた。すなわち約二二万人（二一万九九四〇人）に一人が百歳以上だった。特定の国、特に欧州東部では、百寿者の数がこれよりはるかに多い。老人の数が比較的多いギリシャでは、二万五六四一人に一人が百歳以上

プラトン（Πλάτων, B.C.427-B.C.347）

ゲーテ（Johann Wolfgang von Goethe, 1749-1832）→二七〇頁

ヴィクトル・ユゴー（Victor-Marie Hugo, 1802-1885）→二八七頁

ミケランジェロ（Michelangelo di Lodovico Buonarroti-Simoni, 1475-1564）

ティツィアーノ（Tiziano Vecellio, 1488/1490頃-1576）

フランス・ハルス（Frans Hals, 1580頃-1666）

ネストル（Νέστωρ）
ギリシャ神話の人物。ペロポネソス半島のピュロスの王で、トロイア戦争におけるギリシャ軍の武将の一人。神の恩寵により人間の三倍の寿命を与えられた。ギリシャ軍の総大将アガメムノーンの信頼を得ており、ギリシャ軍のすべて

で、その割合はフランスの約九倍に達する。〔70〕

人間の寿命の上限は何歳だろうか。昔は傑出した人物の寿命は何世紀にもわたるとされた。聖書はメトシェラが九百六十九歳に達したとした。これは計算間違いによるものと考えて除外するとしても、ホメロスによるとネストルは「三人分の寿命」すなわち三百年生きたとされており、イリュリア人のダンドとラクモンの王の寿命は五世紀から六世紀に達したとされた。こうした古代のデータが不正確であることは疑いの余地がない。しかし、これほど遠くない過去の情報なら信憑性が高いと思われる。それによると最も長生きした人間は百八十五歳だった。グラスゴー大聖堂の礎を築いたケンティガーンは、聖ムンゴの名で知られるが、彼は六〇〇年一月五日に百八十五歳で亡くなったとされている。〔71〕極端な長寿のもう一つの例は、ハンガリーで一五三九年に生まれた農民ピエール・ゾルタイが一七二四年に亡くなったという記録である。十八世紀ハンガリーの別の記録に、百四十七歳から百七十二歳の間で亡くなった例が複数見られる。

より確かと思われるのは、一六二六年にノルウェーで生まれ、一七七二年に死亡したドラケンバーグの例である。彼は百四十六歳まで生きたことになる。彼は「北方の老人」の名で知られ、十五年間アフリカの海賊に監禁され、その後九十一年間、水夫として働いた。彼の波乱万丈の生涯は同世代人の注目をあつめ、当時の刊行物には彼に関する記事がいくつか掲載されている（*Gazette de France*, 1764, *Gazette d'Utrecht*, 1767, etc.）。〔72〕シュロップシャーの貧しい農夫、トマス・パーの物語はしばしば引き合いに出され、信憑性が最も高

の武将から敬意をもって遇されたと言われている。【池田】

ケンティガーン（聖ムンゴ）
St. Kentigern（St. Mungo）はスコットランド、グラスゴーの創設者であり、この町の守護聖人である。スコットランドの伝承上の人物でありゴドディン王国の王女であったテネウの長男とされる。十二世紀に建てられたグラスゴー大聖堂の別名にその名を留めている（St Kentigern's Cathedral または St Mungo's Cathedral）。この大聖堂はスコットランド国教会の聖堂であり、ケンティガーンは大聖堂の地下墓地に眠っている。テネウは五一〇年頃に生まれ、五七〇年頃（異説では六〇三年頃）に没したと言われるので、六〇〇年一月に死んだケンティガーンが百八十五歳だったという本文中の記述と矛盾する。【池田】

ピエール・ゾルタイとドラケンバーグ
前者が百八十五歳、後者が百四十六歳まで生きたという話はおそらく作り話であろう。【池田】

いものだ。彼は百三十歳になるまで辛い作業に従事し、百五十二歳九か月でロンドンで死亡、ウェストミンスター寺院に埋葬された。有名なハーヴェイ医師が解剖を行ったが、内臓には何の病変もなく、肋軟骨の骨化さえ見られず、若い者とかわらない柔軟性を保っていた。唯一異常が見られたのは脳で、固く、触ると抵抗を感じさせたが、これは脳を縦横断する血管が硬化、乾燥していたためだった（Lejoncourt）。

これらの例から人間は百五十歳まで生きることが可能だと結論することができるが、これらは非常に珍しいケースである。なぜなら、この二世紀の間、こうした長寿の新事例は報告されていないからである。十九世紀の初めに二人の老人がそれぞれ百四十二歳、百五十五歳になったという記録はあるが、信憑性に疑問がある。これに対し百五歳、百十歳、百二十歳など百歳を超えた例はそれほど珍しくない。

この超高齢が白人だけに与えられた特権だと考えることはできない。白人以外の人種にもこうした例は見られる。たとえば、プリチャード[73]によると黒人にも百十五歳、百六十歳、中には百八十歳に達する者があるという。十九世紀の官報によると、セネガルには百歳から百二十一歳の黒人が八名いた。シュマン氏は「フンジュンで一八九八年に、原住民が百八歳だと断言する老人をこの目で見た。彼は依然として健康だったが数年前から盲目になっていた」と報告している。* 一八五五年六月十三日付のニューヨーク・ヘラルド紙によるとノースカロライナにはアメリカ・インディアンの百四十歳の女性と百二十五歳の男性がいた、とシュマン氏は報告している。

トマス・パー（「オールド・パー」）
Thomas Parr。有名なスコッチウイスキーにその名を留めているので、知っている人も多いと思う。瓶にはひげもじゃの老人の肖像画と共に生没年「1483-1635」（＝百五十二歳）が印刷されたラベルが貼られていた。あまりの長寿にロンドンの社交界で話題になり、一六三五年に死んだ際、チャールズ一世の命によりその亡骸はウェストミンスター寺院に埋葬された。著名な医師であるウィリアム・ハーヴェイが検死を行ったが、実年齢は七十歳未満であったらしい。祖父の生年と混同していた、というのが本当のところのようだ。この例に限らず、古い時代の超長寿記録は生年が信憑性に欠けるものが多いので、注意が必要である。【池田】

＊ シュマン（Chemin）氏にはお世話になった。彼はあらゆる国の百寿者に関する十九世紀末までの記録を古い資料に新たに付け加えた著作を執筆し、出版社が見つからなかったため、一八二ページに及ぶ原稿を私に提供してくださっ

女性のほうが男性よりも百歳以上になる人が多いが、常に大きな相違があるわけではない。たとえばギリシャでは一八八五年に約二〇〇万人（一九四万七七六〇人）中、二七八人が九十五歳から百十歳の間だった。このうち一三三人が男性で一四五人が女性だった（Ornstein[70]）。一八三三年から一八三九年末までの七年間にパリには九十五歳以上の男性が二六人、女性が四九人いた（Chemin）。これらの事実や数多くの他のデータは、男性の死亡率は常に女性の死亡率より高いという一般的な主張を裏付けている。

大部分の百寿者の特徴は、健康で強壮な体質を持っていることだ。しかし中には身体に異常がある虚弱者が高齢に達した例もある。こうした例として、ブーロネーで一七六〇年に百十歳で死亡したニコリーヌ・マルクが挙げられる。「二歳から左腕が不自由だった。掌は腕の下に鉤形に折り曲げられていた。せむしで背骨がひどく曲がっていたので身長はかろうじて四フィートあるかないかに見えた」（Lejoncourt）。百十五歳で死亡したスコットランド女性、エルスペス・ウォルソンは身長が二フィート三インチしかなく、正真正銘の「小人」だった（Lejoncourt）。他方、「巨人」は一般に短命だが百寿者の例も報告されている。

ハラーは、すでに十八世紀に、「百寿者は同じ家族に見られることが多く、遺伝が寿命に関係していることを示している」と指摘している。事実、百寿者の家族歴を見ると、百寿者の子孫が高齢に達することは珍しくない。たとえば先に紹介したトマス・パーには息

た。　【原註／森田訳】

超長寿者には女性が多い

ギネスブックに載っている百十五歳以上に達した人は現在（二〇二一年一月三日）五四人。そのうち男性は三人、女性は五一人である。日本人は一三人、うち男性は一人。世界最高齢記録保持者はジャンヌ・カルマンの百二十二歳一六四日、二位がサラ・ナウスの百十九歳九七日、三位が田中カ子（カネ）の百十八歳である。田中さんは二〇二一年の一月二日に百十八歳になられ、存命中である。男性の世界最高齢記録保持者は木村次郎右衛門の百十六歳五四日である。なお、厚生労働省の発表によれば、二〇二〇年九月一日時点での日本の百寿者（百歳以上の人）は八万四五〇人、そのうち八八％が女性である。統計を取り始めた一九六三年には一五三人であったので、五十七年で、五二五倍に増えた。しかし、百二十歳（大還暦）を迎えた人は確実な記録に限って言えば、世界中で未だに一人しかいないので、ヒトの寿命の上限は決まっていると考えられる。【池田】

子がおり、息子は一七六一年に百二十七歳でミッチェルスタウンで死亡したが、最後まで知的機能を保っていた（Lejoncourt）。シュマン氏が作成した百寿者の一覧表によると、一八例で両親と子孫が非常な高齢に達していた。先天的な特質はすべて遺伝により伝達が可能なので、長寿についても遺伝性を否定することはできない。しかし両親や子供に共通する外的条件の役割も忘れてはならない。遺伝が原因とされていた結核やハンセン病は、同じ生活状況の下で起きた感染が原因であることが後になって判明した。これと同様に、一つの家族に複数の高齢者が見られる例でも、環境条件の影響によると説明できる場合がある。血縁関係のない夫婦が、そろって高齢に達することもよくあり、シュマン氏が集めた記録の中にも二二例ある。「寡婦であるアンヌ・バラク夫人はモラヴィアのジーツマニツェで百二十三歳で死亡した。彼女の夫はその十年前に百十八歳で亡くなっていた」「一八九六年にコンスタンティノープルに元軍医のクリスタキ氏が住んでいた。彼は百十歳で彼の妻は九十五歳だった」「一八六六年にヴォージラールのカンブロンヌ通り五四番地で、ガロ夫妻が二日の間隔をおいて亡くなった。夫は百五歳四か月、妻は百五歳一か月だった」。ルジョンクールは南アメリカ人の百四十三歳、パリ氏に言及しているが、彼の夫人は百十七年生きたと報告している。

　地域性も寿命に影響を与える可能性がある。住民の多くが高齢に達する国があることはよく知られている。一般に、東欧（バルカン諸国、ロシア）は、西欧ほど文化が進んでいないにもかかわらず、西欧より百寿者がはるかに多いことが確認されている。またすでに報告したが、オルンシュタイン博士の調査はギリシャに超高齢者が多いことを示している。

十九～二十世紀前半の日本の百寿者

飯田義山（書家）一八五九年没、百十六～百十七歳（墓碑銘によるので、信憑性に欠ける）
鳥栖越山（僧）一九三四年没、百九歳三五六日
中方明哉（瑞巌寺一一七世住職）一八五一年没、百四歳
佐和文智（儒者）一八七三年没、百三～百五歳
山下現有（浄土宗管長）一九三四年没、百一歳二〇〇日
三世井上八千代（日本舞踊家）一九三八年没、百歳一九五日
棚橋絢子（教育者）一九三九年没、百歳一六七日
【池田】

シュマン氏は、一八九六年のセルビア、ブルガリアとルーマニアに合計五〇〇〇人以上（五五四五人）の百寿者がいたと記述している。彼によると「これらの数字は誇張があるように見えるが、清涼できれいなバルカンの空気と牧畜、農耕生活が住民を長寿にしていることは間違いない」。シュマン氏はさらに高齢者が多いことで知られるフランスの地域もいくつか挙げている。「一八九八年にピレネー＝オリアンタル県のスルニアというコミューンの住民六〇〇人のうち高齢者は次のとおり。九十五歳の女性一人、九十四歳の男性一人、八十九歳の女性一人、八十五歳の男性二人、八十四歳の男性二人、八十三歳の男性二人、八十二歳の女性三人、八十歳の男性二人」。ソンム県のサン＝ブリモン村では、一八九七年に四〇〇人の住民のうち、八十五歳から九十三歳の老人が六人、百一歳の女性が一人いた。

寿命を延ばしているのはおそらく「清涼な空気」だけではないと思われる。というのは、スイスは（清浄な空気に恵まれた）山岳地帯なのに百寿者がまれなことで知られている。寿命を左右する要因は、むしろ住民の生活様式にあると思われる。

百寿者のほとんどはあまり裕福でないかむしろ貧しく、非常に簡素な生活を送っていることが指摘されている。一八八五年に百一歳で亡くなったモーゼス・モンテフィオーレ氏のように大富豪もいたが、これは全く例外的なケースである。大きな富は長生きにはつながらないと断言できる。貧困は飲食の節制をもたらし特に老人にこれがあてはまる。百寿者のほとんどが非常に節制した生活を送ったことが確認されており、有名なコルナロの例

モーゼス・モンテフィオーレ
Moses Montefiore（1784-1885）。英国のユダヤ人で、金融業者、銀行家として成功し、莫大な富を得た。彼は慈善家としてユダヤ人社会のために巨額の寄付を行った。一八六〇年にはイェルサレムの城壁の外に新市街を建設し、貧しいユダヤ人を住まわせ、彼らのために粉ひき用の風車を作った。このモンテフィオーレの風車は、今も残っている。一八三七年にはナイトに、一八四六年にはバロネット（準男爵）に叙された。彼が百歳を迎えた時、世界各地のユダヤ人たちは盛大にこれを祝い、ニューヨークのユダヤ人たちは、ブロンクスに彼の名を冠した病院を建設した。これが今日のモンテフィオーレ・メディカルセンターであり、病院の入り口にはモンテフィオーレの胸像がある。厳格なコシャー（ユダヤ教の食事規定）のもとに生活したモンテフィオーレは百歳九か月で亡くなった。【岩田】

にならった百寿者は少ないのだ。コルナロは一日に固形食物を一二オンスと一四オンスのワインしか摂らず、虚弱体質だったのにもかかわらず約百年生きた。彼は一五六六年四月二十六日に亡くなるまで知力を保ち、非常に面白い回想録を残している（Lejoncourt）。

シュマン氏の目録には粗食が際立つ百寿者が二六人登場する。彼らの過半数はワインを飲まず、多くはパン、乳製品、植物性の食物しか食べていなかった。

つまり節制が長命の要因の一つであることは疑いの余地がない。しかしこれは長命の唯一の要因ではない。かなりの数の百寿者が大酒飲みだったからである。シュマン氏のリストに掲載された何人かはワイン、蒸留酒を飲み、しばしば酔っ払っていた。一七五八年に百七歳で亡くなったカトリーヌ・レイモンもそうした一人で「ワインを大量に飲んだ」し、百四十歳（一六八五～一八二五）で亡くなった外科医のポリティマンは、一日中仕事をした後で、毎晩酒に酔うのが二十五歳の時以来の習慣になっていた。[74] トリ（オート＝ピレネー県）で精肉店を営んでいたガスコーニュは一七六七年に百二十歳で亡くなったが、「週に二回酔っ払うのが習慣になっていた」。最も奇妙な例はアイルランド人の地主ブラウンで、彼は百二十歳になったが、自分の墓に次のような文句を刻ませた。「彼はいつも酔っ払っていて、酔うととても恐ろしげに見えたので、死さえ彼を怖がった」。さらに住民の長寿とアルコールの大量消費で知られる地域さえある。「一八九七年にシャイイ村（コート＝ドール県）は人口五二三人に対し八十歳代の住民が二〇人もいた。この村は、フランスで最もアルコール消費量が多い場所の一つだった。これらの高齢者たちは他の村人と比べて

コルナロ
Luigi Cornaro（1464-1566）。イタリアの貴族で、自身の体験に基づく小食のすすめを説いた『無病法』の著者である。カロリー制限が長寿の秘訣であるという現在でも唱えられている仮説の先駆者である。生年については一四六七年、一四八四年とする説もある。【池田】

飲酒量が少ないわけではなく、むしろその逆だった」(Chemin)。

また百寿者がコーヒーを大量に飲んでいるケースもある。ヴォルテールに対しかかりつけ医はコーヒーの飲みすぎが引き起こすあらゆる弊害をならべたて、コーヒーは正真正銘の毒のように作用すると語った。読者は多分その時のヴォルテールの答えを思い起こされることと思う。偉大なる作家ヴォルテールは「自分に毒を盛り続けてとうとう八十歳が目前になったわけだ！」と答えたのだ。実はヴォルテールよりも長く生き、彼よりも多量のコーヒーを飲んでいた百寿者もいた。エリザベト・デュリューというサヴォワ地方の女性は百十四歳を超える長寿に達した。

「彼女の主食はコーヒーで、一日に小さなカップ四〇杯も飲んだ」「彼女は陽気な性格で、食卓で団欒するのが大好きで、毎日大量のブラックコーヒーを飲み、その量は最も勇猛果敢なアラブ人でさえ舌を巻くほどだった。コーヒー沸かしは常に火にかかっていた。ちょうど英国人がティーポットを手放さないように」(Lejoncourt, Chemin)

百寿者の多くはタバコを全く吸わなかったことが指摘されている。しかしあらゆる法則と同じで例外がないわけではない。一八九六年に百二歳で長寿賞を受け取ったロス氏は「根っからの喫煙者だった」(Chemin)、「一八九七年に、ケリヌー(フィニステール県)のラ・キャリエールと呼ばれる場所で、寡婦のラゼネック夫人が百四歳で死亡した。彼女は貧しいあばら家に住み、もっぱら施しに頼って生きていた。非常に若いころからパイプタバコを吸っていた」(Chemin)。

以上のように、長寿の要因と呼べそうなものを見つけても、十分な数の実例を調べるやいなや、すべて我々の手から零れ落ちてしまうのだ。強壮な体質、簡素で質素な生活が長寿を助けるのは事実だ。しかしこの他に、長寿に貢献する何らかの隠れた要因がある。ボンの有名な生理学者プフリューガー[75]が到達した結論は「長寿の最も重要な条件は、あらゆる人間の内的本質の中にある」というもので、長寿の主要条件は、正確には定義できない何かで、それは遺伝に起因するものだと考えられる。

現在の我々の知識では、人間の長寿の主要な原因を確定することはできない。しかし人間の長寿の要因を動物の長寿と同じ方向で探すのは自然なことだろう。人間の寿命はしばしば地域によって異なり、生活様式しか共有していない夫婦が揃って長寿である例もある。このため、寿命を左右する要因を、腸内菌叢とその害に対する生体の防御法に求めることは、可能ではないかと思われる。同じ地域や同じ屋根の下で暮らす人間は、腸内菌叢が非常に類似していると考えられるからだ。しかし、この問題の十分な解明は、今後の困難な研究で明らかにされるまで待たねばならない。現時点では、人間と動物の寿命に関する多くの事実を集め、新たな研究が進むべき方向を示すことしかできない。

第三章 自然死の研究

I

植物界における自然死——単細胞生物の不死に関する理論——非常に高齢な木の例——非常に短命な植物の例——特定の植物の寿命の延長——植物の疲弊による自然死の学説——植物の自家中毒死

この章を読む読者は、死の問題に関する科学的知識がいかに乏しいかを知って驚くに違いない。死の問題は、宗教、哲学、文学および伝承では圧倒的に支配的な位置を占めているのに、学術的な著作ではわずかな関心しか寄せられていない。この嘆くべき事実から、「科学は枝葉末節（ディテール）の問題に関わっており、死のような人間存在の重要問題を無視している」という攻撃をある程度は説明できる。ただしこの攻撃は正当化されるものではない。トルストイは死の問題を解明しようという熱望にとりつかれ学術論文に答えを求めようとしたが、曖昧な、あるいは無意味な答えしか見出すことができなかった。彼は学者に対し非常に激しい怒りを感じた。彼から見ると、学者たちはあらゆる種類の全く何の役にも立たない問題（昆虫の世界、組織や細胞の構造など）を研究しており、人間の運命は何か、死とは何かについて何も語ることができないからである。

我々は、これらの大問題を解決しようという大それた望みは全く持っていない。自然死

自然死

十八世紀末から十九世紀初頭にパリで活躍したグザヴィエ・ビシャは、「生とは死に抗うすべての力の結集である」と述べたが、この時代のヒトの死は、ほとんどの場合病死であった。二十世紀末までに予防医学が発展してくると、致死的な病気の予防や早期発見が実現し、悪性腫瘍や心臓血管病による死亡が減ってきた。これと共に明確になってきたのが、高齢者において、格段の病気があるわけでもないのに亡くなっていくという形での死の存在である。ビシャの時代には「死に抗う」ということは、感染症など、われわれの身体の外から、われわれの生命に対して襲ってくる外敵との闘いを意味していたが、今日の長寿者においては、はっきりとした外敵を見つけることができない死が少なくない。こういった死は、「老衰死」と呼ばれているが、これは、永遠に生きることができないヒトという存在における自然死と言えるだろう。【岩田】

の問題の現状を概観することで、自然死の学術的研究の助けになりたいだけなのだ。自然死は、人類にとって最も重要な問題の中でも、緊急課題とされるべきものなのだ。

自然死という場合、ここで意味しているのは、何らかの事故の結果として起こる死ではなく、生物存在の必然的結果として起こる現象を指している。一般には病気が原因で起こる死のあらゆるケースも自然死と呼ぶが、病気は避けることができ、必ずしも我々の身体に固有の性質から起こるものではない。このため、病死を自然死現象のカテゴリーに含めることはできない。

自然界では事故死が非常に支配的である。このため、本当の意味の自然死が実際に存在するかどうかさえ疑問視された。昔は、自然死はあらゆる生命にとって不可避の終末で、生きることの根源に終末の萌芽がすでに含まれていると考えられていた。したがって、非常に多くの下等生物の死は事故の結果としてしか存在せず、これらの生物が暴力的な介入を一切排除した状況では決して死なない、ということが確認されると、それは大きな驚きを呼んだ。単一細胞によって構成される生物（滴虫類、他の多くの原生動物や下等植物など）は分裂により増殖し、二個または複数の新しい個体に変わる。母体はこうして、実際に死ぬことなく、いわば子の身体の中に消滅してしまうのだ。* この理論の主唱者はヴァイスマンだったが、この理論に対する反論に対し彼は次のように応えた。滴虫類は培養基の中で絶え間なく分裂を続け、死体が出ることはない。「個体としての生は短い。個体としての生の終わりは、死ではなく、一つの個体が二つの新たな個体に変化することによって

＊ このテーマはすでに前著『人間性の研究』で扱った（*Études sur la Nature Humaine*, 2e édit., 1904, p. 345.）。【原註／森田訳】

のみ起こるのだ」。

著名な生理学者フェルウォルン[76]は、「単細胞の生物の内部では局部的な破壊現象が絶えず起こっており、一定の状況下では滴虫の一器官全体（核）が死んで溶解することもある、という事実をヴァイスマンは考慮していない」として彼を批判した。しかし、人体の特定細胞の破壊がその人物の死を招かないように、滴虫の部分的な死も生体全体の死にはつながらない。このため、このドイツ人生理学者の反論は退けざるを得ない。

個体としての生が短いおかげで自然死を免れるのは、顕微鏡でしか見られない微小生物だけではない。実は高等植物の中にも、巨大に成長しながら事故死以外の原因では死なないものが数多くある。これらの植物の組織には、内部構造の本質的な条件に自然死をもたらす必然性を示すものが全くなく、自然死の可能性を示唆するものさえない。

すでに長い間、特定の樹が数十世紀に及ぶ寿命を保ち、嵐による打撃や人間の暴力的介入がなければ死なないことが驚異とされていた。

十五世紀初頭にカナリア諸島が発見された時、探検者たちは、原住民が守護神として崇めている一本の巨大な竜血樹に驚いた。この樹はテネリフェ島のラ・オロタバの一庭園に生えており、巨大な幹には当時すでに深い洞があった。しかしこの樹は、守護神としてグアンチェ族の期待に応えることはできなかった。グアンチェ族はスペイン人によって絶滅したが、樹はその後四百年以上も生き続けた。十八世紀の末、アレクサンダー・フンボルト[77]はこの樹の幹の周囲が四五フィート（約一五メートル）あることを観察した。竜血樹の成長は非常に緩慢なため、フンボルトは樹齢が非常に長いと推定した。一八一九年にラ・オロタバは猛烈な暴風雨に襲われ、人々はすさまじい軋み音を耳にした。「続いて、突如として枝の多い竜血樹の塊の三分の一が轟音と共に倒れ、谷を揺るがせた[78]」。これほどの打撃を受けたにもかかわらず、樹はその後半世紀も生き続けた。災害から数年後にベルテロは老木を訪れ、一八三九年に次のような記述を残した。

「一本の竜血樹が私の宿泊所の真ん前に立っている。奇妙な形をしており、巨大で、暴風雨もこの樹を打ち倒すことができなかった。一〇人の人間が手をつないでやっと幹の周りを囲むことができる。根元の部分は周囲がおよそ五〇フィートある。この驚くべき樹には何世紀もの時がうがった深い洞がある。粗末なドアから樹の内部にある洞に入ることができ、その円天井は半分破壊されてはいるものの、依然として巨大な枝ぶりを支えている[78]」（図15）

この有名な竜血樹は、次第に弱り一八六八年の激しい暴風雨でついに決定的に倒れてしまった。この災害からほどなく（一八七一年）我々は地上に横たわる巨木の残骸を見た。巨大な灰色の塊は大昔の怪物を思い起こさせた。確定することは不可能だったが、樹齢数千年だったと推定される。

しかしテネリフェ島の竜血樹よりさらに年老いた樹も知られている。アダンソンが観察したカーボベルデのバオバブがよく引き合いに出される。「この驚くべき樹は、有名なフランス人ナチュラリストが測定し記録を残した時に直径が三〇フィートあった。三百年前

図15 ラ・オロタバの有名な竜血樹

に英国人の旅行者たちがその樹に文字を彫り付けたが、アダンソンは年輪を三〇〇層剝いでこの文字を見つけ出した」。これらのデータに基づき、アダンソンはバオバブの樹齢を五千百五十年と推定した。[79]メキシコのイトスギの樹齢は、これよりもさらに長いと考えられている。A・P・ド・カンドル[80]は、有名なモンテズマのイトスギは彼の時代におよそ樹齢二千年だと考え、「オアハカのイトスギはアダンソンが観察した樹よりもはるかに古い」とした。カリフォルニアには三千年以上の樹齢をほこるジャイアントセコイア（*Sequoia gigantea*）がある。アメリカ人の植物学者サージェントによると、この中には樹齢五千年に達するものもあるという。

樹の寿命については、植物界における個体とは何か、という問題が提起された。一本の樹全体を一つの個体と見なすべきか、それとも石サンゴ類のように大量の植物の群体と見なすべきか。これはかなり複雑な問題なので、ここでは触れない。この問題は我々にとって二次的な重要性しか持たないからである。ド・カンドル[81]は、この問題を二つの側面から検討し、次の結論に達した。「樹が老齢で死ぬことはなく、言葉の真の意味において、樹には決まった寿命というものがない」。多数の植物学者が彼と同意見で、たとえばネーゲリ[82]は数千年の樹齢を持つ樹は外的な影響以外の原因で死ぬ（枯れる）ことはないと考えている。

この件に関する事実を見ていくと、微小な植物同様、高等植物にも自然死をしない例が多くあることがわかる。原則として、生命機能を果たす間に生体内部で消耗した部分の新陳代謝ができれば、生命を無制限に保つことができる。しかし、このことから植物の世界には自然死が存在しないと結論してはならない。実際は全くその逆で、外部要因で生命を奪われることなく植物が枯れていく光景は至る所で見られる。近縁関係にある植物同士を見ても、自然死が見られないケースと自然死が絶え間なく見られるケースがある。下等植物の代表例がマッシュルーム綱に見られる。かなり長い期間生育し、その後突然、生息している塊がすべて分裂して胞子（変形菌類）になってしまう。この変異の後に残されたものは角皮〔クチクラ〕の分泌物で完全な細胞ではない。これに対し、他の種類のマッシュルームでは、一部の細胞だけが胞子を作り、その他の多数の細胞は自然死を遂げる。

下等植物の中には、特定の状態では非常に短期間しか生きないものがある。たとえば隠花植物（Marsiliacées）の前葉体は、数時間しか生きないが、これは有性化した器官を生成するのにちょうど必要な時間だ。有性器官が成熟するやいなや、前葉体は、これを構成する全細胞と共に自然死する。こうした例では、常に「死骸」が存在し、「死骸」は原形質部分を持つ死んだ細胞によって構成される。

高等植物の中にも、非常に短命の例がある。キバナタマスダレ（*Amaryllis lutea*）は十日間でその生涯のあらゆる段階を通過する。十日間は、葉を生やして花を咲かせ、種子を結ぶのに必要な時間で、これが終わると自然に生涯を終えるのだ[83]。ところが、同じ科に長寿を特徴とする植物が複数存在するのは非常に興味深い。リュウゼツランがその例で、花を咲かせ自然死をむかえるのに、時には百年もの時間を要する。

いわゆる一年草を知らない者はいない。一年草という名前ではあるが、これらの植物は実は数か月しか生きない。発芽の瞬間から種の成熟と自然死まで数か月しかかからない。しかし中には二年以上生き延びるものもある。ライ麦は通常一年草だが、いくつかの変種は二年間生き、収穫が二回できる。これはドン・コサックの国で確認された。彼らは大昔から二年生のライ麦を栽培している。[84] 一生を終えるのに二年かかる砂糖大根は、三年から五年間生育する植物に変えられた。* こうした例は全く珍しくない。

植物の結実を妨げることで自然死を延期することができる。たとえばヒューゴ・ド・フリース教授は、すべての花を受精前に切ってしまうことで、月見草の寿命を延ばした。通常なら約四〇から五〇の花をつけた後、穂状花序の開花を終えるが、この方法によって、冬の寒さが厳しくなるまで、新しい花を咲かせ続けた。穂を切るのが十分早ければ、茎の根元に複数の新芽が出る。これらの芽は冬を越し、翌年成長を再開する（H・ド・フリース教授からの手紙の抜粋）。

芝生のホソムギは、開花前に刈りとって種の成熟を防ぎ、枯れないようにするのが一般的な習慣だ。こうすれば芝はずっと緑のままで寿命も数年延びるのだ。

植物の結実と自然死の関係はすでに長い間知られていた。この現象は、一般に植物は疲弊するので死亡すると説明されている。

ドン・コサックの国
アゾフ海に注ぐドン川下流域のコサック族軍団は、ドン・コサックと呼ばれ、ロシア皇帝から自治を認められていた。彼らの国は、現在の南ロシアからウクライナ東部にまたがる地域である。【岩田】

* この事実と植物の寿命延長のその他のいくつかの例は、ヒューゴ・ド・フリース（Hugo de Vries）教授にご教示いただいた。【原註／森田訳】

私は植物学者ではないので、植物学界で自然死がどのように考えられているかを知るためド・フリース教授に質問した。彼の偉大な学識は世界中に知れ渡っている。

彼はこの件について次のような回答を書面でくれた。「私にくださったあなたのご質問は、最も難しいものの一つです。一年草の死の直接の原因については、それほど多くのことが知られてはいませんが、慣例として生体の疲弊のせいだとされています」。実際、この問題についてはすべての植物学者が同じ見解だった。ヒルデブラント[85]は植物の寿命について詳細な研究報告を書いたが、彼も繰り返し同じ意味のことを述べている。彼によると「一年生植物が多くの場合非常に短命なのは、種子を大量に作ることで疲弊してしまうからだ」。「結実で疲弊し、自然に死んでしまう」ものがあるという。多年草で数年間結実する植物の中にも、時期尚早に「結実で疲弊し、自然に死んでしまう」ものがあるという。多くの高等隠花植物の前葉体は、たった一つの胞子体の形成で自然死がもたらされる。ゲーベル[86]によると「胞子体が前葉体を完全に使い果たしてしまう」からだ。

一般に植物は栄養を容易に手に入れることができるので、結実直後の疲弊が一体どこからくるのか、疑問に思うのは当然だろう。寒さに耐えられない植物が、結実の後、夏の終わりに枯れ死ぬのはごく自然なことである。しかし、栄養を豊富に含む土壌に生え、夏の初めに結実した一年生の植物が、寒さの到来のはるか前に疲弊して死んでしまう現象はどう説明すればよいのだろうか。穀物の収穫後に、収穫前に落ちた種から新しい芽が出ることがよくある。すなわち、新しい芽が出るのを可能にした土壌は、その種の禾穀にとって疲弊してはいなかったし、気温も新世代の発芽に適していたことになる。すなわち種子を作った植物の死は、外的条件によって引き起こされたのではなく、これを説明するには、植物自体の内部条件に頼るしかなかった。ヒルデブラントは次のように認めている。「特定の種は独特の体質を持っており、開花までのプロセスを駆け足で進む。開花後すぐに結実し、大量の種子の生成にすべての力を使い切り、その結果死んでしまう」「これに対し、他の種は、結実まで長い時間をかけて成長する体質を持っており、結実すると死んでしまう」。三つ目のカテゴリーの植物は「実を付けた後で死なず、何度も結実を繰り返し、多くの年月を生きる」体質を持っている。

このように異なる「体質」を決定する内的メカニズムを確定できないため、何人かの植物学者は、ある種の先天的な宿命が「体質」を定めていると考えている。ヒルデブラントは「究極的に、植物の栄養摂取は、植物の生殖を可能にする以外の役割を持っていない。しかしこの最終目的の達成方法も、達成に必要な時間もさまざまである」。ゲーベルも同様の考えを主張している。「異型胞子性植物では、前葉体の発達がすべて非常に短い時間内に起きるが、これは前もって定められている」。前葉体は「我々の現在の知識によると、古代の神学者の表現をかりるならば、予め運命づけられているのだ。前葉体の運命は完全かつ最終的に決定されている」。マサール[87]もこれに類似した見解を表明した。「細胞は、時として、任務を達成し存在理由がなくなったという理由で死ぬことがある」。

これらの解釈は、自然科学の因果律の考えとは正反対のもので、植物界の自然死の問題をより困難なものにすると同時により興味深いものにもする。

科学の世界では、いかなる宿命論も存在の余地がない。結実と自然死の関係は、選択の大原則が司っている。この大原則により、生殖できる生物はすべて生き延び、子孫を産めないものは消滅する。時には必要不可欠な器官が欠損した子供、生存不可能なあらゆる種類の奇形が誕生することがある。しかしこうした奇形が死んでしまうのは、死が運命づけられているためではない。身体に欠陥があるために死んでしまうのだ。他の生物は生存に必要な器官をすべて備えて生まれ、それが理由で生き続ける。生きることが予め運命づけられているから生きるわけではない。同様に、欠陥のある形で成長し胞子体や種子を作る前に死んでしまう植物は生き延びることができない。これに対し、新世代を生んだ後で死ぬ植物は、子孫という形で生き続け、仮に植物が結実直後に死んだとしても、その種は存続するだろう。このため植物の自然死の原因は、宿命ではなく、内的な現象に求めるべきだ。

「植物が生体としてすべての力を使い果たしたので死んでしまう」という説明は、非常にもっともらしく聞こえる。もしも活力枯渇のメカニズムの解明が可能であれば、どんなに面白いことだろうかと思う。そもそも活力枯渇という現象を想像すること自体、非常に困難なことが多いのだ。疲弊していない同じ土壌で、複数の世代を毎シーズン生み出す植物は数多い。多年生植物は、花などの特定部分は定期的に枯れるが、植物そのものは衰弱しない。ゼラニウムは長い開花期間の間中、一つの花は枯れかけているのに他の花は開花する、という状態が継続する。この場合、花の自然死が植物の活力枯渇が原因で起きたと考えることは困難である。なぜなら、その植物には新しい花が育ち続けているからである。

植物の寿命が延びる現象はしばしば見られるが、これも疲弊による自然死という理論とは相容れないものである。雄性の個体が、法則に反して雌花をつけることが時にある。こうした現象はヤナギ、イラクサ、ホップのほか、特にトウモロコシで観察されている。[88] これは一種の「奇形」であるが、生存能力がない人間の奇形と違い、これらの植物は雌花が雄花序に咲くことで、かえって寿命が延長される。一般に雄花序は、花粉がなくなると直ちに自然死する。つまり雄花序は、雌花が枯れるはるか前に死んでしまうのだ。ところが、雄花序に雌花が咲いて受精すると、花序全体の寿命が延び、種子が成熟するまで花序は生存する。もし雄花の自然死の原因が花粉生成による活力枯渇だとすると、花粉生成に加えて雌花に栄養を与え種子を成熟させるだけ活力を使いながらも、雄花序の寿命が延びる、という現象をどのように説明すればよいのだろうか。

こうしたケースでは、他の多くのケースと同じく、単なる活力枯渇より複雑なメカニズムの結果として自然死が起きているのは明らかである。

すでにド・フリース教授は、植物の寿命はその活動により左右されると指摘した。これは、その生物に固有の何らかの条件と活動が存在し、それが植物の寿命を延長または短縮していることを指している。植物界の自然死の問題を握るカギはここにあるはずだ。これらの要因の役割を明らかにするには、植物の生理機能に関して多くのことを熟知している必要があるが、不幸なことに我々の知識は誠に不完全なものだ。この点から見ると、酵母、細菌など最も単純な生物の生存状況は詳細に研究することが可能である。これらの下等生物は分裂や出芽で盛んに増殖するので、自然死しない生物のカテゴリーに入れられている。ところが、実は酵母や特定の細菌にも自然死と見なされうる現象がしばしば見られるのである。

すべての発酵は微生物の介入によって起こるという事実が知られていなかった時代にも、一定の条件下では発酵が他の場合よりはるかに早く止まってしまうことが知られていた。たとえば、糖類を乳酸に変えるにはチョークを加えるとよく、これを怠ると、糖類の大部分が発酵して乳酸に変わる前に発酵が止まってしまう。一八五七年にパスツールが乳酸菌に関する偉大な発見をした際、彼はこの微小な生物は乳酸を生成するものの、乳酸が多すぎると活動が阻害されることを検証した。発酵をうまく終わらせるためには、酸を中和するためにチョークを加えるだけでよかった。

乳酸の作用が長引きすぎると、発酵が中断されるだけでなく、微生物が死んでしまうことさえある。まさにこの理由で、乳酸菌を長時間生かしておくのは至難のわざであることが多い。中でもリストとクーリー[89]がエジプトのレベンから分離した菌は、特にデリケートだった。糖を加えた寒天の奥深くに植え付けても、何日もしないうちに死んでしまう。糖

パスツール

Louis Pasteur（1822-1895）。近代細菌学の開祖として知られる。「1854年にリール理科大学教授となったパストゥールは、リールの醸造家ビゴーの協力を得て、甜菜からのアルコール製造中に生じる乳酸が、アルコール発酵を起こさせるビール酵母とは別の、乳酸酵母菌によって作られることを明らかにした。」（ジャック・ニコル・著、萬年甫、萬年徹・訳『科学者パストゥール』みすず書房、一九六四年より）【岩田】

から生成され中和されなかった乳酸がこの死の原因であることは疑いの余地がない。この細菌は、糖質を乳酸に変換する機能を本質的に持っており、これは細菌の生体としての本性に結びついたものである。このため、この発酵停止と菌の絶滅は、自家中毒による自然死と解釈すべきである。自家中毒とは、細菌自身の生理的活動の生成物による中毒という意味である。十分な量の糖類すなわち栄養が環境に含まれているのに細菌が死ぬ、という現象から、死が疲弊によるものではないことがはっきり証明される。こうした現象は、乳酸菌に限らず他の菌でも観察される。酪酸を作る細菌も自らが産生する酸によって活動が大きく妨げられる。G・ベルトランはソルボース（ナナカマドの実から抽出した糖）を発酵させる微生物を非常に詳しく研究した結果、「微生物自体の生成物の影響で発酵が停止し、微生物は栄養物質が環境に豊富に存在する時点で自然死する」と私に伝えてきた。

アルコールを生成する酵母も、アルコールが過剰になると活動が阻害され、一定の限度に達すると発酵が直ちに止まる。窒素を豊富に含み糖が乏しい環境でこの酵母を培養すると、窒素を含む物質を分解してアンモニアを生成するが、アルカリは酵母にとって致命的なので、酵母は自家中毒ですぐに死んでしまう[90]。

これまで挙げた例で見たのは、微生物がその本性に根差した活動をした結果起きた自然死である。確かにこの死は外的条件を変えれば避けることができる。寿命を延ばすには、細菌が生成した酸、酵母が生成したアルカリを中和するだけでよい。これは、高等植物に関して我々が述べたことと比較が可能である。高等植物では、種子の成熟を邪魔することで一年生植物の寿命を延ばし、二年生、多年生の植物に変えることができる。これらのケースでも、自然死は生物の固有の性質の結果として起こるが、それにもかかわらず、死を相当の時間遅らせることが可能なのだ。

疲弊が原因とされた高等生物の死も、生命サイクルの最中に発生した中毒という概念を導入することで、より簡単に説明できるのではないかと思われる。多くの植物は、動物や人間を殺す力を持った毒を作る。植物自身を破壊する毒をなぜ生成しないといえるのだろうか？　種子が成熟するまさにその時に、特定の毒が生成される、という仮説はありえないものではない。種子の成熟を妨害することにより、植物全体が毒に侵されるのを防ぐのだ。この仮説は、土壌が全く疲弊していない時に起こる数多くの自然死の例をうまく説明する。また部分的な死もこれに劣らず多く見られる。部分的な死とは、前述のゼラニウムのように、花が枯れている一方で、同じ幹に別の花が同時に咲いているような場合を指すが、この場合は、毒の作用は局部的で、植物全体を毒するには不十分だと考えれば説明できる。

当然のことながら、高等植物は自家中毒によって自然死する、という考えは単なる仮説でしかない。しかし、これが新たな研究のきっかけとなることが考えられる。新たな研究によってこの仮説が証明された暁には、結実と死が同時に起こる現象を「事前に定められた目的を達成するための運命」という仮説よりはうまく説明するだろう。

植物の寿命
メチニコフの原著では、高等植物についての考察である。寿命、すなわち自然死というものは、動物においては確実に存在すると考えられているが、植物に寿命があるかどうかは、未だわかっていない。屋久島の縄文スギのような存在においては、その生の終わりは、自然災害などによる事故死のようなことでしか生じないように思われる。【岩田】

高等植物も、細菌や酵母と同じように自家中毒を起こすと思われる。毒が種子の成熟前に作られた場合には、植物は生殖不能で、子孫を残さず絶滅してしまう。これに対し、結実時に毒が作られる場合は、世代の継続が妨げられず、したがって種は無限に存続することができる。また、毒の生成は必然的なものではないと考えれば、結実後も生き続け、自然死を免れる多くの植物が存在することも説明できる。この節で挙げた竜血樹、バオバブ、ヒマラヤスギがその例である。

高等生物の自家中毒という概念は今のところは仮説でしかないが、細菌と酵母が自らの生成物で自家中毒を起こして自然死するのは確固とした事実である。

つまり、植物界には自家中毒による自然死の例（酵母と細菌は植物である）があると同時に、高等、下等植物が自然死を免れる例も存在するのである。

Ⅱ　動物界における自然死――動物の自然死の様々な原因――暴力的行為を伴う自然死の例――消化器官を持たない動物の自然死の例――両性の自然死――動物の自然死の原因に関する仮説

動物界で見られる自然死は、前節で見た植物界の自然死に比べ、バリエーションが多くより複雑だ。マサールが植物について証明したように、動物の自然死も、進化の過程にお

酵母と細菌
生物の分類は時代により変遷し、当時は生物界を「動物界」と「植物界」に分ける古典的な二界説に基づき、酵母も細菌も植物に分類されていたと思われる。【森田】

いて、異なるグループでそれぞれ独立した形で確立したに違いない。我々は、この節でそれを明らかにしたい。動物の自然死のいくつかのケースは、非常に奇妙な性質と逆説的な外見を持っている。

我々は自然死を暴力的な死と対比させることに慣れている。この二つには非常に大きな違いがあるように見えるからだ。しかし動物界では、自然死すなわち生体の本質に緊密に関係した死が、純粋な暴力行為の結果として起こることがある。その例をいくつか見てみよう。

海の表面で、非常にほっそりした透明な生物を見かけることがよくある。動物学者はこの生物をピリディウム（*Pilidium*）と呼んでいる。身体はあまり複雑でなく、形はヘルメットを思い起こさせる。非常に繊細な膜が身体を包んでおり、下部には口があり、これが比較的大きな胃につながっている。繊毛が絶えず動いて微細な粒子を胃に運び、胃は可能な範囲のあらゆるものを消化する。生殖器官が全くないので動物学者はピリディウムが成体ではなく何らかの海生動物の幼虫だろうと考えた。この予想は完全に正しいことが判明し、ピリディウムが扁形動物（ヒモムシ *Némertiens* の一種）に変態する様子が何度か観察された。突然、前述の胃の周りに一匹の胎仔が発生する。成長が進んだ段階にくると、胎仔はピリディウムの胃全体を自分の身体に取り込み、筋肉を激しく動かして分離してしまう。要するに、小さなヒモムシはピリディウムの身体から分離し、同時に胃を奪っていく。つまり生存に不可欠な器官を奪ってしまうのだ。胃をもぎ取られたピリディウムは海水中をしばらく泳ぎ続けるが、まもなく消化器官が奪われて大きな口をあけた傷を持ったまま死んでしまう。

ヒモムシが母体を捨て去る行為は純粋に暴力的である。しかし、それにもかかわらずピリディウムの死は自然死なのだ。事実、ここではすべてが内部要因によって起こっており、人間でしばしば見られる暴力的な死のように、何らかの外部要因が影響しているわけではない。

蠕形動物の中には、多数の種をふくむ線形動物ネマトーダのグループがあり、人間の寄生虫もこれに属している。たとえば、回虫、旋毛虫、鞭虫、蟯虫などである。しかし線形動物の中には寄生ではなく独立して地中、水中、時には酢の中で生息するものも多い。線形動物はすべて非常に硬い皮膚に覆われており、そのうちのいくつかは胎生を特徴としている。ほとんどの同類のように卵を産むかわりに、すでによく発達し固有の動きができる幼虫を産むのだ。人間の寄生虫のうち、旋毛虫は多数の小さい幼虫を産み、幼虫は雌性器官の開口部を通って簡単に生まれてくる。しかし、寄生しない線形動物の中には、太った幼虫を通すのに開口部が小さすぎるものがいる。私は四十年以上前に、機会があってこのグループの一種ディプロガスター（*Diplogaster tridentatus*）を研究したが[91]、幼虫が母親の身体を残忍に食い破り、中身をすべて食べ尽くした後、やっと生まれてくるのを見て非常に驚いた。幼虫は母体の中で卵から孵化するが、生殖器の開口部が小さすぎて外に出ることができないので、母体の中を動き回り、出会うものすべてを引き裂き貪り食う。こうして母親はすぐに死んでしまう。この死は子の暴力的な行為の結果として起こるが、それにもかかわらず自然死なのである。

目的論的な観点からは、「ピリディウムとディプロガスターは、それぞれヒモムシと線形動物の幼虫を産むという目的を達成したので、その生命を終えた」といえるかもしれない。つまり、これらの生物の自然死は、予定された運命の結末というわけだ。しかしこうした解釈を正当化するものは何もない。確かにこれらの種は、暴力が自然死に奇妙な性格を与えている。しかしこれらの種の自然死が新世代誕生後に起こっており、種の存続を全く妨げていないのはまぎれもない事実なのだ。もしもディプロガスターのメスの開口部が大きかったならば、幼虫は問題なく生まれることができただろうし、この結果、母体はすでにその「目的」を達成したにもかかわらず、生き続けることができたはずなのだ。

しかし動物界の自然死が、すべて上記のピリディウムとディプロガスターのように暴力的な行為の結果として起こるわけではない。多くの自然死はずっと穏やかな状況で起こる。しかし、そうした例の多くは、自然死であることをはっきりと証明するのが難しい。このため、自然死であることに疑いの余地がないケースを取り上げることにしよう。

長い生存に必要不可欠な何らかの器官を欠いた動物を見ることは珍しくない。栄養物質の中で生きている動物は消化器官がなくても驚くにあたらない。人間と動物の腸に単独で生息するサナダムシがその例である。しかし、栄養補給に必要な器官が完全に欠如した生物が、海水や淡水中に独立して生息している場合、この生物は胎仔期に貯蔵した栄養を使い尽くすまでの期間しか生きることができない。この場合、やがて訪れる死は、当然ながら自然死である。

こうした例の中で最もよい、つまり最も正確に研究できるのは、輪形動物である。この透明な極微動物は淡水の中に群がっているのがよく見られる。昔は滴虫類と混同されていたが、身体がはるかに進化していることが特徴である。よく発達した消化管を持ち、複雑な排出器官があり、よく分化した神経系と感覚器官がある。有性動物で、どの種にもオスとメスがある。しかし、メスが完全な身体を持っているのに対し、オスは退化的で、特に消化管がない。かなり固い皮膚に包まれているので、溶解された物質から栄養を得ることもできず、消化管がないのでわずかな時間しか生きられない。

オスの生と死を詳しく研究するために、ハフキン氏が提供してくれた一種を調べることにした。これは、我々が判断できる限りでは、*Pleurotrocha* 属の新種で、*Pleurotrocha Haffkini* と呼ぶことにしたい。この輪形動物は、パンを煮た水を入れた容器で大量に簡単に飼育できるという長所がある（五〇〇グラムの水に対しパン一グラム）。

この輪形動物の性別はすでに卵の時から判別できる。オスの卵はメスよりもはっきりと小さいからである。このため、オスの卵を分離して、自然死に至るまでの生育状態が簡単に観察できる。産卵から死までのライフサイクルは全部で約三日間で、おそらく動物界で最も短い寿命だと思われる。ある種のカゲロウは、成虫の状態では数時間しか生きないが、ライフサイクル全体を見ると輪形動物のオスよりも寿命がはるかに長い。カゲロウは幼虫の状態で何か月も何年も生きるからだ。

小さなオス（図16）は孵化するとすぐに、顫動器官とよく発達した筋肉を使って泳ぎ始める。孵化した時点で、生殖器はすでに完全に成熟しており、オスはメスを探し始める。

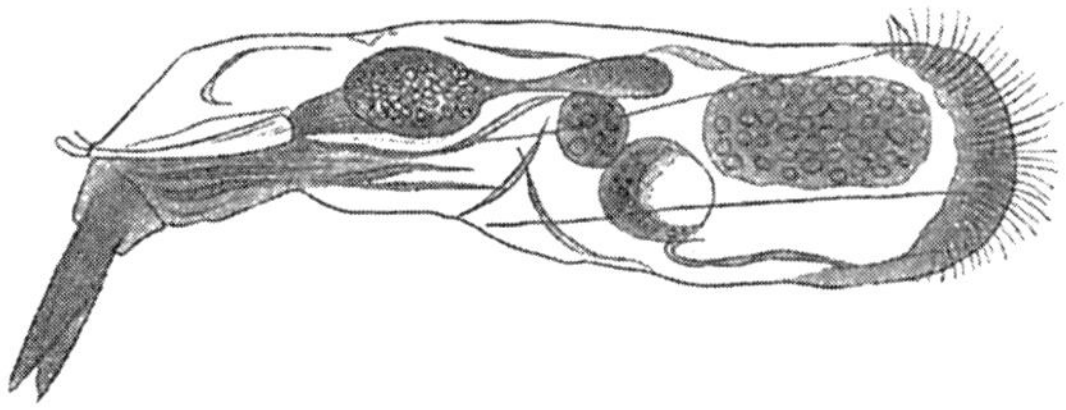

図16　*Pleurotrocha Haffkini*のオス

透明な身体には消化器官が全くなく精子が詰まっているが、精子は動くことができ、すぐに飛び出せる状態にある。事実、オスがメスに固着するや否や、精子が放出される。この放出こそ激しい混乱をひき起こし、死をもたらす原因だと思われるかもしれないが、実はそうではない。オスは授精後、寿命の三分の一にあたる二十四時間生きることができるのだ。一方、精子を全く放出しなかったオスをメスから分離しても寿命を延ばすことはできなかった。そこで今度は実験的に二匹のオスをメスから分離し、三匹目を二匹のメスと一緒にしたところ、最も長生きしたのはメスと一緒にした一匹だった。

オスの自然死は、まず身体の動きの衰弱から始まる。筋肉と繊毛はまだ動くが、部分的な動きしかできない。ある時は頭、ある時はしっぽが収縮するが、体幹全体を移動させることはできない。時には動けない全身を無理やり動かそうとするかのように、繊毛が非常に激しく動く様子が見られる。この状態は数時間続き、その後あらゆる動きが止まる。最も長く生きるのは体腔に入っている精子で、最後まで動きを止めない。

死期が近づくと、環境に充満する莫大な数の細菌がこの輪形動物を攻撃し始める。細菌が頭の周辺としっぽに群がる様子が見られるが、体内には全く侵入できない。このため、オスの死は細菌感染によるものではなく、純粋に内的な原因によって起きたものだといえる。

では、オスの死の原因は飢餓による衰弱だろうか。我々はそうは考えない。というのは死に至る直前、組織の外観に何の変化も見られないからである。この結論は、メスの観察によっても裏付けられる。メスでは飢餓による衰弱現象が時たま見られ、劣化した培養基では、飢えたメスはやせて平らになり、完全に透明になる。組織は粒点を失う。これに対し、オスではこのような現象が全く見られず、正常な外観のままで死期を迎える。

最も可能性が高い説明は、オスの自然死の原因が組織の老廃物による中毒だとするものである。排泄器官がよく発達しているのは、体内で物質の交換が行われ、その一部が体外に放出されることを示している。老廃物が十分に除去されなくなると、組織は毒に侵される。運動の協調性の喪失から死期が始まるので、致命的な自家中毒は神経中枢で始まると推定される。繊毛と筋肉は終末まで侵されない。

輪形動物のオスが、最も完全な意味での自然死によって生涯を終えることは全く疑問の余地がない。しかし、だからといって、消化器官がよく発達したメスはオスと同じ最期を迎えることはないだろう、と考えてはならない。メスの生涯は、オスよりも長く複雑である。このため、メスはより多くの逆境にさらされ、たとえば栄養欠乏などの外的な要因で死ぬこともある。しかし、これらの有害な要因を排除すると、メスも約十五日間生きた後に、オスと全く同じ症状を示した末に自然死を迎えるのである（図17）。

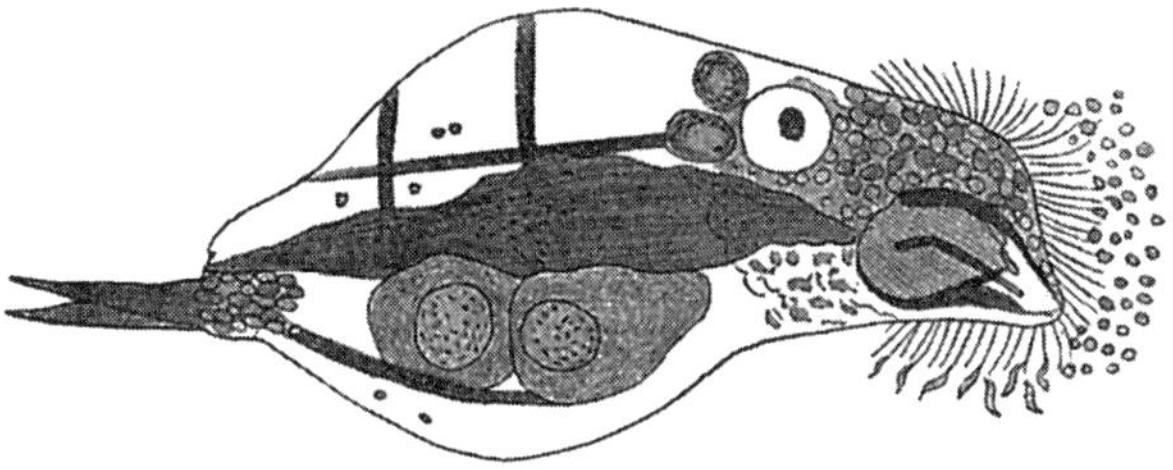

図17　自然死した*Pleurotrocha Haffkini*のメス

ピリディウムやディプロガスターで見られる暴力的な死と本質的に異なるプロセスで自然死を迎えるのは、輪形動物だけではない。無脊椎動物には、輪形動物と同様のケースが数多く見られる。詳述はせず、いくつかの具体例を述べるに止めよう。

すでに五十年以上前、アメリカのナチュラリスト、デーナは、海水面に小さな動物を発見した。この動物はあまりにも奇妙な特徴を持っていたので、彼はモンストリラと命名した。これは水たまりでよく見られるケンミジンコに近い小さな甲殻類である。しかしケンミジンコが食物の捕捉と消化に必要なあらゆる器官を備えているのに対し、モンストリラには　捕捉器官がなく、消化管さえない。モンストリラは筋肉、神経系、感覚器官と生殖器官は備えているが、生命を維持するために必要な栄養摂取に関わるすべての器官が欠けているのだ。つまり、モンストリラは自然死するように定められた動物である。

モンストリラのこれらの奇妙な特徴は、ごく何年か前にマラカンが詳しく観察するまで解明されていなかった。[92]モンストリラは一生のうち一定時期を特定の環形動物の寄生虫として過ごす。そこで卵と精子の形成に必要な物質と、子の発達期に海で独立した生活を送るための物質を蓄える。モンストリラはオスだけでなく、メスにも栄養摂取の器官がない。これは、モンストリラのメスが、ザリガニ、イセエビや多数の甲殻類と同じように、孵化するまで卵をずっと身体に付けていることを考えると驚くべきことである（図18）。マラカンはモンストリラは餓死すると考えている。

「消化管、捕食と咀嚼のための付属肢がなく、摂食の方法を全く持たないモンストリラは、海での短い自由生活の後に栄養不足で死ぬ運命にある。これがモンストリラの身体の構造から論理的に導き出される仮説である」と彼は言う。

マラカンは、この仮説を支える事実として、死ぬ前のモンストリラの組織と器官は明らかな衰えの兆候を見せていると述べる。

「衰退のしるしを最初にあらわすのは目だ。色素は少しずつ流失して消滅し、視覚のための組織は溶解する」「最後に、個体、特にメスに衰退がほぼ完了した状態が見られる。細かい網でとらえたメスの頭部には、何の器官の痕跡も見られなかった。目、脳、体内器官はほとんど完全に消滅していた。触角は第一関節と第二関節の断片からなる断端になっていた。これこそが死に先立つ老化のサインであるのは明らかである」

モンストリラが栄養不足で自然死するという仮説がこうして確認された。さらにこの観察は、「器官の衰退を全く見せずに自然死を迎える輪形動物のオスの死は、飢餓によるものではない」という主張を裏付けている。昆虫には成虫になってすぐ自然死するものがあるが、それが飢えによるものだと主張することは困難である。ミノガ psychides 科（ソレノビア Solenobia 属）の名前で知られる非常に奇妙なガは、受精しないで産卵するメスは、

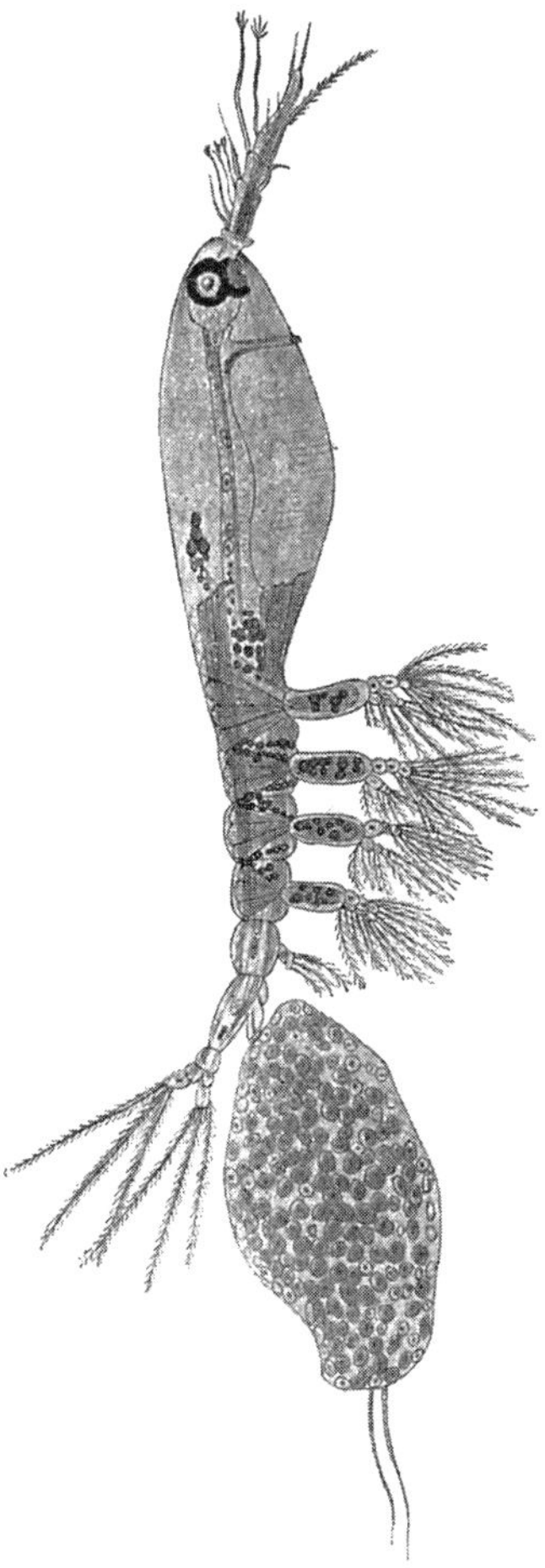

図18　モンストリラ（マラカンによる）

成虫になってたった一日しか生きない。* しかし単為生殖せず受精を待つメスは、全く栄養を摂らないまま寿命が一週間以上延びる。このため、前者（単為生殖をしたメス）の早い死が栄養不足によるものだと見なすことは不可能である。

カゲロウは自然死の最もわかりやすい形態を見せる。成虫になって数時間で死亡するが、器官の衰退の兆候は全く見られない。一方、カゲロウの他の種類（Chloë）は、栄養を摂取することなく数日間生き続ける。このため前者のカゲロウのあまりにも短い生が、餓死で終わった可能性はほとんどない。むしろ、これらの自然死は、自家中毒の結果起こったもので、自家中毒の影響が表れる時間が状況によって異なる、と考えるべきである。**

脊椎動物のような高等動物では、無脊椎動物のように自然死の研究に適した状況を見つけることができない。脊椎動物の消化器官はすべて十分発達しており、消化器官がない下等動物に比べ寿命がはるかに長い。さらに脊椎動物の自然死は非常にまれである。脊椎動物は、ほとんどの場合、寒さ、飢餓などの外的原因や、敵による捕食、感染症、寄生虫病などが原因で死亡する。このため高等な身体を持った生物の中で自然死の研究対象になるのは人類しかない。しかし人間においても自然死のケースは非常に少ないのだ。

* Speyer博士の観察記録が下記に引用されている。Weismann, *Ueber die Dauer des Lebens*, Iéna, 1882, p.66.　【原註／森田訳】

** カゲロウの自然死については筆者の著作『人間性の研究』（*Études sur la Nature Humaine*, 3e édit., Paris, 1905.）を参照のこと。　【原註／森田訳】

III

人間の自然死——老人の自然死——自然死と睡眠の類似——睡眠に関する理論——ポノジェン——睡眠の本能——自然死の本能——批判への反論——死の接近時における快い感覚

老人の死で自然死とされるものの大部分は、肺炎をはじめとする感染症（肺炎は非常に潜行性が高い）や卒中の発作によるものである。ヒトに本当の自然死が起こるのは非常に珍しいことに違いない。ドゥマンジュ[93]は自然死を次のように描写している。

「非常な老齢で起こり、消えていく知力に最後のかすかな光は残っているが、老人は日一日と衰弱するのを感じる。四肢は衰弱しつつある意志の力に従うのを拒み、皮膚は無感覚で乾燥し冷たくなる。身体の末端部の体温が失われ、顔はやせ衰え、目は落ち窪み、視界は霞む。話そうと思っても口を大きく開けたままで言葉が消えてしまう。生命は、身体の周辺部から中心に向かう形で失われていく。呼吸が困難になり最後に心臓が止まる。老人の命はこのようにゆっくりと消えてゆき、最後の眠りにつくのに似ている。本来の意味での自然死はこのようなものなのだ」

人間の自然死の原因が、子供を産むことによる疲弊であるはずがなく、またモンストリラのように飢えによる衰弱が原因でもない。自家中毒が自然死の原因である可能性のほうがはるかに高い。この仮説は、自然死と睡眠が酷似していること、および睡眠は身体活動の老廃物による中毒が原因と思われることを根拠としている。

睡眠が身体の自家中毒の結果起きるという学説が発表されてもうすぐ五十年になる。多くの偉大な学者がこの説を支持した。オーベルシュタイネル、ビンツ、プライヤー、エレーラなどである。オーベルシュタイネルとビンツは、睡眠は疲労による生成物が脳に蓄積することで起こり、睡眠による休息の間に血液がこの生成物を取り除くと考えた。この催眠性物質を特定しようという試みさえ行われ、何人かの学者は、身体が活動する時、許容量を超えて蓄積される酸がその正体だと考えた。身体は睡眠中にこの過剰な酸性生成物を取り除くという考えだ。

プライヤー[94]はこの問題をさらに掘り下げて研究した。彼は、我々のすべての器官は活動によって、彼が ponogenes（ポノジェン）と呼ぶ生成物を作りだし、これが疲労感を惹起するという仮説を発表した。彼によると、この物質は覚醒時に蓄積され、睡眠中に酸化によって破壊される。プライヤーは、ポノジェンの中で最も重要な役割を果たすのは催眠性がある乳酸だと考えた。彼の理論が正しいとすると、次のような驚くべき類似が認められる。人間と動物は乳酸による自家中毒で眠り込む一方、細菌は乳酸を生成し、乳酸の蓄積によって発酵活動を止める。さらに睡眠が自然死に変わる可能性があるように、乳酸発酵の停止は、乳酸菌の死を伴うことがある。

しかしプライヤーのこの理論は現在まで確証されていない。エレーラ[95]は別の理論でプライヤーに対抗した。この理論によると、睡眠を促すのは酸性物質ではなく、アルマン・ゴーティィエが leucomaïnes（ロイコマイン）という名前で記述した特定のアルカリ性の物質だという。ゴーティエは、これらの物質が神経中枢に働きかけて疲労と半睡状態を引き起こすことを確認した。エレーラは、これに基づき、ロイコマインが睡眠の原因である可能性があると考え、この物質が最大限に蓄積された時に睡眠が起こるとした。この物質の催眠作用は直接的なもので、中枢神経に中毒を起こすが、睡眠の間にこの物質は除去され、身体にもたらされたトラブルが大幅に修復される、というのがエレーラの考えであった。

エレーラの理論を認めることが可能だとすると、睡眠と自然死、および窒素を含む環境で培養された酵母の発達停止と死の間に、一定のアナロジーを認めることができる。酵母の場合もアンモニアというアルカリ性物質が中毒を起こしているからである。しかし、睡眠をもたらす中毒の詳しいメカニズムについて、より具体的な学説を立てることは現在の知識では全く不可能だということも告白しなければならない。ロイコマインに関する知見はいまだに不完全なものである。しかし、ここ数年、ロイコマインの一種である、副腎から抽出したアドレナリンについての研究が行われている。アドレナリンは副腎が作り出すアルカロイドで、[96]血流の中に放出される。動脈を収縮させる強い力を持っており、止血剤として使用される。大量または繰り返し投与すると、本物の毒として作用するが、少量の投与では器官の貧血を引き起こすほか、特に神経中枢に特別な作用を持つ。ツァイガン博士[97]は一ミリグラムのアドレナリンを海塩の生理食塩水（すなわち一〇〇〇分の七・五）五グラムに混ぜてネコの脳の近くに注射すると、睡眠を誘発することを確認した。「この物質を投与しておよそ一分で、実験動物は深い睡眠に入ったように見え、これが三十分から五十分続いた。この間、動物の五感は身体全体で完全に停止し、覚醒後でもしばらくの間、感覚が非常に鈍くなっていた」「覚醒後も動物はしばらくの間、眠気でふらふらしているように見えた」。一般に睡眠は脳の貧血を伴い、アドレナリンは実際に貧血を起こす働きを持つ。このため、我々の身体が作り出す催眠物質の中では、アドレナリンが支配的な役割を果たしていると推定することができるかもしれない。しかし、この仮説に対する反論として、疲労と疲労の原因に関する最近の研究が持ち出される可能性もある。

このように複雑で興味深い睡眠の研究は、科学が進歩する度にその影響を受けた。アルカロイド性物質 ptomaïnes（プトマイン）が感染症に重要な役割を果たすと考えられていた時代に、同様の物質を使って眠気を減退させることが試みられた。現代では、感染症で主要な働きをするのは、非常に複雑な化学構造を持つ毒だと信じられており、疲労と眠気も同様の物質の影響で起こるとする説明が試みられている。

この分野では特にヴァイヒャルト[98]の研究が、最近注目を集めている。この若い学者は、生体の活動によって特殊な物質が蓄積されるが、それは有機酸でもロイコマインでもなく、むしろ病原菌の毒性産生物に似たものであると力説する。

ヴァイヒャルトは実験室の動物に何時間もの間、疲労を引き起こす動作をさせ、その後に動物を殺処分した。この状態の筋肉の抽出物は強い毒性を示し、これを正常な動物に注射したところ、動物は極度の疲労を見せ、二十時間から四十時間の間に死亡することさえあった。疲労を起こす物質の化学的性質を解明する努力はすべて失敗に終わったため、この物質の特徴を明らかにすることはできない。しかし、この物質の特徴の中に、格別興味深いものがあった。正常な動物の血流に致死量に達しない量を入れると、解毒剤の生成を誘発したのだ。これはジフテリアの毒がジフテリアの抗毒剤の生成を引き起こすのと同じである。

ヴァイヒャルトが疲労を起こす毒を抗毒血清少量と混ぜて注射したところ、動物に何のトラブルも起こさなかった。解毒剤の中和作用は経口投与でも観察された。ヴァイヒャルトはこの研究結果に基づき、疲労を防ぐ物質を獲得することが可能だろうと推測している。

現時点では、生体の活動の最中に蓄積され、疲労と睡眠を引き起こす物質の性質について何も明確なことは言えない。しかし、これらの物質が存在しており、睡眠が生体の一種の自家中毒が原因で起こっている可能性が次第に強くなっている。この理論は、現在までのところ、どのような主張によっても揺るがされていない。最近、ジュネーヴの心理学者クラパレード[99]が、睡眠に関して支配的なこの理論に反対する声を上げた。彼は、この理論は、新生児は睡眠時間が長いのに老人はほんの少ししか眠らないという事実と矛盾しているると考えた。しかしこれは、子供は神経中枢の感覚能力が老人よりはるかに高く、有害な要因に対しても感受性が強い、と考えれば容易に説明できる。クラパレードはこの他にも、戸外の散歩が睡眠を助ける、眠りすぎた後はかえって不活発になる、などの事実を反論の根拠として挙げているが、これも自家中毒理論と両立不可能ではない。これらの現象は二次的な重要性しか持たず、現在の知識では解明が困難な、複雑な何らかの事情が原因で起

睡眠物質
一九〇九年、愛知医学校（現名古屋大学医学部）教諭の生理学者石森國臣は、強制的に覚醒させた断眠イヌの脳脊髄液を他の健常イヌの脳室内に注入すると、睡眠を引き起こすことから、断眠によって脳脊髄液内に「睡眠毒素」が蓄積し、これが睡眠を引き起こすと考えた。一九一三年、フランスの生理学者アンリ・ピエロンも同様な実験で、睡眠物質の存在を示した。次いで、早石修らは、プロスタグランジンD2（PGD2）が睡眠を誘発することを見出した。その後の研究で、PGD2自体は睡眠物質ではなく、この物質が視床下部付近のクモ膜細胞にある受容体（DP1）に結合すると、覚醒による脳の疲労で蓄積したアデノシン濃度が増加し、このようにして増加したアデノシンが、真の睡眠物質として視床下部の睡眠中枢の活性化と、前脳基底部の覚醒中枢の抑制を生じ、睡眠を引き起こすと考えられている。【岩田】

こっていると思われる。さらに、クラパレードは反論の材料として、神経衰弱患者の不眠症も挙げているが、これは神経系が過度に興奮し、毒に対する感受性を一部失ったと考えれば容易に説明できる。

他方で、しっかり確認された多くの事実は、自家中毒理論と完璧に一致する。麻酔による睡眠にはふれないが、いわゆる「眠り病」を援用することができる。ダットンが発見したガンビアトリパノソーマという微小な寄生生物がこの病気を起こすことは完全に証明されている。この原虫は血中で増殖し、中枢神経を囲む膜の液中に広がる。眠り病が重篤になった場合の最も典型的な症状は、連続的な睡眠状態である。「半睡状態が徐々に増え、頭が胸の上に傾きまぶたを閉じた特徴的な姿勢が習慣となる。最初のうちは患者を浅い眠りから容易に覚醒させることができるが、間もなく覚醒が困難な眠りの発作となり、患者はあらゆる状況で、特に食事の後で、眠りに襲われるようになる。眠りの発作はどんどん長く深いものになり、最後にはコーマ状態になって患者を覚醒させることが非常に困難になる[100]」。現在の医学的知識のすべてから、眠り病の睡眠がトリパノソーマの毒による中毒であることは疑いの余地がない。

クラパレードは、睡眠が毒によって起こされるという理論に対し、彼が「本能的」理論と呼ぶ学説で対抗した。彼によると睡眠は本能の表れで、この本能は「活動停止を目的とする。我々が眠るのは中毒のせいでも疲労のせいでもない。我々は、そうした状態にならないために眠るのだ」。しかし催眠の本能が発動するためには特定の条件が必要で、中枢神経の中毒はその条件の一つだと考えることができる。クラパレードは「睡眠は老廃物が身体に蓄積し始めた時に誘発されるアクティブな現象である」と考えている。つまり、中枢神経に老廃物が影響を与えなければ眠気は起こらないわけで、この「影響」は一種の中毒と同じだと考えることができる。

空腹感は本能的な感覚で、眠気も同様である。眠気は我々の組織が特定の疲弊状態になった時にしか表れないが、どのような疲弊状態かは今のところはっきりと特定できていない。睡眠が毒によって起こるという理論と「本能」によって起こるという理論の間に原則的な矛盾は全く存在せず、この二つの理論は、生体の特定の状態について、異なる二つの側面を考察しているにすぎないのである。

睡眠と自然死が類似していることから、自然死も自家中毒の結果として起こる、と推定することが可能となる。ただし自然死は、睡眠を誘発する中毒に比べ、はるかに深く重い中毒によって起こると考えられる。しかし人間の自然死は非常に不完全な形でしか観察されておらず、それについては仮説を立てることしかできない。

休息への本能的欲求が眠気に表れるように、自然死においても人は本能的に死を熱望すると推測することができる。この問題はすでに『人間性の研究』(第一一章)で取り扱ったので、再び論じる必要はなく、ここでは最近入手した補足情報の紹介に留めたい。

人間が死の本能を持つという最も有力な証拠は、トカルスキーが報告した老婦人のケースではないかと思われる。トカルスキーの存命中、私はこの興味深いケースについて、より詳しい情報を入手するよう彼の知人に依頼した。報告はかなり不完全なものだったからである。残念なことに、トカルスキーはすでに記事として発表した以上の情報を提供することができなかった。しかし、私は彼の情報源を突き止めたと思う。一世を風靡した、ブリア＝サヴァランの『味覚の生理学〔美味礼讃〕[101]』の中で著者は次の出来事を語っている。「私には九十三歳になる大叔母がいた。しばらく寝たきりになっていたが、すべての能力を維持しており、彼女の状態の悪さをうかがわせるのは食欲の減退と声の衰弱だけだった。彼女は私に対しいつも大変親切だった。私は彼女の枕元で優しく介抱しようとした。しかしそれは、私が常に周囲のすべてを観察している哲学的な目で彼女を観察することを妨げなかった」。

「そこにいるの？」ほとんど聞きとれないような声で彼女が言った。「ええ、おばさん。何でも指図してください。上等な古いワインを少し飲むとよいのではないかと思いますよ」「それでは下さる？　ワインはいつだってのどを通るわ」。私は急いだ。彼女をゆっくりと抱え起こし、私が持っている中で最高のワインをグラス半分飲ませた。彼女は瞬時に生気を取り戻し、かつて非常に美しかった目を私にむけた。「本当にありがとう。最後のお世話を。もしあなたが私の年になることがあったら、死の欲求が生まれることがわかるでしょう。眠りと同じ」と彼女は語った。「これは彼女の最後の言葉になり、半時間後彼女は永遠の眠りについた」。

ブリア＝サヴァラン
第九章三四〇頁の註参照

老衰死と自然死
わが国を含む多くの国々で、老衰死あるいは自然死の概念は、あまり抵抗なく受け入れられており、高齢者の死亡原因としての老衰死は、厚労省によっても認められている。概念的には、加齢による老化で細胞や組織の能力が低下し、生命活動を維持できなくなったことによる死と考えられているが、科学的な定義は曖昧であり、何歳からを老衰と考えるかについても、意見は様々である。しかし、九十歳、百歳を越えた高齢者が、死の直前まで格別の病気を持たず、特に苦痛を訴えることもなく死ぬことは、社会的にしばしば経験されているところであり、このような社会的経験知が、老衰死や自然死の存在を受け入れる基盤になっているものと考えられる。【岩田】

この具体的な描写は、これが自然死の本能の実例であることを確かに示している。知的能力を保持している人物は、それほど高齢でなくてもこの本能が表れた。しかし、老人はほとんどの場合生きたいという激しい欲求を見せるので、死の本能はずっと後にならなければ発現しない。

長く生きれば生きるほど、生への執着が強まることは、すでに長い間指摘されている。フランス人哲学者のシャルル・ルヌーヴィエ[102]は、つい数年前に亡くなったが、この法則の正しさを改めて証明した。八十八歳で死が近づいたことを感じたルヌーヴィエは、最後の日々の感想を書き綴ったのだ。死の四日前に次のような記述が見られる。「自分の状態について幻想は抱いていない。まもなく死ぬことがわかっている。八日、もしかすると十五日のうちに。それでも我々の学説に関して語りたいことは本当にたくさんあるのだ」「私の年齢では希望する権利はもうない。残された日は限られている。いや、残された時間かもしれない。あきらめなければならない」「死んでいくのは残念だ。私の思想はこれからどうなっていくのか。全く知る方法がないのが心残りだ」「そして、最後の言葉を語る前に私は去っていく。人間は常に仕事をやり遂げることなく去っていく。これは人生の悲しみの中で最大のものだ」「それだけではない。人が老い、非常に年老いて生きることに慣れると、死ぬことはとても難しくなる。若者は老人よりも簡単に死の概念を受け入れる。私が見るところ、進んで受け入れているようにさえ見える。八十歳を超えると、人は臆病になり、死にたくなくなる。そして死が疑いなく近いことを知ると、魂は甚大な苦悩にうちのめされる」「私はこの問題をあらゆる側面から研究した。ここ数日間、同じ考えを反芻している。私は自分が死ぬことを知っている。しかし自分が死ぬことを自分に納得させることができない。私の中で反抗しているのは哲学者としての自分ではない。哲学者は死を信じていない。反抗しているのは老人としての自分だ。この老人はあきらめる勇気がないのだ。しかし避けられないことはあきらめるしかない」。

我々は百二歳の老婦人を知っている。彼女は死を非常に恐れているので、周りは知人の死を彼女から隠さなければならなかった。しかし、ロビノー夫人は百四か百五歳になった時点で、近づいてくる死に対し全く無関心になった。彼女はしばしば死にたいともらすようになった。この世界で自分は無用の存在だと考えたのである。

イヴ・ドゥラージュ[103]は、私の『人間性の研究』を分析し、死の本能*の存在に対する疑問を表明した。彼は次のように語る。「動物は死について無知なので、死の本能を持つことができないと思われる。せいぜい自己保存の意識の停止につながる無気力が訪れるにすぎないだろう。人間は死の認識を持っているので、死の接近に対する無関心が本能であるはずがない」「生の終わりに魂が特別な状態になり、無関心または喜びと共に死を受け入れる可能性はあるかもしれないが、この魂の状態を本能と呼ぶことはできない」。それではこの状態をどう呼べばよいのか、ドゥラージュは述べていない。ブリア＝サヴァランの大叔母は死の直前の感覚を睡眠の欲求と比較しているが、睡眠の欲求は本能の表れである。このため、高齢の老人が死に喜びを感じるのも一種の本能だと私は考える。いずれにして

＊　死の本能とは、眠気と同じように、死を望む本能である。メチニコフは前著の『人間性の研究』で、死を待ち望む本能や自然死は、現在は非常にまれにしか見られないが、将来科学が進歩し、人間が正しい生活（オルトビオース）を送って健康な老年に達するようになると、死の本能の発現がより一般的になると述べている。そして、この正しい（質素な）生活の結果、健康な老年に達し、死の本能の発現後やすらかに天寿を全うすることを人生の目的とすることで、人間は厭世主義から脱出できると考えた。【森田】

も、本質的に最も重要なのは、この感覚の名前でなく、この感覚が存在するか否かなのである。ドゥラージュもこの感覚の存在自体は全く否定していない。

私のもう一人の批判者のカンカロン博士[104]は、死の本能の存在を認めようとしない。「他でもない進化論の名においてこれを認めない。メチニコフ氏自身、自然死は大変にまれだと述べているのに、死の本能が何の役に立つというのか。この本能は生殖期間が過ぎてかなり経ってから生まれるのに、どのようにして子孫に伝達されるというのか。何よりも、これは種の存続にどのように役立つというのか。もし死の本能の存在が生物学的進化の結果であることが証明されるなら、これは進化論を否定する論拠となり、目的因を擁護する根拠となるのではないか」。私はこの見解に全く同意できない。まず人間と動物は、種の保存の役に立たない有害な本能を数多く持っている。『人間性の研究』で取り上げた不調和な本能を思い浮かべれば十分である。性本能の異常、親が子を食べるように仕向ける本能、昆虫を火に引き寄せる本能などである。しかし死の本能は全く有害なものではない。多くの利点さえある。もしも、生の最終目的が自然死であり、自然死は睡眠の欲求に比較できる特別な本能と共に訪れると納得することができれば、現在の厭世主義の最大の原因が消滅することになる。厭世主義は、自発的な死（自殺）を引き起こし、また、多くの人間が子供を作らない理由になっているのだ。このため、自然死の本能は、個人と種の生命の維持に貢献することになる。また、他方で、種の存続と調和しない本能の存在を認めるのは全く難しいことではない。特に人間は、生物の中でも個体性が最大限に発達しているのでなおさらである。あらゆる動物の中で、人間だけが死について十分な認識を持っている。このため人間に死に対する本能的欲求が発達したとしても、全く驚くにはあたらない。

カンカロンは、死、すなわち生理学的機能の停止が喜びを伴うことの可能性を否定する。しかし、睡眠と失神に先立ち非常に快い感覚を経験することは少なくない。自然死に先立って、こうした感覚が存在しないなどとどうして言えるだろうか。数々の実例がこれを明白に証明しており、自然死の訪れが地上に存在しうる最も甘美な感覚を伴う可能性さえあるのだ。

現在我々が目にする死の数多くは、生命の停止が苦痛に満ちたものである。臨終期の多くの人々の目にうかぶ恐怖がこの事実を歴然と示している。しかし死の訪れが全く苦痛の感覚を伴わない病気や大事故の例もある。繰り返す発熱の発作の最中に、体温が四一度から常温未満まで急激に下がり、瀕死の時に感じるのと類似すると思われる、異常にぐったりした感覚を私は経験したことがある。この感覚は苦痛というよりはむしろ甘美なものだった。重いモルフィネ中毒の二回の危機では、最も快い感覚に襲われた。宙に浮いているかのような、身体が軽く感じられる感覚を伴う快い脱力感。

臨死体験者の感覚を観察した人たちも同じような事例を報告している。チューリッヒのハイン教授は、彼自身が山から転落し危うく死にかけた時の状況と、アルプスを訪れた旅行者たちが体験した同様の事故について報告し、すべてのケースで「至福感」が体験されていたという。[105] ソリエ博士[106]は次の例を報告している。「モルフィネ中毒の若い女性は自分が死ぬことをはっきりと感じた。極度に激しい失神状態に陥り、覚醒させるために新たにモルフィネを打たなければならなかった。覚醒時に彼女は次のように叫んだ。『私は、なんて遠い場所から戻ってきたのでしょう。なんていい気持ちだったのでしょう』」。ソリエ氏のもう一人の女性患者は、腹膜炎を患い、自分が死ぬだろうと感じたが、彼女は「至福感、というよりはむしろ、あらゆる苦痛が消滅した感覚に満たされた」と語った。三つ目の例では、若い女性が「産褥の子宮出血ではっきりと自分が死ぬことを感じたが、彼女もその他の例と同じく、身体的な至福状態、すべてからの離脱」を感じた*と語った。

病死のケースで至福感が感じられるならば、自然死で至福感が表れる可能性はよりいっそう大きいと考えられる。生存本能の喪失と自然死本能の発現が事前に起こるため、自然死は人間性の真の法則に適合した最もよい終末といえるだろう。我々は読者に自然死に関する完成した学説を提供できると主張するつもりはない。死に関する科学、タナトロジーのこの章は、まさに始まったばかりなのだ。しかし、植物、動物および人間の自然死の研究により、科学と人類にとって最も重要な意味を持つ知見が得られると予見できる。

＊ 臨死状態にある者が経験する感覚と、人間が普遍的に感じる死に対する恐怖を混同してはならない。【原注／森田訳】

第四章　人間の寿命を延ばす努力をするべきか？

I

我々の生の短さに関する嘆き――「医学的淘汰」が人類の退化の原因であるという理論――人類の寿命を延ばすことの有用性

人間は哺乳類の中で寿命が最も長い種の一つである。それにもかかわらず人間はこれでもまだ不十分だと感じている。太古の昔から、人間は人生の短さを嘆き、寿命をできるだけ延ばそうとしてきた。他の哺乳類よりはるかに長命であるのに、それには満足せず、少なくとも爬虫類と同じくらい長生きしたいと考えたのだ。

古代ではヒポクラテスとアリストテレスが人生はあまりにも短いと考え、テオフラストスは、長生きしたにもかかわらず（七十五歳まで生きたと考えられている）、死を前にして「自然は、牡ジカやカラスにはこれほど長く無意味な寿命を与えたのに、人間にはしばしば非常に短い命しか与えなかった[107]」と嘆いた。

セネカ（『人生の短さについて』）と、後世の十八世紀のハラーは、これらの嘆きに反論したが、成果はなく、今日に至るまで人生の短さを嘆く声が至る所で聞かれる。動物は危険に対する本能的な恐怖しか知らず、死とは何かを知らないまま生命の維持に執着する。

これに対し人間は死について明確な観念をもつようになり、これが生への執着をさらに強くする。

それでは、「人生は短かすぎる」という人類の叫びに耳を傾け、寿命を延ばすのは良いことだろうか。現在の限界を超えて寿命を延ばすことは、人類の幸福にとって果たして本当に良いことなのだろうか。高齢者扶養の費用負担が重すぎる、という不満はすでに表明されており、高齢者扶助法の施行に必要な莫大な歳出額を聞いて、人々は驚き困惑する。フランスでは全人口約三八〇〇万人のうち約二〇〇万人（一九一一万二一五三）、つまり全人口の五％が七十歳以上で、老年人口の扶養に年一億五〇〇〇万フランを必要とする。[108] フランス議会は非常に寛大な空気が支配的だが、それでも議員の多くは莫大な金額を前にして躊躇する。寿命がさらに延びると高齢者扶養の費用負担がより重くなるのは明らかだ、と人は言う。高齢者を長生きさせるために、若年者に向けられる財源を減らすことになるのだ。

老化の状態が同じままで、単純に高齢者の生命を延ばすなら、上記の考察は全く正しい。しかし当然のことながら、寿命の延長は老年期における知力と仕事の能力の維持を伴わなければならない。超高齢になっても有用な仕事ができる可能性を示す例はこの本のこれまでの章で十分に論じた。不節制や病気など現在の早すぎる老化の原因を減少、排除できれば、六十歳から七十歳の高齢者に年金を支給する必要はなくなり、高齢者扶養費は、増加するかわりに徐々に減少すると思われる。

もし、正常な寿命、つまり今日よりはるかに長い寿命を実現した結果、地球が人口過剰に陥るとすると、それは疑いもなく遠い未来の話である。しかし、人口過剰は出生率を低下させることで回避できる。現在、地球は人口過剰からはほど遠い状況だが、すでに産児制限が行われており、時には度を越した例さえ見られる。

長い間、医学、特に衛生学は、人類の弱体化を助長すると非難されてきた。あらゆる種類の科学的手段が、病人や抵抗力が弱い子孫を残す遺伝的欠陥の持ち主を救っている。「自然淘汰」にすべてを委ねたら、これらの人々は姿を消し、強健で生命力の強い人間に場所を譲ることになっただろう。ヘッケルは、医学の影響によって人類が退化するプロセスを「医学的淘汰」と名付けさえした。

しかし、豊かな創造力を持ち人類にとって最も有用な人物が、虚弱で不安定な健康状態に悩んでいることがある。結核患者、梅毒患者（遺伝性または後天的なもの）やあらゆる種類の不均衡に悩む者、つまりいわゆる「退化した人たち」の中には、人類の進歩に最も大きな貢献をした人物がいる。こうした人物は多いが、フレネル、レオパルディ、ウェーバー、シューマン、ショパンの名前を挙げるだけで十分だろう。つまり病気を温存してすべてを自然淘汰に任せ、結果的に病気に抵抗できる人間だけを生き残らせることは許されるべきではない。そうではなく、衛生学的対策と治療法の普及によって、病気一般、特に老化に伴う弊害を撲滅することが絶対に必要だ。「医学的淘汰」の理論は、人類の幸福に反するものとして放棄しなければならない。

人間が人生のサイクルを全うすることを可能にし、高齢者が長い人生経験に基づいて助言者、審判者という重要な役目を果たせるようにするために、あらゆる努力をするべきである。

このため、この章の初めに掲げた疑問に対する回答は一つしかない。そう、人間の寿命を延ばすことは有益なのだ。

II

人間の寿命を延ばすために古代人が用いた方法――ジェロコミー――道教の不死の薬――ブラウン＝セカールの方法――プールのスペルミン――ウェーバー医師のアドバイス――数世紀にわたる長寿の増加――遵守すべき衛生学的な規則――皮膚がん罹患件数の減少

人間は、あらゆる時代において、あらゆる種類の寿命延長法を試みてきた。そして、その際に寿命延長の問題が及ぼす全般的な影響を気にすることはなかった。

聖書の時代には、衰弱した高齢者を若い女性と接触させることで、高齢者を若返らせ寿命を延ばすことができると信じられていた。『列王記』の上巻第一章には次の記載がある。

「ダビデ王は多くの日を重ねて老人になり、衣を何枚着せられても暖まらなかった。そこで家臣たちは、王に言った。『わが主君、王のために若い処女を探して、御そばにはべらせ、お世話をさせましょう。ふところに抱いてお休みになれば、暖かくなります』[*]」。この方法は後にジェロコミーと呼ばれるようになり、ギリシャ、ローマ時代にも用いられた。この方法の信奉者は近代においても見られ、オランダの著名な医師ブールハーフェ（一六六八～一七三八）はこう書いている。「アムステルダムの老市長を二人の若い女性の間に寝かせた。医師は、この方法により老人は活力と陽気さをほぼ完全に取り戻せる、と太鼓判を捺した」。十八世紀に『マクロビオティック』の著者として名をはせたフーフェラントは、これを引用して次のような感想を記している。「開腹したばかりの動物の蒸気が麻痺した四肢にいかに大きな影響を与えるか、さらに生きた動物を患部の上に置くことで激しい痛みがいかに緩和されるかを考えると、この方法を認めないわけにはいかない」(*L'art de prolonger la vie humaine*, trad. Franç., LAUSANNE, 1809)。十八世紀の医師コーハウゼンは、百十五歳で死去したローマ人ヘルミップスについて論文を発表した。ヘルミップスは少女が集まる施設の教師で、常に若い娘たちに囲まれて生活することで、寿命をこれほどまでに延ばすことができた。「この結果」とフーフェラントは語る。「彼は若い娘たちの息を朝に夕べに吸うとよい、という素晴らしいアドバイスを与え、これが活力の増加と維持に大いに役立つと請け合った。この説の信奉者によると、この年齢の娘の息は、生命の活力を完全に純粋な状態で含んでいる」。

旧大陸の反対側でも、人間の肉体を若返らせ寿命を延長する方法を発見するために負け

＊ 邦訳は日本聖書協会『聖書／新共同訳』・旧約聖書『列王記 上』より【森田】

ず劣らず多大な努力が費やされた。老子の後継者たちは不死の薬を探し、このテーマについて驚くべきことを語った。

中国の秦の始皇帝（紀元前二二一～二〇九）は、道教の方士たちが長命不死の秘密を知っていると考えていたため、彼らに非常に好意的だった。始皇帝の治下で、徐市という方士は、中国の東方には「祝福された」島々があり、そこには不死の薬を訪問者に与えることに喜びを覚える仙人たちが住んでいる、と皇帝に信じこませた。始皇帝はこの話にすっかり魅了され、この島を発見するため一大遠征隊を組織した[109]。

後の唐（六一八～九〇七）の時代に、道教が宮廷で再び手厚く庇護されるようになると、皇帝の加護の下に不老の薬を探す努力が再開され、道士は大いに敬われ厚遇された。道教の書は不死の薬を丹または金丹、すなわち「金の妙薬」と呼んだ。メイヤーズによると「辰砂つまり赤色硫化水銀に鶏冠石、カリウム、真珠層その他を調合すると、この驚異的な化学物質の主原料ができあがる。調合には九か月が必要で、調合物はその間に九つの変化をとげなければならなかった。この薬を飲むと、鶴に変身し、そのまま神仙の住む世界に上って彼らと共に生きることができたという」（A. Réville[109]）。

道士は、仙人を真似てヤナギの木の下で長寿の妙薬をさがす。一方、中国の仏教寺院では、信者が小麦粉で作った亀形の菓子をお供えする。カメは長寿を象徴する聖なる動物なのである。仏教信者は、翌年は仏が求めるだけのパン菓子を捧げることを誓いながら、占

徐市

徐福のこと。秦の始皇帝に、東方の海に浮かぶ三神山には仙人が住み、不老不死の薬を持っていると告げ、始皇帝の命を受けて東方に船出したが、戻らなかったと、『史記』に書かれている。三神山とは、蓬萊、方丈、瀛《えい》州であり、渤海の先にあると言われた。徐福は、寧波を出て朝鮮半島西岸に立ち寄った後、日本に到達して熊野の地にたどり着いたとされ、新宮市には徐福の墓なるものがある。この他にも、日本各地に、徐福ゆかりの地の伝承がある。【岩田】

い用の木片（茭）を菓子の上に落とし、寿命が延びるかどうか知ろうとする（A. Réville）。

東方民族の神秘主義的傾向は欧州にも波及し、中世だけでなく現代でもあらゆる種類の延命薬が使用されるようになった。十八世紀の有名なペテン師カリオストロは、自分は長寿の妙薬を発見しそのおかげで何千年も生きていると吹聴した。

現代でもいくつかの医薬品コレクションには、アロエとその他の下剤を成分とする「長寿薬」が保管されている。この他にも似たような製剤が数多くある。「アウグスブルクのバイタルエッセンス」などの類で、これは複数の下剤と樹脂性物質を混ぜた物である。

真面目な医師はこれらのいかがわしい発明とは一切関わりを持とうとしなかった。彼らは延命の特効薬を探す努力を放棄し、身体を清潔に保つこと、体操、適切な換気、節制など一般的な健康維持策を提唱することで満足した。我々の時代の老化防止薬の研究で特筆に値するのは、ブラウン＝セカールの試みしかない。この高名な生理学者は、高齢者の虚弱の原因の一つは、精巣の分泌物の減少にある、という仮説に基づき、動物（イヌとモルモット）の精巣を使って調製した乳剤を皮下注射することで老化に対抗しようとした。ブラウン＝セカール[10]は当時七十二歳だったが、この乳剤を複数回自分に注射し、この結果、活力が増し若返ったと断言した。それ以降、多くの人がこの治療を受け、この方法は一世を風靡した。しかし、複数の医師が高齢者、病人を相手に行った試みは、期待外れの結果に終わった。ドイツでは特にフュールブリンガー[11]がブラウン＝セカールの注射の信用を失墜させた。ただしフュールブリンガーは、ブラウン＝セカールの処方を正確に踏襲するかわりに前もって煮沸した精巣の乳剤を使った。いずれにせよ、ブラウン＝セカールの方法は間もなく科学的治療法のリストから削除され、多くの国で使用されなくなった。しかし少なくともフランスでは、現在でも依然として使われている。

ブラウン＝セカールは精巣組織の乳剤の有効性を主張し、精巣から抽出した化学物質の使用には反対した。これに対し、他の学者は後者、特に有機アルカリの使用を主張した。有機アルカリ塩の一つはスペルミンの名前で知られている。スペルミンはプールがペテルブルクで大量生産することに成功し、ある程度実用化された。複数の観察者は、スペルミンの皮下注射または単なる粉末の服用によって、加齢または労働により衰弱した身体を再び増強できると主張した。

我々はスペルミンに関してきちんと実験したり観察した経験がない。このため、効能に関する情報をプール教授の本[112]から紹介してみよう。数人の医師（マクシモヴィッチ、ブコジェムスキー、ボグチェフスキー、クリーガー、ポストエフ）が、食欲がなく不眠で体調を崩した高齢者にスペルミン溶液を注射したところ、症状が改善し、それが数か月間も継続することを確認した。また、九十五歳の女性の例を見てみよう。彼女は重い動脈硬化を患っており、食欲がなく、消化不良と便秘に悩んでいた。数年来、仙骨付近に痛みがあったうえ、耳がほとんど聞こえず、さらに定期的にマラリア熱の発作に襲われた。スペルミンの注射は十五か月にわたって行われたが、効果はめざましいもので、聴力がほとんど完

スペルミン
十七世紀にレーウェンフックが精液から見出した物質で、ポリアミン（三つ以上のアミノ基を有する直鎖脂肪族炭化水素）の一つ。代表的なポリアミンは、プトレッシン、スペルミジン、およびスペルミンであり、核酸安定化作用や抗炎症作用を持つ。昆虫やマウスなどの実験で寿命伸長効果のあることがわかってきた。ポリアミンはオレンジやピーマン、あるいは納豆やぬか漬け、チーズ等のような発酵食品に高濃度で含まれている。最近、ビフィズス菌をアルギニンと一緒に摂取することによって腸内ポリアミン産生を増加させるようなヨーグルト製品が商品化され、注目されてきている。　【岩田】

全に回復し、仙骨も長い歩行のあと軽い痛みを感じるだけになった。健康状態は総合的に見て非常に満足すべきものだった。

実地に使用されるスペルミンは、動物の精巣だけでなく、前立腺、卵巣、膵臓、甲状腺、脾臓の抽出物も含んでいる。この物質は、精巣に限らず、哺乳類の両性の器官に広く分布している。

老化の弊害の治療法として、医学で支配的な役割を果たしているのは、精巣組織の乳剤やスペルミンよりも、むしろ一般的な衛生学的方法である。これらの予防法は近年、ロンドンの臨床医であるウェーバー〔113〕によってまとめられた。彼のアドバイスは、彼自身が効能の証明に成功したので、なおさら傾聴に値する。ウェーバーは、八十三歳という年齢で、数多くの高齢患者の治療をしていた。

彼の法則は次のとおりである。「すべての器官を強壮な状態に保たねばならない。病的な傾向は、遺伝によるものも後天的なものも、はっきりと認識して、これと闘わなければならない。食べ物、飲み物の摂取や、その他の肉体的享楽はほどほどにしなければならない。家の内外の空気は清浄でなければならない。天候にかかわらず毎日運動すること。多くの場合、呼吸法の鍛錬、散歩、傾斜を上る運動も行わなければならない。早寝早起きをし、睡眠は六時間、七時間を超えてはならない。毎日入浴するか、身体をマッサージしなければならない。入浴、マッサージに使用する水は体質により冷水または温水とする。温

ウェーバー医師の健康法

わが国においては、一七一三年、貝原益軒が、大衆向けの健康書として出版した『養生訓』があるが、その内容は、ここに書かれているウェーバー医師のアドバイスと大いに重なる。益軒もまた、ウェーバーと同じく、自らの提唱した生活基準に従って生活し、八十三歳までの寿命を保った。彼らの提唱した老化予防の方法は、日常生活における健康生活の指針であり、今日でも十分に通用するものである。【岩田】

水と冷水を交互に使用することもできる。規則的な仕事と知的な職業は欠くことのできないものである。生活の楽しみ、心の平安、希望に満ちた人生観を養うため、教養を身につけなければならない。他方で、熱情と苦悩のヒステリックな感覚と闘わなければならない。最後に、強い意志を持って、健康を保持し、強いアルコール飲料などの刺激剤や麻薬、鎮痛剤を慎まなければならない」。

このメソードのおかげでウェーバーは健康で幸せな老年を送ることができた。

彼よりもさらに高齢のノーザンヌ嬢は、一七五六年三月十二日に百二十五歳でディネー(コート＝デュ＝ノール県)の病院で死亡したが、長生きの秘訣を次のように要約した。「極度の節制、全く心配しないこと、感覚と精神を等しく平静に保つこと」(CHEMIN)

寿命を延ばし、老年の苦痛を軽減したのは、何よりも衛生学的な手段だった。

衛生学は近年になるまで真に科学的なデータがほとんどなく、衛生学の規則を十分遵守することも不可能な状況だった。それにもかかわらず衛生学は人間の寿命を延ばすことに貢献することができた。我々は、近代の死亡率を比較することによってこの結論に達した。

文明国の死亡率は、ここ数世紀の間、全体的に減少していると断言することができる。ウェステルゴール[14]の専門研究は文献資料によって非常によく裏付けられている。この件に関するいくつかのデータを借用してみよう。

彼は、「文明国の十九世紀の死亡率は、これに先立つほとんどの世紀に比べはるかに低かった」という結論に達した。「一般に、十九世紀の死亡率の係数は、それ以前に比べて小さかった」。この減少は、部分的には小児死亡率の減少によるもので、マレによると、ジュネーヴにおける生後一年間の新生児の死亡率は、十六世紀では二六％だったが、次第に低下し十九世紀初頭には一六・五％になった。同様の傾向がベルリン、オランダ、デンマークなどで見られた。しかし年を経て死亡率が減少したのは幼児だけでなく、高齢者においても同様である。この主張を支えるいくつかの事実を挙げてみよう。デンマークのプロテスタントの牧師で七十四・五歳から八十九・五歳まで、およびそれ以上のグループを見ると、十八世紀後半の死亡率は二二％だったが、十九世紀の半ばにはこれが一六・四％に下がっている。似た例は他にもある。英国の高齢牧師（六十五歳から九十五歳）にも寿命の延びが見られ、十八世紀の死亡率一一・五％に対して、十九世紀（一八〇〇〜一八六〇年）には一〇・八％になった。さらに、ヨーロッパの王家の男女両性の死亡率にも低下が見られた（Westergaard）。

イングランドとウェールズでは、一八四一年から一八五〇年の間に、男女一〇〇〇人あたり年に一六二・八一人が死亡した。一八八一年から一八九〇年にはこの数字が一五三・六七人に下がっている。

ウェステルゴールは、ヨーロッパ主要国とマサチューセッツ州で二つの時期の死亡率を比較した非常に便利な表を作成した。七十歳から七十五歳を示した欄では、死亡率が全体的に徐々に減少しており例外は全くない。また年金基金と保険会社が集めたデータも同じ結果を示している。

このため、一般に寿命は延びており、現在の高齢者はこれまでの世紀以上に長生きするのは明らかである。しかしこの法則が絶対的な意味を持つと考えてはならない。特殊なケースでは、現在より昔のほうが百歳以上の高齢者が多かった、ということもありえるからだ。

ここ数世紀で実現した寿命の延びは、確かに衛生学の進歩によるものである。健康保持の一般的な対策は、特に高齢者を対象としたものではないが、高齢者の寿命をも延ばした。十八世紀と十九世紀の大部分において、衛生学はほとんど発達していなかった。このため、寿命を延ばすのに主に貢献したのは、清潔の規則と近代的設備（住居の快適さ）だと思われる。リービヒが民族の文化度を石鹼消費量で測ることを提唱したのは、すでにかなり昔のことである。事実、石鹼による洗浄など非常に単純な方法で実現できる身体の清潔保持は、病気と死亡率の減少に大きく貢献したはずである。この点については、ドイツの著名な外科医であるツェルニー[115]が興味深い報告をしている。高齢者の災厄であるがんは、最近、概して増加の傾向にあるが、皮膚がんだけは逆に罹患度が減っている。「皮膚がんは、ほとんど常に、露出している部位か手で触ることができる部位に発生する。特に、潰瘍や傷痕のために罹患しやすく、かつ汚れやすい場所に発生する。また、皮膚を清潔に保つ階級では、皮膚がんは例外的にしか見られず、昔に比べるとこの階級でも明らかに減少している」。

ウェステルゴールは、種痘が十九世紀の死亡率の低下にかなり重要な役割を果たしたと考えている。しかし高齢者が天然痘の死亡例に占める割合はわずかなので、種痘が高齢者の寿命に影響を与えたとは考え難い。たとえば十八世紀後半、すなわちジェンナーの種痘が導入される前のベルリンでは、天然痘で死んだ人の全死亡者に対する割合は約一〇％（九・八％）だったが、年齢が十五歳を超える死者は〇・六％にすぎず、残りの九九・三％は、十五歳以下の子供だった。[116] 当時の高齢者のほとんどは、若いころに天然痘に感染し、すでに免疫ができていたと考えるべきだろう。

ごく最近まで未発達な状態にあった衛生学がすでに寿命を延長する力を発揮したとすると、はるかに発達した科学は、より効果的に寿命延長に貢献できると考えなければならない。

Ⅲ　寿命延長法としての感染症対策――梅毒予防法――生体の高等細胞を強化する目的で血清を調製する試み

一生の間、人間を繰り返し襲う感染症は、人間の命をしばしば短縮させる。百寿者の大部分は、生涯を通じて健康だったことが指摘されている。梅毒は、感染症の中でも最も重大なものの一つで、死をもたらすことは珍しいが、梅毒のせいで他の病気に罹りやすくなり、その中には高齢者にとってとりわけ致命的なものがある。心臓と血管の病気〔狭心症と動脈瘤など〕、特定の悪性腫瘍、特に舌がんと口腔がんなどである。このため、人間の寿命を延ばすには梅毒の予防が何よりも重要で、そのためには性病に関する医学的知識を可能な限り広めなければならない。性生活に関わることはすべて隠蔽しようとする偏見は非常に根強い。しかし、この偏見を断ち切って真剣な啓発活動を展開し、梅毒という恐ろしい病気の予防法を喧伝するべきなのだ。実験的方法でこの病気を研究することにより、科学は非常に有益な成果を挙げることができた。現代の最も著名な性病学者であるヴロッワフのナイサー教授は、この問題の現状を次のようにまとめた。「下記は医師である我々の義務である」[117]と彼は言う。「感染が起こる可能性のあるすべてのケースにおいて、具体的に次の消毒方法をアドバイスすること。メチニコフとルーにより立証済みのカロメル〔塩化第一水銀〕三〇％の軟膏の使用」。このアドバイスに従うことで、未来の世代では梅毒が現在よりはるかに少なくなることが期待される。

梅毒は確かに重大ではあるが、人間をこのように短命にしている唯一の原因ではない。

梅毒
今日でもなお、梅毒は重要な性関連疾患であり、国内における若年者層の梅毒感染だけでなく、壮年者層における海外での買春行為による梅毒感染は少なくない。ウイルス感染によるAIDS患者では、梅毒の罹患患者も多い。【岩田】

多くの人は梅毒に感染しないのに早死にしてしまう。ヨーロッパに梅毒が存在しなかった時代の人間の寿命は知られていないが、現在とそれほど大きな違いはなかったと思われる。このため、梅毒だけでなくその他の感染症もできる限り予防することが望ましい。最近の医学の進歩により、これらの感染症の予防は次第に容易になってきている。高齢者に最も頻繁に見られる感染症、肺炎の予防は、確かに依然として困難で、これまでに開発された抗肺炎血清は、みなほとんど効果がなかった。しかしこの問題が将来解決されるという希望を放棄する理由は全くない。

高齢者の間に蔓延している心臓病は、多くの場合、病気を引き起こす原因が十分わかっていないため、予防が非常に難しい。しかし、心臓病が不摂生や梅毒などの感染症により引き起こされる場合については、適切な対策を講じることで予防が可能だと思われる。

高齢者の身体では、衰弱した高等細胞がマクロファージによって貪食される。このためマクロファージを破壊したり衰弱させたりすることで、寿命を延ばす可能性があると考えることもできよう。しかしマクロファージは感染症の病原体、中でも結核などの慢性疾患の病原菌に対する闘いに不可欠であるため、温存する必要がある。むしろ高等細胞を強化し、マクロファージに食べられにくくする何らかの予防策を考えるほうがよいのではないかと思われる。

人間のサル起源説を取り上げた際、『人間性の研究』の第三章で異種の動物の血球を溶

衰弱する細胞を強化する試み
今日の医療においてiPS細胞に期待されているのは、加齢により失われていく細胞を強化する治療法としてではなく、消滅してしまった細胞のかわりになるものの移植細胞としての役割である。【岩田】

解させる力を持つ動物血清の問題に触れた。現在の生物学では、これらの血清とこれに類似した物質の研究が、新たな研究分野として発達している。これらの血清は、細胞毒性を持つ血清、つまり器官の細胞を毒で侵す力を持つ血清と呼ばれている。

血液と血清を生体に入れると毒性を発揮する動物がいる。ウナギとヘビがその例で、毒ウナギ、毒ヘビでなくても毒性を持つ。たとえばナミヘビなどの血液を哺乳類（ウサギ、モルモット、マウス）に一定量注射すると、その動物はすぐに死んでしまう。哺乳類の中にさえ、その血液が異種の動物に対して毒性を持つものがある。ただし毒性はヘビに比べるとかなり低い。イヌは、血液が他の哺乳類に対する毒性を持つことを特徴としている。これに対し、ヒツジ、ヤギ、ウマの血液と血清には、人、動物ともよく耐えることができる。これは、医療用血清の調製に、これらの動物、特にウマが使われる理由の一つである。

ところが、事前に他種の動物の血液または器官で処理された動物から血清を採取すると、無害だった血清が毒に変わってしまうことがある。たとえば、事前にウサギの血液を注射したヒツジから採った血清は、ウサギの赤血球を溶解させる力を獲得しており、（ウサギに対して）毒性を持つ。ただし、ウサギには毒として作用するが、他のほとんどの動物には無害である。ウサギの血液をヒツジに注射することにより、そのヒツジは新しい特性を獲得するわけだが、これはウサギの赤血球にしか作用しない。ここでは感染症に対する血清と類似した現象が起こっている。ジフテリア菌とジフテリア菌の生成物をウマに注射することで抗ジフテリア血清が得られ、この血清はジフテリアを治すことはできるがペストや破傷風には効果がないのである。

パスツール研究所のボルデが、他種の動物の赤血球を溶解する力を得た血清を発見すると、白血球、精子、腎細胞、神経細胞など、赤血球以外のあらゆる種類の細胞をターゲットとした血清の開発が始まった。こうした研究の過程で、血清が毒として作用するには、常に一定の量が必要であることが確認された。大量に与えると赤血球を溶かし血中の赤血球量を減少させる血清は、毒性を示す用量を下回る場合には、正反対の効果をもたらし、逆に赤血球の量を増やすのである。

この事実は、ウサギについてはカンタキュゼーヌが最初に確認し、ヒトについてはベスレッカと私が確認した[118]。その後、クロンシュタットのベロノフスキーが貧血症の被験者に少量の血清を与えて効果を確認した。彼は、貧血症の被験者の赤血球と血液の赤い色（ヘモグロビン）の増加を観察した。その後、リヨンのアンドレ[119]が、細心の注意を払ってこの問題を研究した。彼は人間の血液を動物に注射して血清を作り、これをさまざまな原因で貧血症を起こした複数の被験者でテストした。この結果、アンドレはそれまで貧血状態がずっと改善されなかった患者の赤血球が、少量の血清を注射した後に突然増加するのを観察することができた。

ベスレッカは、量が多いと白血球を破壊してしまう血清を実験動物にごく少量注射することで白血球を増加させた。

これらの事実は、「毒に対して感受性を持つ細胞に少量の毒を加えると細胞の超活性化を招くが、毒の量が多いと衰弱と死の原因になる」という一般原則の一つの具体例にすぎない。たとえば、医療の現場では、ジキタリンのような心臓毒を少量使用することで心臓の活動を強化しており、産業界では、大量に使うと酵母を殺す物質（フッ化ナトリウム）を少量与えることで、酵母の活動を増加させている。

上記すべての研究結果から、「我々の身体の高等細胞を強化するためには、各細胞に対応する少量の細胞毒にさらすことが必要だ」という仮説を立てるのは、全く論理にかなっている。しかしこれを実験によって確認する作業には多くの困難がつきまとう。

赤血球を増加させる血清を調製する目的で、動物注射に用いる人間の血液を入手するのは簡単だ。これに対し、実験に使用できるほど新鮮な人間の器官を手に入れるのは非常に困難だ。法律によって、時間が経って死体が変質した後でなければ解剖を行えないからである。そのうえ器官に病変があり、血清調製に使用できないケースも多い。人口三〇〇万人のパリにおいてさえ、人間の細胞毒性を持つ血清を調製するよい機会はまれである。ワインベルク博士は三年以上の間、かなり良好な状態の器官を手に入れることができたが、それでも十分な働きを持つ血清を作ることはできなかった。出産中の事故で亡くなった新生児は、器官が正常なため最もよい素材を提供する。しかし、こうした事故は非常にまれなうえ、産科技術が進歩したおかげで死産の件数はますます減少している。こうした状況

赤血球増加技術のその後の進歩
骨髄における赤血球産生には、腎臓から出される造血因子エリスロポエチンが関わっている。慢性腎不全患者では、エリスロポエチンの産生が減って貧血が生じるが、エリスロポエチンの投与によって、赤血球産生を増加させ、これを治療することができる。一方では、スキーのクロスカントリーや自転車のロードレースといった長距離系スポーツの選手が、エリスロポエチンをドーピングに使用することが問題となっている。【岩田】

では、何らかのポジティブな結果を得るまで相当長い時間がかかる。しかしこの困難だが有意義な仕事を容易にする方法が将来発見されるかもしれない。

衰弱した高等細胞を強化する治療薬の調製がこのように困難な状況では、衰弱の予防法を発見するほうがむしろ手っ取り早いかもしれない。この衰弱は長生きしたいという我々の願望の大きな障害になっているのだ。我々の組織を衰弱させるのは主に細菌の生成物なので、問題の解決策はこの方向で探るべきである。

Ⅳ

人間の大腸が無用であること――六か月間大腸が機能しなかった女性の例――大腸の大部分が完全に消化管の通路から外された例――大腸内容物を消毒する試み――腸内腐敗を防ぐ方法としての長時間の咀嚼

感染症に対して開発された衛生学的対策は、一般に高齢者の寿命を延ばす目的にも応用できる。しかし、体外から侵入する細菌だけでなく我々の体内にも、有害な働きをする細菌がたくさん生息する。そのうち最も重要なのは腸内菌叢で、数だけでなく種類も非常に多い。

腸内細菌の数が最も多いのは大腸である。粗い植物性の食物を摂る哺乳類や食物の残滓を溜めておく大きな器官が必要な哺乳類にとって、大腸が有用なことは否定できない。* し

＊ エレンベルガー(Ellenberger)氏の最近の論文 (*Archiv. f. Anatomie u. Physiologie, Physiologische Abtheilung*, 1906, p. 139) によると、ウマ、ブタ、ウサギの盲腸は、セルロースを豊富に含む植物性食物に明白な消化力を発揮する。彼は研究報告の終わりで、盲腸の虫垂は痕跡器官では全くないと主張している。身体機能を害することなくヒトの虫垂が切除できるのは、腸のパイエル板が容易に虫垂を代替すると考えれば説明がつく。つまり、虫垂は身体の正常な機能のために必要ではないのに、絶えず健康を脅かし、時には生命の危険さえもたらすのだ。鳥類の虫垂の比較研究は、この器官が退化の途上にあることをはっきりと証明している。【原註／森田訳】

かし大腸は、人間にとって無用の器官なのである。私はすでに、『人間性の研究』においてこの考えを展開しており、人間性不調和の理論の重要な根拠の一つであると考えている。私は三十七年間大腸が萎縮し非活動状態だった女性の例を特に強調したが、この実例は人類にとって大腸が無用の長物であることを十分証明している。多くの脊椎動物は大腸がないこと、または大腸がわずかしか発達していないという事実も、この結論を支えるものだ。それでもまだ、私の論証が不十分だと考える批判者がいたため、私の論証を補完するために、実験的価値を持つ医学的観察例を紹介したいと思う。これはベルンのコッヘル教授の患者となった六十二歳の女性に関するもので、患者は、絞扼性ヘルニアが腸の一部の壊疽を引き起こし、緊急手術が必要だった。壊死した回腸の先を切除し、健康な部分を皮膚に埋め込んで人工肛門を作り、食べ物の残滓が人工肛門から排出され、何も大腸を通過しないようにした。患者は高齢で重篤な病気を患っていたが、タヴェル医師が執刀した手術は完全に成功した。新たな手術で小腸が再び大腸に吻合されたのは六か月後のことで、これにより便は再び自然な経路を通って排泄されるようになった。こうして大腸は半年間全く機能しない状態におかれたが、健康に何の悪影響も与えなかった。それどころか、この女性は快癒し体重の増加さえ見られた。マクファディン、ネンキとジーバー[120]が行った小腸における消化プロセスと栄養代謝の研究では、この女性の消化機能が非常に良好であること、人体の中毒源である腸内腐敗がないことが明らかになった。

六か月は、使用停止状態におかれた器官の役割を評価するのに十分な期間である。しかし、より長い期間について具体的な情報が欲しい場合は、モークレール[121]が観察した次のケ

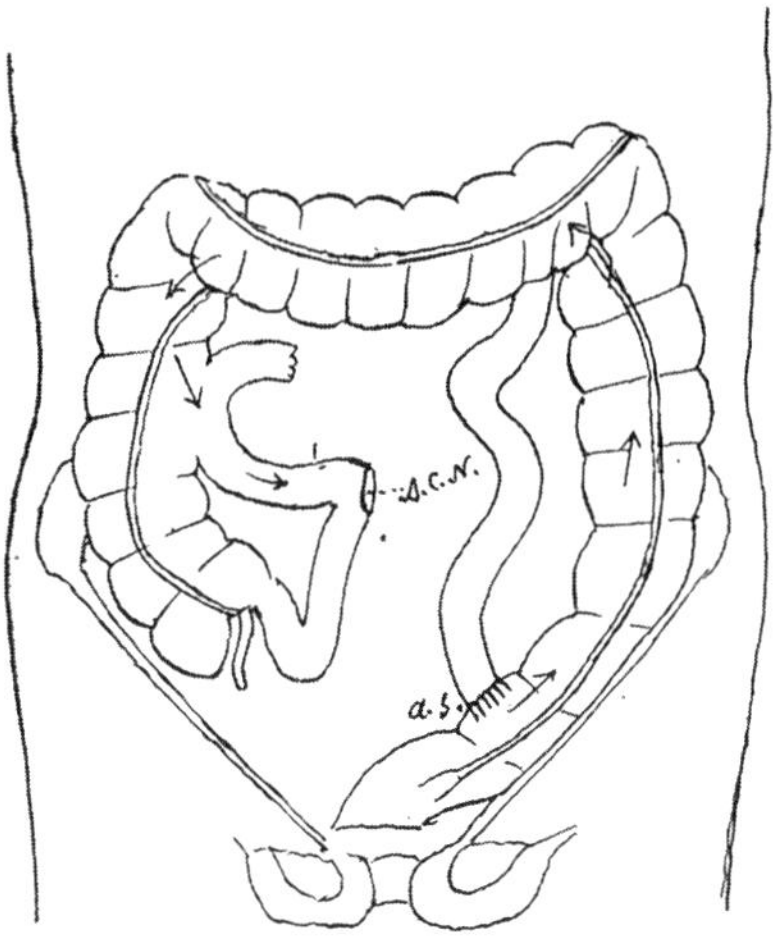

図19　回腸を結腸に吻合（a.s.）した後、糞便が逆流し人工肛門（A.C.N.）から排出されるようになった（モークレールによる）

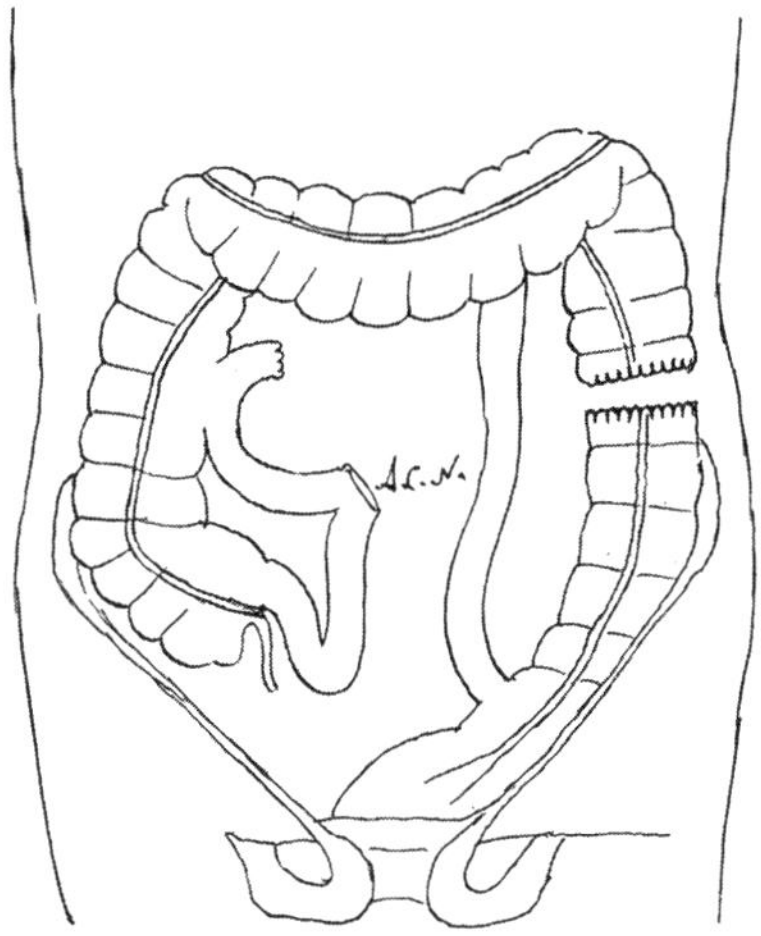

図20　再々手術で大腸を二分することで逆流がなくなり本来の肛門から排出されるようになった（モークレールによる）

ースに注目すればよい。一九〇二年の手術で完全な人工肛門を造設された若い女性のケースである。糞便は肛門から全く排泄されなくなったが、手術から十か月後、モークレールは再度手術を行い、腸の一部にバイパス手術を施した。人工肛門と大腸のつながりはそのまま残したが、同時に小腸の先端〔回腸〕を切除し、大腸の下部（S状結腸）に連結させた（図19）。小腸を大腸の直腸に近い部分に直接つなげたため、手術後数日間は、糞便が本来の肛門から排泄された。しかしこの状態は長くは続かなかった。この手術によって大腸の一部が排泄物通過経路から除外されるはずだったが、糞便がこの部分を逆流し人工肛門から排出されるようになったのである。患者はこれにより非常な不便を被った。糞便の源が干上がる（逆流が止まる）ことを期待したが、実現しなかったので、モークレールは二度目の手術から二十か月後に、改めて手術を行うことを決断した。今回は小腸を接続した部分の近くで大腸を切断し、これによって大腸が二分された（図20）。一方は本来の肛門につながったままで、大腸の大部分を占めるもう一方は人工肛門につながっていた。この状態では、食物の残滓は大腸の末端部分から直接直腸に流れこみ、手術前のように結腸を逆行して人工肛門から排出されることは不可能になった。この最後の手術で、小腸約一メートルのほか、大腸の大部分、すなわち盲腸、上行結腸、横行結腸ならびに下行結腸が排泄物通過ルートから取り除かれた。

モークレールの好意により、我々はこの最後の四年間、患者を観察することができた。我々は、いわゆる「大腸除外」（二度目の手術）の後に食物の残滓が大腸を逆行し人工肛門から排出されるのをはっきりと確認した。便状物質は大腸にも蓄積され、人工肛門からの排出物には三週間も前の食事の残滓が見つかった。最後の手術、すなわち大腸の分断手術の後になって初めて、便状物質は本来の肛門だけから排泄されるようになった。人工肛門は依然として一定量の粘液を出し、これには細菌が含まれていた。手術から三年たった後も、この液体の源は枯れなかった。大腸が便性物質を通さなくなり分泌以外のあらゆる機能を完全に停止していたのに、分泌の役割だけは依然として果たし続けていたことが証明された。こうした状況にもかかわらず、患者は順調に回復し、大腸が使用されない状況でも問題なく生活していた。彼女はよく食べたが、日に三回から四回トイレに行くことが必要で、下痢の傾向があった。便は非常に軟らかく、しばしばほとんど液状で、特に果物を食べた後にこの傾向が見られた。

我々はこのケースの研究を継続しているが、これは人間にとって大腸が無用であることを改めて示した例だと言える。最も懐疑的な反対者も考えを改めることだろう。しかしこの例は、大腸をほとんど全部除外しても、腸内菌叢を数年のうちに減らすには不十分であることをも示している。

たとえこのケースを前にしても、手術で大腸を摘出し、無用器官である大腸内に生息する腸内細菌の悪影響を排除するという考えは、誰の頭にも浮かばなかっただろうと思う。

大腸には手を付けないで、大腸内の細菌を消毒剤で直接破壊できるのではないか？ この考えはすでにかなり古いものである。腸を源とする自家中毒の理論が確立されてから、ブシャール[122]は自家中毒が原因で起こる病気を、大腸をβナフトールで消毒することで治そうとした。しかし彼は、βナフトールは他の多くの消毒液と同じく、腸内細菌に対して十分な攻撃力を持たず、かえって人体に害を与えることさえあるのを発見した。

シュテルン[123]は、詳細な研究論文で、カロメル、サロル、βナフトール、ナフタリン、樟脳などの消毒剤を人間の健康に害を与えない量だけ投与した場合、これらの物質が大腸を殺菌する効果はわずかしかないことを証明した。より最近になって、シュトラスブルガー[124]は、便に独特の臭いが残るほどの量のナフタリンを投与したところ、腸内細菌は消滅するどころか、逆に増加することを観察した。これに対し、一リットルあたり約〇・二五グラムの消毒剤を入れた牛乳を飲みながら食事をした後では、腸内細菌の数が大幅に減少した。シュトラスブルガーが最もよい結果を得たのは、タノコルだった。一日に三グラムから六グラムのタノコルを投与された二人の被験者は、この学者の測定によると微生物の総量が著しく減少した。

シュトラスブルガーの結論は次のように要約される。「腸内細菌を化学物質で消滅させる試みは成功する可能性が低い。特定の状況下では、主として小腸で細菌の増加をある程度抑制できる可能性があることは否定できない。しかしその効果は乏しいうえ、腸の自然な防御作用が抑制され、細菌より腸のほうがダメージを被った場合には、全く正反対の結果をうむ可能性がある」。

シュトラスブルガーは下剤の支持者でもない。下剤による腸の浄化に続いて起こる尿中の硫酸エステルの減少は、腸内腐敗の減少ではなく、細菌生成物の再吸収が減少した結果である可能性があり、この仮説は次の事実によって支持される。小腸に瘻孔を造設したシュトラスブルガーのイヌにカロメルで下痢を起こしたところ、腸内細菌の総量は明らかに増加したのである。

シュトラスブルガーは腸の自然な機能を助けることで、よりよい結果が得られるのではないかと期待している。もし腸による栄養摂取が改善できれば、細菌に残される栄養はそれだけ減少することになる。これと同じ結果は食事の摂取量を減らすことでも得られる。腸の急性疾患に絶食が効果的なのは、一部この理由によるものだ。

ここ二十年以上にわたり、腸の消毒について数多くの研究が実施されたが、その総括的結論はあまり希望がもてるものではない。しかし、この問題について決定的な結論が出たと考えてはならない。コエンディは、腸内寄生虫駆除のためにチモールを投与された患者の腸内菌叢を研究した。チモールは一人当たり三日間で九〜一二グラムが投与されたが、この治療法では否定できない消毒効果を示した。コエンディによると、通常、この用量で、腸内細菌の量は一三分の一に減少する。

これらの事実は単に、腸の消毒がある程度まで可能であることを立証するにすぎない。しかし、消毒効果を得るのに必要な量は非常に大きいため、消毒剤は特殊な状況下で、時間をおいて使用するに留めるべき、というアドバイスしかできない。これに対し、特定の下剤はより頻繁に使用することが可能である。下剤は腸内細菌を殺しはしないが、細菌を物理的に排除する。カロメルは、頻繁に治療に使われており、現在「カロメルは正真正銘の消毒剤として作用し、この作用のおかげで腸内菌叢が減少する」という仮説が立てられている。しかし、カロメルによる腸内菌叢の減少は、消毒剤としてよりも下剤としての効果のおかげである可能性が高い。水銀塩であるカロメルは、他の下剤と同じく腸内腐敗を著しく減少させ、尿中硫酸エステルの低下によってこの事実が示されている。しかし、下剤が誘発する下痢は概して腸内腐敗の減少をもたらすが、これに対し、下剤によらない下痢、特に腸チフスや腸結核などで起きる下痢では、逆に消化管内の腐敗が増加する。*

いずれにせよ、間隔をおいて軽い下剤を使用し、腸の規則正しい働きを助ければ、腸内毒の生成は減少するに違いないと思われ、結果的に腸内毒の悪影響から身体の高等細胞を守ることが可能になる。

ロビノー夫人**の親族に、夫人がこのように例外的な長命に達し得た何か特殊な事情をご存じではないか、と尋ねたところ、次のような答えが返ってきた。「私たちの高齢の親族（ロビノー夫人）は五十年以上もの間、自然なものですが、体調不良に近い体質がありました。私たちはこれが彼女の生命と健康を維持していると確信しています。彼女は、下痢をするわけではないのですが、頻繁に大便をする必要に迫られるのです」。ロビノー夫人に全く動脈硬化の症状がないのは特筆に値する。対照的な例として、便通が週に一度しかなかった元同僚の例を挙げることができる。彼の場合、より頻繁に便意を感じた時は、確実に病気の兆候だった。また彼は、非常に強度の動脈硬化を患い、五十歳になるかならないかで死んでしまった。動脈硬化と消化管の働きの間に密接な関係があることを示す例は多いが、このケースもそれに付け加えることができる。

最近になって、フレッチャー〔125〕の提唱により、「食べ物の栄養を活用し、腸内腐敗のトラブルを避けるため、非常にゆっくり食事をすることが必要だ」と主張されるようになった。速く食べすぎる習慣があると、十分咀嚼しないで飲み込んだ食べ物の塊の周りで細菌が大

* この問題の概論は腸内腐敗に関するゲルハルトの次の研究を参照のこと。GERHARDT, *Ergebnisse der Physiologie*, 3e année, 1re section. Wiesbaden, 1904, pp. 107-154.【原註／森田訳】

** 本書八頁参照

早食いと緩慢な咀嚼

現代では、一般に「早食い」は過食となりやすく、肥満や糖尿病を引き起こす可能性があるので、健康にはよくないとされている。食事によって満腹感が生じるのは、

繁殖するのは疑いの余地がない。しかし、咀嚼時間があまりにも長く、口中に食物を長く留めた後に飲み込む習慣も、同じく有害である。食物をあまりにも完全に咀嚼することは、腸のアトニーを引き起こし、咀嚼が不十分な場合よりも大きな害を与える可能性がある。フレッチャーの理論が生まれたアメリカでは、極度にゆっくり食べる習慣が原因で起こる病気が、「ブラディファジー（Bradyphagie）」の名称ですでに報告されている。消化管疾患の専門医として有名なアインホルン医師[126]は、この病気の症例を複数件報告しているが、この病気は患者が食事の速度を上げるや否や完治した。さらに、比較生理学も、極度に緩慢な咀嚼習慣に反対する別の論拠を提供している。反芻動物はフレッチャー提唱のプログラムを最もよく実行している動物だが、大きな腸内腐敗と短命を特徴としている。これに対し、咀嚼能力がはるかに劣る鳥類や爬虫類は長命を享受しているのだ。

このため、手術による大腸の切除や大腸の直接的消毒と同様に、緩慢な咀嚼も腸内腐敗予防法として推奨することはできない。つまり腸内腐敗の効果的かつ実用的な予防法を開拓する余地は、依然として大きく残っているのだ。

食物が消化吸収されて血糖値が上昇してくると、脳がこれを感じて満腹感を生ぜしめ、それ以上の摂食行動を止める、という過食防止のメカニズムなのだが、「早食い」だと、満腹感がまだ生じないうちにどんどん食べてしまうため、この過食防止機構が働きにくくなる。未だ腸内で消化・吸収が進行中の「腹八分目」で摂食を止めれば、過食を防ぐことができる。また、「早食い」の習慣のある高齢者では、誤嚥や窒息のリスクが増すので、一度に口の中に入れる食物量を少なくし、十分に咀嚼してから飲み込むようにとの指導がなされている。【岩田】

腸内腐敗予防としての腸内洗浄
医療としての腸内洗浄は、高度の便秘、宿便などの場合に限って行われている。美容や健康保持などの目的で、主に女性に対して行われる腸内洗浄は、コロンハイドロセラピーという名の下で、自由診療として一部の病院で行われているが、その効果が確認されているわけではない。【岩田】

V

人の腸内菌叢の発達――殺菌した食物の安全性――腐敗した食物の危険性――食品の腐敗を防止する方法――乳酸発酵と腐敗防止作用――人とマウスを対象とした実験――酸乳を摂取する民族の寿命――異なる種類の酸乳の比較研究――ブルガリア桿菌の特質――細菌を使った腸内腐敗の防止方法

誕生時の人間の腸はいろいろな物質で満たされているが細菌はまだ存在しない。しかし細菌はすぐに登場する。新生児の腸の内容物は胎便と呼ばれ、胆汁と剥離した腸粘膜で構成されている。これは細菌にとって素晴らしい培養環境で、細菌はこれを享受して繁殖する。誕生直後から細菌は空気と共に口から腸内に侵入するが、肛門の開口部も同時に細菌の侵入口となる。誕生第一日の新生児が何らかの栄養物を口にする前の胎便にも、すでに複数の種からなる多様な菌叢が含まれている。しかし母乳の影響で菌叢は大幅に減少し、ティシエが発見しビフィズス桿菌と名付けた特別な菌が大部分を占めるようになる。

つまり食物は腸内細菌に影響を及ぼす。牛乳で育てられた子供は、母乳で育てられた子供に比べ菌の種類がはるかに多い。成人になっても菌叢が食物によって変化することは、マクファディン、ネンキおよびジーバーが腸に瘻孔のある女性で確認している。

腸内細菌は食物に左右されるので、菌叢を変え有害菌を有用菌で置き換える方法を探ることが可能である。しかし菌を培養する人工的な環境が発見できないため、腸内菌叢に関する現在の我々の知識は残念ながら非常に不完全なものである。この状況は我々の任務を困難なものにするが、問題の理論的な解決法を探ることは可能である。

人は、原始的な状況にあってさえ、食べる前に食物を調理する。食物を火にかけると、細菌数が大幅に減少する。細菌は主として生の食品と共に消化管に侵入する。このため腸内菌叢の種類を減らすには、調理済みの食品と事前に煮沸した飲み物だけを摂取するのが効果的である。一部の細菌は一〇〇度の熱に耐えるので、この方法で食品中のすべての細菌を殺せるわけではないが、大多数の細菌はこれで死ぬ。

「加熱した食物および完全に殺菌した食物（この場合は一二〇～一四〇度に加熱したものをいう）は身体に悪く、その多くは消化しにくい」という意見が時々聞かれる。この観点から、殺菌乳や煮沸乳を幼児に与えることに対する反対キャンペーンが張られた。特定のケースで幼児が殺菌乳を受けつけないことはありえる。しかし煮沸乳と加熱食品が一般に何の問題も起こさないのは疑いのないことである。注意深く沸騰させた牛乳で育てられた数多くの子供の例や酷寒地域の旅行者の例が、この見解を支持している。南極探検の際、シャルコーと同行者はすでに殺菌した缶詰食品か、加熱した食品（たとえば海豹やペンギンの肉）しか食べなかった。野菜も生の果物もなく、生の食べ物は少量のチーズだけだった。こうした状況でも、探検隊員全員が申し分のない体調を保ち、特に消化管の病気は一件もなかった。しかも滞在期間は十六か月に及んだのである。

当然のことながら、生鮮食品の摂取を控えることで、細菌の新たな体内侵入を高い比率で減らすことができる。しかし、この方法ではすでに存在する腸内菌叢は消滅しない。このため、既存の腸内菌叢が我々の器官と高等細胞を衰弱させるのを予防する必要がある。腸内菌叢で特に問題なのは、腸の内容物を腐敗させる細菌と、その有害な発酵代謝物である。したがって、我々は、こうした有機物の変性、特に酪酸発酵に目を向けなければならない。

細菌に関する科学が誕生するずっと前から、人類は腐敗を防ぐ方法に強い関心を持ち、研究してきた。特に暑い場所や湿度が高い場所では、食物はすぐに腐敗し、味が落ちるばかりか身体に害を与える。肉やその他の腐敗食物が起こす食中毒の例を知らない者はいない。中央アフリカを探検したフォア[127]は次のような出来事を語った。旅行中、餓えに苦しんでいた彼と探検隊の一行が完全に腐敗したゾウの死骸に遭遇した。黒人たちは腐肉を切り取ろうと駆け寄ったが、フォアはこの状態の肉を食べると食中毒になると説明し、思い止まらせた。しかし全員が彼のアドバイスに従ったわけではなく、三人の黒人が肉片を切り取り、完全に加熱する時間も惜しんで飲み込んでしまった。その後、何日もしないうちに三人は全員死亡した。首とのどが腫れ上がったうえ、舌はほとんど麻痺し、腹は風船のように膨張した。

次のようなケースもある。一八八五年[128]にプロイセンのロールスドルフで、傷んだ馬肉で作ったソーセージが原因で疫病が発生した。証人によると、このソーセージは緑がかった色で、悪臭がし、吐き気を催すような外観をしていた。ソーセージを食べた後で約四〇人が発病し、一人が死亡した。他の患者はコレラのような症状を呈したが、一命は取り留めた。

腐敗した食物がすべて同じ影響をもたらすわけではない。ティシエとマルテリー[129]は完全に腐った肉を食べたが、胃腸のトラブルは全くなかった。美食家が絶賛する料理を準備するために、中国人が卵を腐らせるのは周知の事実である。腐ったチーズは健康を害する可能性がある一方で、食べても全く問題ないものもある。腐敗した食物は、危険な細菌と毒素を含んでいる可能性があるが、すべてのケースで有害菌と毒素を含んでいるわけではないためだ。

もう一方で、細菌とその生成物の有害な作用に対する個人の感受性の違いも考慮しなければならない。他の人間では致死的な発作を起こすコレラ菌を、大量に嚥下しても全く問題のない人間が大勢いる。すべては、細菌が侵入した身体の抵抗力にかかっているのだ。

腐敗した肉を与えた動物実験でも結果はまちまちだった。腐敗肉を食べても何の症状もない動物がいた一方で、嘔吐にみまわれ肉を嫌がるために実験の継続が不可能になった動物もいた。

肉や他の動物性食品だけでなく、植物も腐敗や異常発酵（酪酸発酵）を起こし、飲食が危険となるものもある。傷んだ缶詰による事故も多く見られた。また動物の飼料としてサイロに保存した植物も傷むことがある。「たとえば数日の晴天で生乾きになったり、完全に乾燥した飼料が数日間の雨で湿った場合、胸のむかつくような酪酸臭を発し、動物でさえ食べたがらないものになる」。時にはサイロの中の飼料が黒ずんで特殊な臭いを放つこともある。「動物はほかに何も食べるものがない場合以外、この飼料を食べない。これを食べた動物は糞が真っ黒になり、長く食べ続けると、目に見えて衰弱する」[130]。

動物性、植物性の食品を保存し腐敗を防ぐ方法を探求する過程で、人々はすでに長い間、酸の有用性を認めていた。あらゆる種類の肉、魚、野菜が「酢漬け」にされる。特別な細菌が作りだす酢酸のおかげで、酢はこうした食品を腐敗から守るのである。保存する材料自体が酸を生成する場合は、市販の酸を加える必要はない。酸は糖類から作られるので、糖類を含む食品は簡単に酸性化し、これが腐敗を防ぐ。乳などの動物性食品や糖を豊富に含む植物性食品が自然に酸性化し保存が可能になるのはまさにこの理由による。乳は酸性化してさまざまな種類のチーズになり、程度の差はあるがかなり長期間の保存が可能になる。同様に、多くの植物性食品も酸性になり、無理なく保存できるようになる。こうしてキャベツは「シュークルート」になり、砂糖大根やキュウリは酸っぱい砂糖大根、キュウリになる。ロシアなどいくつかの国では、酸性に変わった野菜の消費は、国民の食生活において非常に重要な地位を占めている。長い寒冷期には新鮮な果物や野菜がないため、キュウリやスイカ、リンゴなどの果物を酸化発酵させたものを大量に食べる。この酸化発酵の主要な生成物は乳酸である。また、夏には乳が簡単に酸性化し、乳酸を豊富に含むさまざまな食品が生まれる。飲み物の主役は「クワス」である。主に黒パンを使って作られ

発酵乳（酸乳）

ヨーグルト（yoghurt）の語源は、トルコ語のヨウルト（yoğurt）に由来し、「乳からつくった酸っぱい発酵乳」を意味している。搾乳した乳汁を放置しておくと搾乳容器や哺乳動物の乳房から混入した微生物が乳汁中の乳糖を発酵させて酸っぱくする現象が現れることに古代人が気づき、それを食用に供したのが発酵乳（酸乳）の誕生である。酸乳の歴史は古く、紀元前数世紀に遡る。ウシ、ヒツジ、ウマが飼育されていた所には必ず酸乳が存在していた。レベンはメソポタミア、クミスはロシア、ヨーグルトはブルガリア、ダヒはインド、ケフィール（ケフィア）はコーカサス地方、ターホはハンガリーといったように様々な伝統的な

るクワスは、アルコール発酵と同時に酸化発酵した飲み物で、この場合も酸化発酵の主な生成物は乳酸である。

ライ麦で作った黒パンはロシア国民の主食だが、これも各種の発酵によって作られ、中でも乳酸発酵が重要な地位を占めている。しかしライ麦の黒パンだけでなく一般のパンも発酵によって作られており、この過程で糖類の一部が乳酸に変わる。

酸乳は乳酸のおかげで肉の腐敗さえ防ぐことができる。このため酸味を帯びたホエイの中で肉を保存する国もある。この方法であらゆる腐敗を防げるからである。

乳酸発酵は動物飼料の生産においても重要な役割を果たしている。サイロで貯蔵する植物性飼料の腐敗を防ぎ、保存を助けるのは何よりも乳酸発酵なのである。

また、蒸留工場でもアルコール発酵用ブドウ液（醸造用のしぼり汁）の有害発酵を防ぐために乳酸発酵が利用される。

上記の簡単な概観は、有機的製品の保存を妨げ生体のトラブルを引き起こす可能性がある腐敗と酪酸発酵の予防手段として、乳酸発酵がいかに重要かを示している。

腐敗一般の予防に素晴らしい働きを持つ乳酸発酵は、消化管の腐敗も防ぐことができる

発酵乳（酸乳）が世界各地に存在する。発酵乳のこのような広範囲にわたる伝播の軌跡を辿ると、シルクロードを経由して発酵乳中心の乳加工技術は中央アジアおよび内陸の遊牧生活を営む民族によって西アジアからモンゴル、インド、チベット方面へと伝播していったものと考えられる。飛鳥時代、日本にも牛乳からクリーム層を取り除いた部分脱脂乳を発酵させた「（湿）酪」と呼ばれる酸乳が実在していた。【細野】

のではないだろうか。

すでに長い間、腐敗と酪酸発酵が糖類の存在によって妨げられることが知られている。事前に何の処理もしないで保存した肉はすぐに腐り始めるが、全く同じ状態におかれた乳は腐敗するかわりに酸性化する。これは肉には糖類が乏しいが、乳は豊富に糖類を含んでいるためである。ところが、この基本的な事実を科学的に説明しようとしたところ、最初から困難に直面してしまった。糖類自体には腐敗を防ぐ力がほとんどないことがはっきりと証明されたからである。さらに、乳糖を豊富に含む乳も特別な条件下では腐敗する。糖が有機物の腐敗を防ぐのは糖が簡単に乳酸発酵するためだが、この発酵は、五十年前にパスツールによって発見された細菌の働きによるものである。まさにこの偉大な発見で、発酵に果たす細菌の働きが解明され、理論と実用の両面で非常に豊かな学術分野、細菌学が生まれたのである。

乳酸発酵の腐敗防止作用は、細菌による乳酸の生成に起因する、という理論について、ここで多くの言葉を費やす必要はない。すでに『人間性の研究』の第一〇章でくわしく述べているように、乳酸菌が存在していても、酸を中和しさえすれば、有機物はすぐに腐敗を始めるのである。

我々が何よりも関心を持っているのは、乳酸発酵が本当に腸内腐敗を防ぐ力を持つかどうかという問題である。これを解明する目的で、いくつかの実験が行われた。より詳しく見てみよう。ニューヨークのハーター博士[131]は、さまざまな細菌を、複数のイヌの小腸に大量に注入し、細菌が腸内腐敗に及ぼす作用を見るために、イヌの尿に含まれる硫酸エステルの量を調べた。彼は、硫酸エステルが腐敗の最も確実な指標だという、一般に流布し、かつ十分に証明された見解を信じていたからである。この結果、大量の大腸菌とプロテウス桿菌が腸内の腐敗をひたすら増加させていたのに対し、大量の乳酸菌の注入は腐敗を顕著に減少させた。ハーターは、乳酸菌を注入したイヌでは、尿中のインディカンと硫酸エステルが著しく減少することを確認したのである。

さらに興味深いのはミシェル・コエンディ博士[132]が約六か月間にわたって自らを被験者として行った実験である。博士は通常の食生活、つまり常食しているさまざまな食品を食べる生活を二十五日間送り、この期間中の腸内腐敗レベルをまず確認した。続いてヨーグルトから分離した乳酸桿菌の純粋カルチャー（培養物）を二八〇グラムから三五〇グラム、七十四日間にわたって摂取した。その際の食事内容は、ポタージュ四〇〇グラム、肉一五〇グラム、炭水化物（澱粉質）七〇〇グラム、緑色野菜四〇〇グラム（豆類を除く野菜、根菜も含む）、果物とアントルメ三〇〇グラム、水一リットルであった。実験期間中ずっと尿の分析を続けたが、分析結果は乳酸桿菌摂取期間中に腸内腐敗が著しく減少したことを示した。細菌、乳酸菌、乳酸桿菌の摂取をやめてからも七週間はこの状態が継続した。コエンディ博士はこの実験から、消化管に乳酸菌を入れることで消化管が明らかに消毒される、と結論づけた。彼の結論は以下のとおりである。「腸内中毒の決定因子である肉を食生活から除く必要は全くないように思われる。順化した種の乳酸発酵の効果が非常に高く、蛋白質分解細菌の腐敗作用が十分に抑止されるためである」。

彼の新しい研究によると、乳酸桿菌は人間の腸内菌叢に非常によく順化するので、経口摂取をやめてから数週間もの間、腸内菌叢に乳酸桿菌を発見することがある。

ローザンヌのコンブ教授の研修医であるポション博士は、コエンディ博士の実験を自らも試してみた。乳酸菌の純粋なカルチャーで調製した凝乳を数週間摂取し「腸の自家中毒について、確固とした結果を得た*」という。尿を分析したところ、腸内腐敗の確実な指標であるフェノール類とインドールの大幅な減少が見られたのだ。

乳酸菌を使ったこれらの実験のほかに、忘れてはならないのは、物質としての乳酸そのものの摂取に関して非常に多くの事実が証明されていることだ。乳酸の摂取で腸内腐敗と尿中の硫酸エステルが減少することは、グリュンザック[133]、シュミッツ[134]、サンジェ[135]の研究を引用するだけでも十分な証明となる。これらの研究は、小児の下痢、結核性腸炎、さらにはコレラなど数多くの腸の病気に乳酸投与が有効である理由を説明している。治療法として乳酸を含む薬の利用が普及したのは何よりもハイエム教授のおかげである。これは、消化管の病気（消化不良、腸炎、大腸炎）の治療に使われるだけでなく、糖尿病にも推奨され、喉頭などの結核性潰瘍には局地的な使用が強く推奨されている。内服の用量は一日最高一二グラムで、これは身体が乳酸をよく許容することを示しており、乳酸は体内で簡単に代謝されるか尿中に排出されるかのいずれかだ。糖尿病患者の女性が四日間に八〇グラ

凝乳
発酵乳とほぼ同義である。「酸乳」も「凝乳」も規定された定義があるわけではないが、「酸乳」の場合は液状の発酵乳をも含めているのに対し、「凝乳」は非液状の発酵乳を指した呼称である。【細野】

* Combe, *L'auto-intoxication intestinale*, Paris, 1906, p.435. より。この著作にはこのテーマに関する多くの非常に興味深いデータが記載されている。【原註／森田訳】

ムの乳酸を摂取したが、ネンキとジーバー[136]は、尿中に乳酸の痕跡を全く発見できなかった。その一方で、シュターデルマン[137]は、一日四グラム以上の乳酸を摂取した別の糖尿病患者の尿中でかなりの量の乳酸を検出した。

一般に、乳酸菌の効能は、菌の代謝で腐敗菌の繁殖を防ぐ乳酸によるものに限られる、と考えられている。パスツール研究所でベロノフスキー博士が実施した新しい研究はまだ発表されていないが、これらの研究はヨーグルトから分離され「ブルガリア桿菌」の名前で呼ばれる乳酸菌が、乳酸だけでなく菌が作り出す別の特別な物質のおかげで消毒剤として作用することを明らかにした。ベロノフスキーはまず、ブルガリア桿菌の純粋カルチャーがマウスに与える影響を研究した。彼は前もって高温殺菌したマウスのエサに、大量のブルガリア桿菌を加え、別のグループのエサには、同量のブルガリア桿菌が生成する量の乳酸を加え、さらに別のグループには乳酸菌ではない別の菌を加えたエサを与えた。またコントロールグループには、細菌も乳酸も加えていない通常のエサを与えた。

これらのグループのうち、ブルガリア桿菌を与えたマウスが最もよく発達し、子の数も最多だった。またこのグループの糞は、細菌の量が最も少なく、特に腐敗菌がまれだという特徴を持っていた。

上記を確認した後で、ベロノフスキーは一定数のマウスに、生きたブルガリア桿菌のかわりに熱（五六度から六〇度）で殺菌したブルガリア桿菌を与えた。この条件下のマウス

ブルガリア桿菌(*Lactobacillus delbrueckii subsp. bulgaricus*)
ホモ発酵型乳酸菌グループの代表的な乳酸菌で、ブルガリアの伝統的発酵乳であるヨーグルトの主叢乳酸菌である。細胞形態は桿菌で、生成される乳酸はD型である。一九〇五年に、ブルガリアの微生物学者スタメン・グリゴロフが分離同定し、「ブルガリア桿菌」と呼んだ。
FAOとWHOが合同で設立した国際食品規格委員会が定めるCODEX規格によると、ヨーグルトの使用菌種は*Lactobacillus delbrueckii subsp. bulgaricus*と*Streptococcus thermophilus*の二種類を指定している。一方、日本では、食品衛生法に基づく厚生労働省令である「乳及び乳製品の成分規格等に関する省令」（「乳等省令」）ではヨーグルトの菌種は指定されていない。【細野】

の生育状態は、生菌を与えた時とほとんど変わらず、乳酸を与えたグループに比べ明らかに良いコンディションを保っていた。すなわち、ブルガリア桿菌は乳酸以外にもマウスの生命機能に有利に作用する物質を生成しているのである。

ベロノフスキーは、これらの実験結果の他にも、ブルガリア桿菌がネズミチフスと呼ばれる腸疾患を予防、治癒させる働きを持つことも確認した。

上記の事実は、腸内腐敗との闘いにおいて、乳酸をそのまま投与するかわりに、生きた乳酸菌を投与すべきだ、ということを十分に証明している。乳酸菌は人間の腸管内で生命維持のための糖質を見つけて順化するため、消毒効果を持つ代謝物を生産し、宿主の健康に貢献することができるのである。

大昔から、人間は、乳酸発酵をした数々の食品（酸乳、ケフィール、シュークルート、塩漬けキュウリなど）を生で食べることで、膨大な量の乳酸菌を消化管に送り込んできた。全く無意識のうちに、腸内腐敗の弊害を防止してきたのだ。聖書には酸乳が複数回登場する。アブラハムは三人の男たちが近づくのを見て自宅に招き入れ、彼らに「酸乳*と乳、出来立ての仔ウシの料理」を与えた（『創世記』一八章八節）。モーセはその第五書（『申命記』）で、エホバが彼の民に許した食物を列挙した。「彼らは、ウシの酸乳*、ヒツジの乳、雄ヒツジの脂身、バシャンの雄ウシと雄ヤギ、極上の小麦を与えられ、深紅のぶどう酒、泡立つ酒を飲んだ」（『申命記』三二章一四節）。

＊ 原書で聖書（『創世記』・『申命記』）に登場するとされている「酸乳」について、日本聖書協会の新共同訳では「凝乳」となっているが、ここではメチニコフの記述通り「酸乳」とした。『申命記』三二章一四節に関するメチニコフの原註には「オステルヴァルド（OSTERWALD）版聖書では、「酸乳」のかわりに「バター」とされている。ここでは、旧約聖書における医学に関するエプスタイン（EBSTEIN）の著作に引用された翻訳を採ったが、これはより典拠が確実なものである」とある。【森田】

エジプトでは水牛、ウシ、ヤギの乳から作った一種の酸乳で「レベンライブ」の名で知られるものを太古から食べていた。同種の食品であるヨーグルトはバルカン半島の民族の間に広く普及している。さらにアルジェリアの原住民も、エジプトとは異なる一種のレベンを生産する。

ロシアでは酸乳が大量に消費されているが、これには二種類ある。「プロストクワッチャ」と呼ばれる、原乳が自然に凝固して酸っぱくなったものと、「ヴァレネッツ」と呼ばれる、沸騰させた乳に酵母を混ぜたものである。

アフリカ南部では、さまざまな黒人の民族が酸乳を主食にしている。ムペゼニ族は「ほとんど固形化した凝乳（カード）が国民食である」「これに対し、肉は特別な行事の際にしか食べない」[138]。アセウエ族（ニヤサ・タンガニーカ高原の住民）はズールー族やウアノクンデ族同様に、フレッシュチーズの形でしか乳を口にせず、これには塩と唐辛子を混ぜ入れる[139]。

モサメデ（西アフリカ）のリマ医師によると、アンゴラの南にある広範な地域では、原住民は乳をほとんど唯一の食糧にしている。皮膚を柔らかくするために乳脂を使ってこすり、酸性化して凝固した乳は食べ物として利用する。

同様の事実は、約五十年前にアンゴラのこの州を旅行したノゲイラ氏も報告している。

これらの国の凝乳はそれぞれ異なるが、これは各国にそれぞれ別のチーズがあるのと同様に、各地域に特有の微生物フローラがあるためである。自然なプロセス（＝自然発酵）によって得られる酸乳は、すべてではないにしても、その大部分が乳酸菌の他にアルコールを生成する酵母を含んでいる。

中でもウシまたはウマの乳を発酵させたケフィールとクミスはアルコール発酵が顕著であることを特徴としている。クミスはロシア東部とアジアの遊牧民でウマの牧畜を大規模に行っているキルギス人、タタール人、カルムイク人の間に広く普及し、人々に愛飲されている。これに対し、ケフィールはオセット人などコーカサス山地の民族の国民飲料となっている。

ケフィールは、発酵過程でカゼインの一部が分解されるため、乳より消化しやすい食品だと単純に考えられてきた。ケフィールを飲むことはすでに半分消化された乳を飲むことに等しいというわけである。しかしこの見解に同意することはもうできなくなった。ハイエムは、ケフィールが身体によいのは、胃酸の代用となると共に抗菌作用を持つ乳酸を含むからだと考えた。乳酸の抗菌作用については『人間性の研究』で取り上げたロヴィーギの研究などから疑いの余地がない。ロヴィーギの研究によると、ケフィールは尿中の硫酸エステルを減少させる。もしケフィールが腸内腐敗を妨ぐことができるなら、ケフィールに豊富に含まれる乳酸菌のおかげであることは確かである。

ケフィールは、特定の場合には確かに非常に有用である。しかし腸内腐敗の慢性的影響と闘うためには、長期間にわたる定期的な飲用が必要である。ケフィールはこの目的に適しておらず推奨することができない。ケフィールは乳酸発酵とアルコール発酵が重複して起きることで生成されるためアルコール分が一％に達することもあり、長年にわたり毎日摂取を続けることは望ましくないのだ。また、ケフィール製造には、アルコールを作る酵母が使用されるが、この酵母は人の消化管に順化し、消化管内で腸チフス桿菌、真正コレラ（ビブリオ）菌などの感染病原菌の繁殖を助長する恐れがある。

ケフィールのもう一つの短所は、フローラのバラエティが大きすぎ、その作用が十分知られていないことである。ケフィールの長期飲用のためには、微生物の純粋カルチャーによる調製が必須条件であるが、この試みは非常に不十分な形でしか成功していない。ケフィールを「粒（グレイン）」で作れば、異常発酵を引き起こす有害な微生物が入ってしまう恐れがある。このため、ハイエムは、食物が胃に留まる時間が長すぎる人のケフィール飲用を禁じている。「胃の中に滞留するとケフィールは発酵を続け、増殖を続ける。胃のすべての内容物で酪酸発酵、酢酸発酵などの付随的発酵が起こり、この結果消化の問題がさらに深刻になる[140]」。

ケフィールはアルコール発酵ではなく乳酸発酵のおかげで有益なものになる。このため、アルコールを全く含まないか痕跡程度しか含まない酸乳を、ケフィールに代わって摂取するのは当然のことといえる。

これほど多くの民族が、酸乳を習慣的に食べており必要不可欠な基本食品の一つとしていることは、酸乳が有用である証拠である。ノゲイラ氏は長い間の不在の後、モサメデ地域の土着民に再会したところ、彼らが以前と変わっておらず、老化の兆候を見せていなかったことに驚いた、と我々に書き送ってきた。またリマ医師も、アンゴラ南部の住民には「きわめて長寿の者が大勢見られる」と我々に明言した。非常にやせて干からびたような様子であっても、これらの高齢者たちは大変活動的で長期間の旅をすることができるという。

アメリカ合衆国ビンガムトンの検事であるウェールズ氏は、私に非常に興味深い話を知らせてくれた。文献学上の稀覯本となったジェームズ・ライリーの作品[14]にある描写だ。一八一五年にライリーが航海していた船が難破したため、彼はアラブ人の住む砂漠を旅することになった。彼は、砂漠のアラブ人遊牧民は、酸乳または（そのまま）乳の形で、ラクダの乳を摂取し、それ以外のものはほとんど食べないと述べている。この食生活のおかげで、彼らはすばらしい健康と強壮な活力に恵まれ、非常な高齢に達する。ライリーの計算によると、最高齢者は二百歳、三百歳に達するという。この数字は非常に誇張されていると考えられるものの、ライリーが記述したような食生活を送るアラブ人が大変長寿であることは信じることができよう。

ウェールズ氏の批判的研究によると、ライリーは教養があり明敏で、完全に誠実で注意深い観察者だという。

ジュネーヴに住むブルガリア人の学生、グリゴロフは、酸乳の一種であるヨーグルトが必要不可欠な食品となっているブルガリアの一地域に百寿者が多いことに驚いた。シュマン氏の報告書に記録された百寿者の中には、乳製品を主食にしていた者が何人もいる。たとえば、オート＝ガロンヌ県に住んでいた女性マリー・プリウは、一八三八年にすべての能力を保持した状態で百五十八歳で亡くなったが、彼女は最後の十年間、「チーズとヤギの乳以外口にしなかった」。ヴェルダンの農民アンブロワーズ・ジャンテは一七五一年に百十一歳で亡くなったが、「酵母抜きの大麦パンしか食べず、水かホエイ以外は飲まなかった」。百十歳でパ＝ド＝カレー県のコロンベール城で亡くなった女性ニコル・マルクはせむしで手足が不自由だったが「パンと乳製品だけで生きていた」。生涯の終わりごろになって初めて、「繰り返し懇願することによって、彼女にやっと少量のワインを飲ませることができた」。

コーカサス地方の技術者シミーヌ氏は、一九〇四年十月八日付の日刊紙「ティフリスキ・リストック」に掲載された次のニュースを教えてくれた。ゴリ地区のズバ村に年齢が約百八十歳（？）と推定されるオセット人のテンセ・アバルヴァが住んでいる。この女性はまだかなり壮健で、掃除と縫い物をすることができ、背中は曲がっているものの歩行はかなりしっかりしている。彼女は一度もアルコール飲料を飲んだことがない。朝は早起きをし、主な栄養源は大麦パンと乳脂攪拌（チャーニング）後にとれるバターミルクである。バターミルクは、乳酸菌を豊富に含む飲み物である。

アメリカ人のジェニー・リード夫人は、彼女の父親は「八十四歳で、四十年間にわたって食べ続けている凝乳のおかげで健康である」と書いてきた。

ここまでに報告した事例に登場する凝乳その他の乳製品は、乳糖から乳酸を生成する乳酸菌の働きによって作られる。これほど多種多様な酸乳が大規模に消費されており、効能が十分証明されているので、どの酸乳も腸内腐敗予防を目的とした規則的摂取に適していると思われるかもしれない。

味の面から見ると、原乳から作った酸乳が断然おいしい。しかし、長期間摂取する食品なので、衛生面は決しておろそかにできない。つまり、ロシアのプロストクワッチャなどの原乳から作った酸乳は、すべて拒否すべきなのだ。原乳はあらゆる細菌叢を含んでおり、時には有毒菌が混じっていることがある。ウシ結核の桿菌が見つかることも珍しくないばかりか、健康を害する他の細菌が入っていることもある。ハイムの研究[142]によると、コレラ菌を原乳に加えると、乳が完全に酸性化しても菌は生き続ける。同様の条件下で、腸チフス桿菌は三十五日間も生き続けた。この菌は完全に酸性化した乳の中で四十八日間経過したのち、やっと死滅した。

原乳はほとんど常に牝ウシの糞の痕跡を含んでいる。このため、原乳に入った有害菌が時として、乳が酸で凝固しても生き続けることがある。乳酸菌は有害菌や腐敗菌の繁殖をおさえることはできるが、根絶させる力は持たない。一方、原乳は菌類（酵母、トルーラ、オイディウム）を含むことが多く、これらの菌類はコレラ菌や腸チフス菌などの有害菌の成長を助長する可能性がある。

このため、原乳から作った酸乳を長期間摂取することで、これらの危険な細菌が生体に入るリスクが増大する。このリスクを避けるため、加熱乳で作った酸乳を摂取する必要がある。すべての菌を死滅させる最良の方法は乳の高温殺菌である。しかし、高温殺菌では乳を一〇八度から一二〇度に熱する必要があり、味が悪くなって飲食に向かなくなる。一方、約六〇度で加熱する低温殺菌法は、結核桿菌と酪酸桿菌の芽胞を確実に根絶するには不十分なので、この間をとって、乳を数分間沸騰させることで満足すべきだろう。この条件では、すべての結核桿菌と、特定の酪酸桿菌の芽胞[143]を確実に殺せるので、生き残るのは、さらに高温でなければ死滅しない酪酸菌のいくつかの芽胞と枯草桿菌のみとなる。

ヴァレネッツ、ヨーグルト、レベンなどの複数のタイプの酸乳は沸騰させた乳から作られている。このため、これらの食品は長期間摂取の必要条件を問題なく満たしているように思われる。ところが問題を掘り下げてみると、実はそうではないことがわかる。

沸騰させた乳をうまく乳酸発酵させるためには、事前に用意したカルチャーを植え付けることが必要である。時たま誤解されるが、ここで言っているのは凝乳酵素（レンニン）のことではない。有機的なカルチャー、すなわち細菌を指している。実は、これら酸乳の調製には、たとえば「マヤ」などの名称で呼ばれているスターターが使われるが、これは乳酸菌だけでなく他の菌を含んでいる。たとえばリストとクーリー[144]によると、エジプトのレベンには、細菌三種と酵母二種の五種類から構成されるフローラが入っており、三種の細菌は乳酸を生成し、酵母二種はアルコールを作る。レベンはかなり固体に近く、一方ケフィールは液状という違いはあるものの、この二つは大いに類似している。どちらも乳酸発酵とアルコール発酵を重複して起こしている。このためケフィールに関する私たちの指摘はエジプトのレベンにもあてはまる。

ジュネーヴのマソル教授の仲介により、私たちはブルガリア産ヨーグルトのサンプルを手に入れることができた。マソル教授[145]は弟子のグリゴロフと共に、この酸乳から数種の細菌を分離し、その中に、非常に強力な乳酸桿菌を発見した。我々の実験室ではコエンディ博士とマイケルソン博士[146]がこの酸乳を研究し、この中に非常に活動的な乳酸菌を見つけ、ブルガリア桿菌と名付けた。この菌は前述のベロノフスキーの実験に使用されたのと同じものである。最近になって、パスツール研究所のG・ベルトランとワイスワイラー[147]が細心の注意をはらって化学的な見地からこの菌を研究したところ、この菌は、乳一リットルあたり二五グラムという最も強力な乳酸生産力を持っていることが判明した。コハク酸、酢酸などの他の酸は、非常に少量しか分泌されておらず（一リットルあたり約〇・五グラム）、蟻酸は非常に微量、痕跡的な形で生産されるにすぎなかった。また、この菌は、多くの細菌発酵が生成する二種類の物質、アルコールとアセトンも生成しない。さらに、カゼインなどのアルブミン性物質をほとんど分解せず、脂肪もごく微量しか変質させない点が、他の乳酸菌と違っている。人の消化管に順化できる細菌はいろいろあるが、ブルガリア桿菌は上記のすべての特性のおかげで、腸管内で腐敗や酪酸発酵などの有害発酵と闘う細菌として、実に傑出した存在であることがわかる。

ヨーグルト、レベン、プロストクワッチャ、ケフィール、クミスなどよく知られたすべての酸乳で乳酸菌はさまざまな細菌と共存しており、その中には有害な菌が入っていることもある（たとえばコレラや腸チフスを助ける細菌の赤色トルラが、パリで市販されていたヨーグルトのカルチャー中で発見された）。このため、乳酸菌の純粋なカルチャーで良質の凝乳を生産する方法を開発する必要がある。

この目的で、優れた乳酸生産菌であるブルガリア桿菌が注目されたのは当然のことである。この菌は短時間で乳を凝固させ、はっきりした酸味を与える。しかし、不愉快な脂肪の味を乳に与えることがよくあるため、長期間の摂取にはふさわしくない。高温殺菌した乳に菌の純粋カルチャーを入れて実験室で長時間培養したところ、菌が脂肪を鹸化する能力を大部分失い、この結果凝乳の味が大いに改善されたのは事実である。このため、やむを得ない場合にはブルガリア桿菌だけで発酵した酸乳を利用できるが、「パララクティック桿菌」と呼ばれる別の乳酸菌をブルガリア桿菌と一緒に使用することもできる。パララ

パララクティック桿菌（*Lactobacillus paracasei*）

ヘテロ乳酸発酵を行う乳酸菌で、細胞形態は桿菌、生成乳酸はDL型である。亜種として *Lactobacillus paracasei* subsp. *paracasei* と *Lactobacillus paracasei* subsp. *tolerans* がある。アセトアルデヒドやダイアセチルといった香気成分を産生する。*Lactobacillus paracasei* のグループの中には高い免疫活性を有する株がある。

なお、これとは直接関係はないが、加熱殺菌済みの非生存プロバイオティクスを「パラプロバイオティクス（para probiotics）」と呼ぶ風潮がある。〝プロバイオティクス〟が生きた微生物を前提としていることの定義から外れることから、「パラ」プロバイオティクスと呼んでいる。【細野】

クティック桿菌は、ブルガリア桿菌ほど多くの乳酸は生産しないが、脂肪を分解せず、凝乳に非常に良い風味を与えるもので、二つの菌の併用はすでに実践されている。

長期間使用するためには、脂質の摂りすぎは望ましくないので、酸乳は脱脂乳から作ることが必要である。沸騰後、急速冷却した脱脂乳に乳酸菌の純粋なカルチャーを加えるが、沸騰で死滅しなかった芽胞の発芽を防ぐには、十分な量の乳酸菌を植え付けなければならない。温度により異なるが、発酵には数時間以上が必要で、こうして風味がよく腸内腐敗を防ぐ力を持つ酸化凝固乳ができあがる。この乳を一日五〇〇〜七〇〇ミリリットル摂取すると、腸の機能が整い、腎臓の分泌にも好影響を与える。* 消化管、泌尿器の多くの疾患といくつかの皮膚病にもこの酸乳が勧められる。

ヨーグルトや、乳酸菌の純粋カルチャーで作った酸乳に含まれるブルガリア桿菌は、高い温度でも生存でき、人間の腸に生息して腸内菌叢の一部を形成することがミシェル・コエンディ博士によって確認されている。

パスツール研究所の助手であるフアールが、これまで説明した方法で酸乳を調製し、それを分析したところ、消費にふさわしい期間中は、乳一リットルあたり乳酸が一〇グラム含まれていた。これに加え、かなりの量（約三八％）のカゼインが発酵によって可溶化しており、この酸乳はケフィールにおとらずアルブミノイドが消化しやすい状態になっていた。さらに、乳のミネラル分の大部分を占めるリン酸カルシウムも発酵によって六八％が

酸化凝固乳

ここでいう「酸化凝固乳」とは発酵時間が長く酸度が高くなった凝固乳を意味している。酸度（acidity）とは、酸性物質の含有量を表す指標の一つで、乳・乳製品の場合、滴定酸度として測定を行うことが多い。滴定酸度は乳酸菌が産生した代謝有機酸のうち代表的な有機酸である乳酸の当量（乳酸％）として表している。ちなみに市販ヨーグルトの場合、マイルドなヨーグルトの酸度は〇・八五〜〇・九五％であり、酸味の強いヨーグルトで〇・九五〜一・二〇％である。【細野】

＊ 酸乳は一日のうちいつ食べてもよく、食事中でも食事時間外でもかまわない。【原註／森田訳】

可溶化していた。これらすべてのデータは、乳酸菌の純粋カルチャーで作った酸乳が高い品質を誇っていることをはっきりと証明している。

何らかの理由で乳に対する不耐性がある場合には、ブルガリア桿菌を乳抜きで純粋なカルチャーとして摂取することができる。ただしこの菌は乳酸を生成するために糖類を必要とするので、カルチャー摂取時に何か糖類を含む食品（ジャム、ボンボン、特にビート）を同時に食べる必要がある。

ブルガリア桿菌は、乳糖だけでなく他の多くの糖類からも乳酸を作る。たとえば、蔗糖、マルトース、レブロース、とりわけグルコースを例として挙げることができる。

ブルガリア桿菌のカルチャーを、乳以外で作る場合には、野菜のブイヨンまたは動物性ペプトンのブイヨンに糖質を加えたものが使用できる。このカルチャーは、乾いた形（粉、ドロップ）か、菌が発育した液体の形で摂取できる。

このテーマについてあまり知識のない読者は、細菌の大量摂取が推奨されていることに驚くかもしれない。細菌はすべて有害だという認識が、現在も根強くはびこっているからだ。しかしこの認識は全く間違っている。有用な細菌もあり、中でも乳酸菌は特筆に値する有用菌なのだ。さらに、細菌カルチャーの投与で一定の病気を治療する試みも行われている。ブルジンスキー[148]は特定の腸疾患に乳酸菌カルチャーを投与しており、ティシエ博士[149]

有用な細菌
ヒトの腸管、特に大腸内には乳酸菌やビフィズス菌、大腸菌などが常在菌として住みついており、乳酸菌やビフィズス菌は、大腸内の環境を弱酸性化して、食中毒の原因などになる病原菌の増殖を抑えている。これに対し、大腸菌などは、食物中の蛋白質を分解して、便として排出しやすくしている。大腸内のそれぞれの常在菌の勢力分布状態は、腸内細菌叢（腸内フローラ）と呼ばれ、消化吸収の働きを保つのに役立っているが、最近では、免疫能にも大きな影響を与えていることがわかってきている。【岩田】

も乳酸菌カルチャーを大人と子供の消化管疾患の治療に幅広く使っている。

本書で追究している問題の実用的な解決法としては、乳酸菌を組み合わせて調製した酸乳を摂取するか、ブルガリア桿菌の純粋カルチャーを一定量の乳糖かサッカロースと共に摂取する、という二つの方法を挙げることができる。

我々は、すでに八年以上前から、煮沸した乳に乳酸菌のスターターを加えて作った酸乳を食餌療法に取り入れている。開始以来、調製法に修正を加え、最終的に純粋カルチャーを使う前述の方法にたどり着いた。我々はこの療法の成果に満足しており、これほど長期間にわたって行った実験の結果は、我々の見解の正当性を示すのに十分だと考える。我々の友人たち―そのうちの何人かは腸または腎臓のトラブルを抱えていたが―も我々の例にならってこの食餌療法を採用し、非常に満足している。このため、腸内腐敗に対する闘いに乳酸菌は明らかに貢献すると我々は考える。

老化の開始が早すぎ、老齢期の生活が不幸なのは、身体組織の中毒が原因であり、その毒の大部分は莫大な数の細菌が住む大腸由来であるという理論が正しいとすると、腸内腐敗の予防が、老化を遅らせ、かつ老齢期の生活の質の向上に役立つのは明らかである。この結論は、酸乳を常食し超高齢に達する複数の未開民族の情報によって、先験的（アプリオリ）に証明されている。しかし、これほど重要な問題については、事実の確認によって理論を立証することが必要である。このため、腸内細菌が早期老化に果たす役割と、腸内

腸内腐敗予防食

先に述べた腸内細菌叢のうち、乳酸菌やビフィズス菌は発酵活動によって乳酸や酢酸などを作りだしているが、大腸菌の一部やブドウ球菌、ウェルシュ菌などは腐敗活動によって蛋白質を分解している。これらの発酵菌と腐敗菌は、通常は一定のバランスを保って共存しているが、加齢や高脂肪食によってバランスが崩れて発酵菌の勢力が弱まると、腐敗菌の活動が優勢になり、腐敗活動が盛んになって、様々な有害物質が体内で産生され、寿命を短くする。このような身体にとって有害な物質の産生を抑制することが寿命を延ばすのではないかとの期待から、発酵活動を行う乳酸菌やビフィズス菌をヨーグルトなどの形で摂取することが、現代においても推奨されている。【岩田】

腐敗を予防する食餌療法が寿命延長と身体の活力維持に及ぼす影響について、多くの老人ホームで体系的な研究を実施することが非常に有用だと思われる。つまり、人類を悩ます大問題の一つである老化について正確な知識が得られるのは、いずれにしろ遠い将来のことなのだ。

その日が来るまでは、できるだけ長い間知力を保ち、現況が許す範囲で最も正常な人生のサイクルをできるだけ全うしようと思う人間は、一般的な節制を心がけ、衛生学の合理的規則に則った生活を送るように努めるべきである。

第五章　人間の心理に残る進化の痕跡

I

人間のサル起源説を否定する批判家への反論――痕跡器官が実際に存在することと――人間の感覚器官の縮小――人間に見られるヤコブソン器官とハルダー腺の萎縮

我々は『人間性の研究』で人間のサル起源説を主張したが、これに対し何人かの批評家が抗議の声をあげた。論拠が不十分で肯定できないとする者がある一方で、類人猿が突如として原始人類に変化した、という点を特に批判する者もいた。

現時点では、人類の起源の問題を仮説に頼ることなく論じることはできない。多くの人骨は化石人類学がほとんど知られていない地域に埋まっており、我々にはこれらの人骨に関する知識がないからだ。しかし、最近の科学はヒトの起源がサルであることを非常に素晴らしい形で証明しており、我々は、この成果は最も強硬な反論者にも影響を与えるに違いないと考えた。中でも、類人猿の発生学および血液学の研究がもたらした成果は説得力を持つと考えたが、依然として多くの研究者がこの理論に強硬に反対している。私に対する批判者の一人であるジュセ博士[150]は、ヒトと類人猿の骨格構造の違いを列挙し、これらの相違が「根本的にヒトをサルと区別している」と結論づけた。ヒトは類人猿と全く同一で

ヒトの起源
ヒトの起源がサルであったという表現は、正しくない。ヒトと類人猿を含むサルとは、共通の祖先から分かれ出た、それぞれ別の種に属する存在である、と言うべきである。進化を辿れば、類人猿、例えばチンパンジーからヒトが生まれ出たわけではなく、かつてヒトとチンパンジーの共通の祖先としての霊長類が存在し、その子孫がチンパンジーとヒトという異なった種の動物として分化していったと考えられている。【岩田】

はないこと、ヒトと類人猿は骨格やそのほか多くの器官で異なる特徴をもっていることを認めない者はいない。しかし、これらの相違は、両者が根本的に異なるという主張を正当化するにはほど遠い。ジュセ博士は、類人猿の腕の並はずれた長さを強調するが、これは樹木によじ登り、四本足で歩行する類人猿の生活様式にふさわしい特徴である。類人猿と欧州人の腕の長さの違いは確かに著しい。しかしヴェッダ族など特定の人種では、その違いははるかに小さい。中央アフリカのアカ族も腕が非常に長く手がほとんど膝に届く。また、欧州人の胎児も腕が並はずれて長く先祖伝来の性質を示している。腕が相対的に短くなるのは誕生後のことなのである。

ヒトと類人猿を区別するその他の特徴もすべて二次的なレベルのものである。しかし類人猿の間にも違いがあるように、さまざまな人種の間にもしばしば大きな違いが見られる。ミカエリス[151]は、オランウータンとチンパンジーの筋肉の構造を比較研究し、詳細な数多くの観察結果を報告した。彼の結論は、オランウータンとチンパンジーの筋肉の間にはいくつか違いがあるものの、どちらもヒトの筋肉に非常によく似ている、というものだった。

ヒトの筋肉には極めて多様な変異が見られるが、類人猿の筋肉にもそれに対応したものが見つかる。身体構造上のその他の異常についても同様で、時にはこうした異常が人間をサルよりもさらに下等な哺乳類に結びつけることさえある。人間でも時たま見られる複数対の乳首がその例である。この場合は乳首が胸の両側に整然と対をなして並んでおり、サルにも同じ異常が見られることがある。これはサルがヒトと同じように複数対の乳房を持つ何らかの哺乳類から派生した、という仮説によって最もよく説明される。

人間に見られる多くの異常や痕跡器官の存在は、人類が動物から派生したことを示す最も貴重な証拠である。しかし学者の中には、いまだにこの主張を覆そうとするものがおり、痕跡器官の存在を否定するものさえいる。中でもブレット[152]はこの問題についてできるだけ多くのデータを集めようとし、痕跡器官は常に生体に必要不可欠な機能を果たし、生体の全体像を理解する指針となる、と証明しようとした。しかし、彼は概括的なレベルの考察に頼っており、「器官の従属関係」の法則を大いに力説するものの、痕跡器官の実際の機能を証明することはなかった。『人間性の研究』で我々は親知らずが無用の長物であることを強く主張した。親知らずは長い間、歯茎の中に隠れたまま生えないため、食物の咀嚼には全く役に立たない。一生この歯が生えない人も多いが、それでも何の支障もない、すなわち親知らずは痕跡器官の典型的な例なのである。もし痕跡器官ではないと主張するなら、親知らずが何らかの必要不可欠な機能を果たしており、欠如すると生体に有害であることを証明しなければならない。ところが、これこそ私の反論者たちが証明しなかったことなのである。

男性の乳房は痕跡器官のもう一つの例である。女性の乳房の役割はよく知られており、男性がこの役割を果たすのは完全に例外的なケースだということも知られている。

感覚器官には、数多くの痕跡器官の実例が見られる。洞窟に住む動物は、光がないため対象物を視覚で識別しない。これらの動物の視覚器官は痕跡状態にある。要するに痕跡器官の存在を否定することは絶対に不可能で、これらの器官は人類の過去を探る道標の役割を果たすのだ。このため、人類では痕跡的だが動物ではある程度よく発達した器官を比較研究することは、人類の起源の解明にとって本質的な重要性を持っている。

高等なサルである類人猿は、感覚器官の特定部分がすでに衰退している。たとえば類人猿は、他の多くの哺乳類に比べ嗅覚器官の発達がはるかに劣っている。人間はこの不完全な嗅覚器官の構造を受け継いでおり、進化の階梯のはるか下位に位置する哺乳類に比べて嗅覚が著しく劣っている。しかし人間は知能が発達しているため、イヌ、フェレット、ブタなど優れた嗅覚を持つ家畜を飼いならし、狩猟の獲物や食用の植物を手に入れることができた。この他にも人間が不完全な嗅覚を知能でうまく補っている例がある。たとえば人間は臭いによって遠くにいる敵の接近を察知して逃走する必要はない。動物よりはるかに優れた防御法を持っているからだ。こうした状況では、人間の嗅覚器官が下等動物に比べて著しく縮小していても不思議ではない。外見だけを見ても、人間とサルの頭部に鼻が占める割合は、祖先である下等哺乳類に比べるとはるかに小さい。そして鼻の内部にもこれに対応する違いが見られる。たとえば、ほとんどの哺乳類、中でもイヌは四つの鼻甲骨があり、これが鼻の粘膜の面積を増大させている。これに対しヒトには鼻甲骨が三つしかなく、そのうちの一つは痕跡状態である。

ほとんどの哺乳類の嗅覚器官にはヤコブソン器官と呼ばれるよく発達した部分があり、

進化
「進化」と訳された原語のevolutionという言葉は、evolveすなわち巻物を広げていくという動詞に由来している。生物種の起源とその後の多様化は、「進化」という梯子を上っていくイメージではなく、絵巻物を横に広げて時間的な「展開」を追うというイメージでなければならない。シーラカンスやメタセコイアのように、生物種の「展開」史における時間軸上で遥か昔に出現し、しかも現在も地球上で生存し続けている、いわゆる「生きた化石」と呼ばれるような生物は、激しい変化を繰り返してきたこの地球環境の下で生き残ってきたという意味では、決して「下等」な生物ではなく、極めて高度の環境適応能力の持ち主ということができる。【岩田】

口腔で食物の臭いを感じる役割を果たしていると思われる。人間はこの器官が痕跡状態にあり、対応する神経が備わっていないので、その機能を果たすことができない。しかし、無用になったこの器官の名残が、人間の嗅覚器官の進化について教えてくれる。人間の胎児のヤコブソン器官は、成人に比べてよく発達しており、太い神経幹も備わっているが、神経幹は胎児期の終わりに消滅し、この器官は嗅覚に関し全く何の機能も果たすことができない。また人間の胎児には鼻甲骨が五つあるが、これが後には三つに減少し、さらにこのうちの二つだけが十分に発達する。

比較解剖学と発生学はこのように嗅覚器官の進化の歴史を解明し、人間の嗅覚器官と動物の嗅覚器官を結びつけたが、これは無用になった痕跡器官を科学研究の対象とすることで可能になったのだ。

人間は嗅覚と同様に聴覚も衰退している。聴覚を司る器官の特定部分も同様に衰退している。動物はよく発達した聴覚を生存競争に活用しなくてはならず、聴覚の必要性は人間や知能の高い哺乳類よりもはるかに大きかった。ウマは外部のわずかな気配に反応し、耳を立てて音を聴きとろうとする。この光景は誰でも見たことがあるはずだ。一方サルと人間はこの能力を失ったが、人間は人工的手段で聴覚を補うことがある。たとえば、講演者の声が小さい時、聴衆の中の幾人かは、手のひらをまるでラッパ型補聴器のように耳に当てて言葉を聴きとろうとする。人間にも耳を動かす筋肉はあるが、ほとんどの場合耳殻を動かすには弱すぎ、耳を動かせるのは例外的なケースである。これは、我々の祖先である

ヤコブソン器官
鋤鼻器とも呼ばれ、口腔内での、一般的な意味での嗅覚とは異なった嗅覚を感知する器官と言われている。フェロモン受容器官としての役割が注目されているが、ヒトにおける機能的意義についてはわかっていない。【岩田】

下等動物では発達していた耳殻を動かす筋肉が、人間では痕跡しか残っていないためである。

人間の視覚器官で特に興味深いのは、目の内側の隅にある「結膜半月ひだ」と呼ばれる小さな膜である。この粘膜は、下等哺乳類では非常に発達しているが、人間では無用の痕跡器官となっている。この膜は、イヌでは第三眼瞼という小さい瞼の形をしており、特別な軟骨で支えられ、ハルダー腺と呼ばれる分泌腺を備えている。鳥類、爬虫類、カエル類ではこれに相当する器官がさらによく発達している。この薄い膜が目の内側から現れてニワトリや鳥の眼球全体を覆う様子をご覧になったことがあるだろう。これらの動物では、専用の筋肉を持ったこの第三眼瞼が目を守っているが、人間ではよく発達した二つの瞼がこの役目を担っている。イヌと同様に、鳥類と下等脊椎動物の第三眼瞼は大きなハルダー腺とつながっており、ハルダー腺は涙に似た液体を分泌する。

サルはこの器官全体がすでに非常に退化している。多くのサルには依然として小さなハルダー腺と小さな第三眼瞼がある。すでに述べたように、人間にはこれらの器官の痕跡しかない。人間のハルダー腺は萎縮しており第三眼瞼は半月形の小さなひだの形でしか残っていない。しかし、人種*によっては依然として内部に小さい軟骨があるケースがたびたび見られる。たとえば、ジャコミニは、黒人一六人のうち一二人に軟骨があることを認めたが、白人では五四八人中三例しか見つからなかった。

* 原文は「下等人種では」。【森田】

これらの事実が意味するところは明らかである。人間に見られる半月ひだは、我々のはるか昔の祖先だけに有用だった器官の最後の名残なのだ。

こうした進化の痕跡は人間の生殖器官にも数多く見られる。両性具有の名残さえ見られるが、これは極度に起源が古く、非常に下等な生物の痕跡を示すものである。人間の生殖器官にはしばしば異常が見られるが、これらの異常を検討していくと、人間が長い進化の道のりでたどったすべての変化の痕跡が認められる。たとえば、女性の中にはさまざまな下等哺乳類と同じ形の子宮を持つ人や、有袋目のように子宮が二つある人も存在する。

人類の進化の最大の特徴は、脳と知能の大きな発達である。人類はこの結果、遠い祖先に役立っていた多くの器官と機能を失ったのである。

II　類人猿の心理的特徴——類人猿の筋力——恐怖の表れ——恐怖の影響で人間の潜在的な本能がめざめること

私が要約した上記の事実は、進化の具体的な足跡が、発達の各段階を示す痕跡の形で残っていることを証明している。人類発生前の心理機能や心理生理学的機能の歴史は遠大なものだが、これらも感知可能な形で痕跡を残している可能性が高い。しかし心理機能の痕跡を見つけ出すのは、器官の痕跡に比べはるかに困難に違いない。器官の痕跡は解剖によって目に見える形で示せるが、心理機能は目に見えないからである。

まず人間に最も近い動物に目を向けてみよう。今日の類人猿が人類と非常に近い関係にあること、そして類人猿と我々の祖先だった動物の間には、さらに大きな近縁関係があるに違いないという点については反論の余地がない。

現代の類人猿は、主に原生林に住み、果物や木の芽を主食とするが、卵や小鳥を食べることもいとわない動物である。生きるために必要なものを求めて木に登り、容易に木の頂に到達する。オランウータンとチンパンジーは慎重にゆっくりと木に登るが、ギボンは非常に敏捷で完璧な登攀技術を見せながら木登りをする。我々はギボンが一本の枝から四〇フィート先の枝に驚くべき的確さで飛び移るのを見た。非常に高い木の頂で軽業師そこのけに飛び回り、何時間もの間、一二フィートから一八フィートの空間を軽々と飛び越え、上昇する時も周りの枝にはほとんど触れない。

ギボンがいかに器用で敏捷かを示すため、マルタンは彼が観察した捕獲飼育中のメスの例を挙げた。ある時、このギボンは「一本の棒から跳躍して、少なくとも一二フィートは離れた窓に飛び移った。見ていた人々は、窓が瞬時に壊れてしまうかと思ったが、少しも破損しなかったのでみんな驚いた。次に、ギボンは十字窓のガラスの間にある幅の狭い桟を手でつかみ、少しタイミングを計っていたが、すぐに反転跳躍して今飛び出したばかりの檻に再び飛び込んだ。これには強い力だけでなく並はずれた正確さが必要だった」。

この報告に描かれている強い筋力は、すべての類人猿に共通するものである。十七世紀のはじめ、初めてゴリラに関する記録を残した英国人水夫のバッテルによると、ゴリラは力が非常に強いので、男性一〇人がかりでも成獣のゴリラを取り押さえることはできなかった。他の類人猿はこの点ではゴリラに劣るが、それでも驚くべき力を持っている。我々が梅毒に関する研究に使った若いオスのチンパンジー、エドゥアールは、少し触れただけで激しく暴れ、取り押さえるためには男性四人が必要だった。一度檻から出すとまた檻に入れることができなかったので、このチンパンジーを檻から出すのをあきらめなければならなかった。非常に若い、二歳になるかならないかのメスチンパンジーでさえ扱うのは容易でなかった。メスは穏やかな性格だったが、夜間に檻に戻そうとすると毎回全力で抵抗し、男性が二人がかりでやっと収監できるかどうか、という状態だった。

ところが、この驚くべき筋力にもかかわらず、類人猿は臆病な性質を持っており、ほんのわずかでも危険が迫っていると思うと、自分が優勢だという自覚がないので逃走する。我々の若いチンパンジーは、歯と筋肉がすでに恐るべき武器になっていたが、それにもかかわらず、モルモット、ハト、ウサギなどの無害で弱い動物を前にすると激しい恐怖を示した。最初のうちはマウスさえチンパンジーを怯えさせ、逃げ出さないようにするには本格的な訓練が必要だった。

このため自然な状態で生活している類人猿が攻撃してくることはほとんどない。「並はずれた力に恵まれているのに、オランウータンが抵抗を試みることはまれである」とハクスリーは語る。「とりわけ火器で攻撃された場合には抵抗の努力を放棄する。こうした場合、オランウータンは身を隠そうと木の頂に逃げ、枝を折って地面に投げつけながら逃走する」。サヴァージュによると、チンパンジーは「攻撃をしかけることは決してないようで、抵抗することも皆無ではないがきわめてまれなようだ」。樹上で不意をつかれた子連れのメスチンパンジーの「最初の行動は、大急ぎで木を降りて低木林に逃げることだった」。

類人猿の中で最も力が強く、獰猛なゴリラは、攻撃をしかけるところが何度か観察されている。サヴァージュは次のように報告している。ゴリラは「極めて獰猛で、常に攻撃をしかける。人間を見てもチンパンジーのように逃走しない」。最初の警告で「メスと子供が速やかに姿を消す。オスは、短い間隔で恐ろしい叫び声を上げながら憤怒の形相で敵に接近する」。攻撃をするのはオスだけで、それもまれだと思われる。というのは、最近の報告者の一人であるコペンフェルスによると「ゴリラが人間を先に襲うことは決してない。ゴリラはむしろ人間に出会うのを避け、通常、人間に気づくやいなや、喉から特別な声を上げながら逃走する[153]」。

それでは、これらの性格の特徴のうち、どれが人間に残されているのだろうか。人間は生まれつき強さの面でも運動能力の面でも類人猿より劣っているが、本性は臆病である。乳児が最初に表す心理的発現の一つは、恐怖心で、これは多くの場面で見られる。バランスがわずかにくずれたり、湯船に入れられたりしただけでも、乳児は激しい恐怖を態度に表す。もう少し成長すると、前述の若いチンパンジーと同じようにあらゆる動物の接近を恐れる。最も無害なクモでさえ本能的な恐怖を呼び起こすのだ。

知性を鍛錬した結果、恐怖は可能な限り抑えられるようになるが、それにもかかわらず、人間はかなり激しい恐怖にしばしば襲われる。実は、まさにこうした時にこそ、祖先の心理の痕跡を探すことが必要なのだ。それでは恐怖の分析に少し時間を割いてみよう。

恐怖という感情の最初の発現は逃走である。危険が接近すると人間は足を動かし、逃走の本能的欲求を感じる。逃走行為がもたらす危険が、回避したい危険より大きい場合にも、これは変わらない。たとえば公共の場で火災警報が出されると、それがたとえ小さいものでも、人々は出口に殺到し、脱出しようとして圧死してしまう。極度に激しい恐怖の場合でさえ、最初の衝動は逃走の欲求である。モッソという有名なイタリア人の生理学者は、恐怖に関する専門研究で、カラブリアの山賊が死刑判決を聞いた時の様子を描写した。「彼は心を引き裂かれるような鋭く恐ろしい叫び声を上げ、何かを必死で捜すように周りを見回し、次に、逃走するために身体を翻し、腕を広げたまま法廷の壁に身体を打ち付け、身をよじりながら、あたかも壁の中に入り込もうとするかのように石を引っ掻いた」。

人間が祖先である動物から受け継いだ逃走本能は、上記の例では役に立っておらず、かえって有害なこともしばしばあるが、この本能が、危険を逃れ個体を保全する方法として獲得されたことは間違いない。しかし逃走は恐怖の唯一の発現方法ではない。恐怖に対する反応が身体の震えを伴うことも多く、この結果、逃走が不可能になることさえある。モッソが記述したカラブリアの山賊の例では「逃走しようと何度かあがき、叫び声を上げて痙攣を起こした後、ばったりと倒れて動きを止め、まるで濡れ雑巾のようになった。顔は真っ青で、身体を震わせたが、私はこれまでこのように震える者を見たことがない。まるで彼の筋肉が柔らかくぶよぶよのゼリーに変わってしまったかのようだった」。身体が震えて動けなくなるのも動物から受け継がれた特性である。実は、激しい恐怖にさらされた場合の筋肉の震えは、多くの動物にしばしば見られる現象である。ダーウィン[154]は、身体の震えは個体保全には全く役に立たず、時には害を及ぼすことさえあると考えた。彼はこの現象は非常に難解で説明しにくいと考え、モッソも同意見だった。体幹の筋肉の震えは、人間に「鳥肌」を起こす皮膚の筋肉の動きが拡大され、全身に広がったものである。そしてこの現象が、動物では多くの場合有利に働くメカニズムの痕跡であることは間違いない。危険に直面したハリネズミが逃げ出すことはまれであり、ほとんどの場合、立ち止まって、よく発達した皮筋を利用して身体を丸める。鳥や多くの哺乳類は、皮膚の筋肉で羽や体毛を逆立てる。これは激しい恐怖を感じた場合によく見られるが、皮膚を温めると共に、ダーウィンが考えたように、身体を実際よりも大きく見せ、敵を威嚇するのに役立つこともある。

恐怖と寒さはどちらも末梢血管を収縮させ、人間では毛根を囲む痕跡的な小さい筋肉の動きを引き起こす。この筋肉が収縮した結果、鳥肌が起こるが、これは生理学的な痕跡に

チャールズ・ダーウィン
Charles Robert Darwin（1809-1882）。英国の自然科学者・生物学者。「進化は自然選択により起こる」との仮説を、アルフレッド・ラッセル・ウォレス（Alfred Russel Wallace, 1823-1913）と、一八五八年にリンネ協会で同時に発表した。翌一八五九年に『種の起源』（正しくは『自然選択による、すなわち生存競争において有利な系統が存続することによる、種の起源』）を出版した。これは、人類も他の動物から徐々に進化したとの主張であったため、大論争を巻き起こした。父は裕福な医者で、妻は陶器メーカーのウェッジウッド二世の娘であったため、十分な資産を持ち、生涯定職につかずに研

すぎず、皮膚を温めることも身体を大きく見せることもできない。ごくまれに、任意に鳥肌を起こすことができる者もいる。しかし、正常な状態では、人間の痕跡的な皮筋は動かない。この皮筋を動かすためには非常に特別な刺激が必要なのだ。

恐怖は、任意に動かすことができない筋肉を収縮させる力があるが、同時に意に反して他の筋肉を動かすこともあり、これはいくら努力しても止めることができない。神経系を激しく刺激する感情、中でも恐怖は、膀胱と腸を非常に強く収縮させ、内容物の排出を止めることが不可能になる。受験を前に動転した若者がこうした粗相をするのを見たことのない者はいない。モッソは一八六六年の戦争に志願兵として参加した彼の友人について、戦闘の最中に恐怖に襲われて全身の力が抜けてしまい、精一杯意志の力を振り絞ったが、このひどい光景〔脱糞、失禁〕を防ぐことはできなかった、と報告している。

膀胱と腸の不随意的な働きも、人間が動物から受け継いだものである。イヌとサルでも同様の現象がしばしば観察されている。チンパンジーは捕獲されるや否や、腸内の糞便を体外へ出し、尿を放出し始める。私がマデイラ島で手に入れたオナガザルは非常に臆病で、わずかな不安で直腸の内容物を排出した。これはおそらく個体の保全に有用なメカニズムだと考えられる。さまざまな排泄物の放出が生存競争に役立つことが知られているからだ。キツネはこの方法でアナグマを穴から追い出して穴を自分のものにするし、イタチやスカンクは、ひどい悪臭のする液体をかけることで、自分よりも強い肉食獣から身を守る。

究に没頭した。過激な適応論者であり、非適応的な形質の説明に苦慮したことが、本文の記述からもうかがえる。生存に有利とは思われないオスの形質（オスクジャクの羽など）を説明するのに、性選択という仮説を唱えた。【池田】

つまり本能的恐怖は非常に強力な刺激剤で、ほとんど消滅してしまった痕跡的な機能を呼び覚ます力を持っている。また、本能的な恐怖が、すでに長い間麻痺してしまったメカニズムを始動させることもある。パウサニアスは、ライオンを見た恐怖のおかげで話す力を取り戻した若い男性唖者の話を引用している。ヘロドトスは、クロイソスの唖の息子は、ペルシャ人が彼の父親を殺そうとしているところを目撃し「クロイソスを殺してはならない」と叫んで、その瞬間から話す力を取り戻したと語っている。これらの古代の逸話にある現象は、現代の多数の観察によっても確認されている。たとえば、何年間か唖だった女性は火事を目撃して恐怖に駆られ、突然「火事だ」と叫び、それ以来、話す力を決定的に取り戻した。これらのケースは、何年間か停止していた機能の復活に関するものであるが、恐怖には、記憶できないほど大昔に消滅した他のメカニズムを始動させる力もある。

さまざまな動物は本能的に泳ぐことができる。鳥と哺乳類は、水を嫌悪する種があるのは確かだとしても、一般的に、水に投げ込むとちゃんと泳ぐことができる。ネコは可能な限り水を避けるが、だからといって上手に泳げないわけではない。複数の歴史家によると、ハンニバルはゾウがローヌ川を渡ろうとしないので非常に苦労し、まず何頭かの牝ゾウを船に積み込んだところ、残りのゾウは牝ゾウを追って水に飛び込み、何の問題もなく川を渡れたという（Lenthéric, *Le Rhône*, 1892）。

下等なサルは習わなくても泳ぐことができるが、類人猿は泳ぎの本能を失ってしまい、人間もこの本能を欠いている。ヴォルス[155]はスマトラ島で、各種のギボンが、泳ぐことができないため川という障害物を越えられず、川に隔てられて生活していることを報告している。人種によっては、我々よりも泳ぎの才能に恵まれている者もいる。「黒人は、おしめがとれるかとれないかの子供が海や近くの川に駆け寄って、歩くのとほとんど同時に泳げるようになる[156]」。しかし白人には、泳ぎを習得するのに非常に苦労する者が多い。動物の祖先と異なり、水泳は人間にとって本能的なものではないためだ。水泳に関する概論を著わしたクリストマン[157]は、人間の理性は「絶対に間違いを犯さない動物の本能に比べ、案内人として劣っている」と表現した。恐怖はその理性を抑圧し、痕跡となった本能を再び呼び起こす力を持つ。たとえば、子供や大人に泳ぎを習得させる良い方法は水に放り込むことだと知られている。恐怖のせいで動物から伝えられた本能的なメカニズムが目ざめ、すぐに泳げるようになるのである。この方法で成功している水泳教師たちがおり、私もこの方法で泳ぎを覚えた人物を知っている。国立図書館の司書であるトルーバ氏は、彼の友人について次のように語っている。「数年前にノワイヨンで亡くなったジャーナリストは、泳げなかったが、ある夜ヌイイでセーヌ川に入り水浴をした。ある瞬間、背が立たなくなったことに気がついたが、発作的な恐怖が彼の命を救った。彼は『それ以来、自分は泳げるようになった』と語っている」。

しかし、激しい恐怖が逃走を誘発する一方で、動作の停止をもたらすことがあるように、恐怖が遊泳者に不利に働く可能性もある。このため、恐怖を利用して水泳を習得させる教師は、危険が現実的なものになった場合にうまく介入する術を持っている。

恐怖が大昔に萎縮してしまった機能をある程度まで復活させる力を持ち、人類の進化の特定の側面を我々に教えてくれるのは明白な事実なのである。

III

ヒステリーの導因としての恐怖――自発性の夢遊病――多重人格――夢遊病者のいくつかの例――夢遊病者の行為と類人猿の生活の類似――群集心理――人類の起源の問題の解明にヒステリーの研究が重要であること

恐怖の研究が重要性を持つのは、上記の事実だけではない。恐怖はヒステリーという非常に難解で複雑な現象の最大の誘因でもあるからだ。

ヒステリーという非常に奇妙な病気の原因として、断然トップの地位を占めているのは恐怖である。たとえばジョルジエ〔158〕が観察した女性のヒステリー患者二二人では、決定因が恐怖一三件、激しい悲しみ七件、激しい苛立ち一件となっている。ボルドーのピトル医師が担当する女性患者マリーは「強烈な恐怖の結果、ヒステリーを発症した」。「熊使いが村にやってきた。彼女は実演を見に行き、観客に紛れ込んで最前列に達した。熊は踊りながら彼女のすぐそばを通り、冷たい鼻先がその頬をかすめた。マリーは震えあがった。大急ぎで家に帰り、家に着くやいなや気を失ってベッドに倒れこみ、激烈なひきつけと譫妄を伴う興奮に襲われた。それ以来、何度も発作を繰り返し、発作の際の妄想は、常に熊の接触が引き起こした恐怖に関するものだった」。

ヒステリーと夢遊病

この時代に「ヒステリー」と呼ばれたのは、心因性の神経症状のことであり、けいれんを伴うようなてんかん発作から、運動麻痺、関節拘縮、視覚や聴覚、あるいは痛覚といった感覚の障害などの様々な病態を示すものの総称である。後述のシャルコーは、鉄道事故などの大事故によって生じたヒステリーを例に引きながら、恐怖体験がヒステリーを引き起こすことを述べているが、彼の弟子のババンスキーは、メッシーナ大地震後の現地調査の結果、地震後特にヒステリーが増加してはいないことから、恐怖体験とヒステリーとの関連性に疑問を投げかけている。夢遊病は、今日では睡眠時遊行症と呼ばれており、ヒステリーのような心因反応とは考えられていない。最近問題となっているのは、睡眠導入薬としてのω1受容体作動薬による睡眠時遊行症類似の症状である。この種の薬剤は、意識レベルを急速に低下させるが、運動能力には作用しないため、服用

サルペトリエール病院の女性ヒステリー患者は、恐ろしい夢にうなされる。「人は彼女を殺し、裏切り、首を絞め、彼女は水に落ち、助けを求めて叫ぶ[159]」。

ヒステリーはさまざまな形で表れるが、ここではいわゆる自発性の夢遊病のケースだけを考察しよう。自発性の夢遊病はパラドックスに満ちた奇妙な現象で、夢遊状態にある患者は睡眠中にさまざまな行為をするが、覚醒時にはそれを一つも覚えていない。また、正真正銘の多重人格のケースも複数、知られている。この場合、患者は二つの異なる状態で生きており、一つの人格の時に起こったことをもう一つの人格の時には全く覚えていない。最も奇妙な例は、夢遊病状態の時に妊娠した女性患者で、夢遊病状態になるとその原因を熟知しており、それについて自由に語るが、もう一方の正常な状態の時には、なぜお腹が大きくなるのか原因を知らないのである（Pitres, t. II）。

自発性の夢遊病の患者は、最も多くの場合、日中の仕事で無意識的に習慣となった行為を夢遊病状態で繰り返す。職人は手仕事に熱中し、針子は縫い物を始め、召使は靴や洋服にブラシをかけ食卓の準備をする。教養が高い者は習慣となった知的作業に打ち込む。聖職者が、夢遊病の状態で、説教の原稿を作成し、それを読み直して文体や綴りの間違いを訂正する様子が観察されている。

しかし、このように睡眠中に習慣的行為を繰り返すだけの患者がいる一方で、全く習慣

後に睡眠時遊行症様の症状を引き起こすことが知られている。睡眠時遊行症に似た現象に、レム睡眠行動障害がある。レム睡眠とは、睡眠中で夢を見ている期間であり、この時、大脳皮質は覚醒状態と同じように活動しているが、脳幹の青斑核の神経細胞が働いて全ての運動機能を強力に抑制しているため、夢の中で行われている行動が実現されることはない。しかし、パーキンソン病やその他の関連疾患によって青斑核の機能が低下すると、レム睡眠期に見ている夢の中での行動が再現され、池に落ちた帽子を拾おうとしたり、イヌに追いかけられて走って逃げたりという行動が実際に生じてしまう。後述のモッテとメスネが観察した患者の行動は、このレム睡眠行動障害かもしれない。睡眠時遊行症も、レム睡眠行動障害も、本人の記憶には残らないが、その行動中に覚醒させて、今何をしていたのかと質問すれば、前者の場合には、何らの答えも引き出せないが、後者の場合には、その時に見ていた夢の内容を語るはずである。【岩田】

にない特殊な行為をやってのける者もいる。実は、我々の観点から見てより重要なのは後者のケースである。

詳しく観察された例を挙げてみよう。二十四歳のヒステリーの女性患者はラエンネック病院に看護婦として雇われていた。ある日曜、数多くの回診がストレスを引き起こしたらしく、それが原因で、夜中の一時ごろに起き出した。夜勤の監督者は恐ろしくなって当直の研修医を呼び出した。研修医は、その夜の様子を伝聞も含めて次のように証言した。「患者は監督者たちの居室に通じる階段に向かったが、次に突然方向転換して洗濯場の方に歩き出した。しかし扉が閉まっていたので、手さぐりで方向転換をし、それまで自分が寝ていた女性用の共同寝室に向かった。共同寝室のある屋根裏まで上り、踊り場に着くと屋根に面した窓を開け、窓から出て、彼女の後を追って来た看護婦の見ている前で雨樋を歩いた。この看護婦は恐怖のあまり彼女に声をかける勇気が出なかった。その後、患者は別の窓から再び屋内に戻り、階段をまた降りて行った」「この時点で私たちは彼女を見た」。当直の研修医は次のように語る。「全く音を立てずに歩いていた。動作は自動的で、腕は少し曲げて身体の両脇に垂らしていた。頭はまっすぐ不動で、髪の毛は乱れており、目は大きく見開かれていた。全く怪奇的な幽霊のようなありさまだった[160]」。当然のことながら、このヒステリー患者は正常な状態では、屋根に上って雨樋を歩く習慣などは全くない。

シャルコーが報告した事例は十七歳の青年に関するものである。彼は大実業家の息子で気品のある物腰の持ち主だった。年度末試験のための勉強で疲れ、早く就寝した。「少しすると彼はマリスト会学寮の共同寝室で起きあがり、窓から外に出て屋根に上り、何の事故もなく雨樋に沿った危険なコースを歩いた。彼は何も重大な事故を起こすことなく目を覚ました」（FEINKIND）。

さらに興味深いのはモッテと共にメスネ医師が観察した次のケースである。強度のヒステリーの三十歳の女性は夜中に起き出し「洋服を着て、たった一人で身づくろいを済ませ、誰の助けもかりずに通り道の邪魔になる家具を動かすが、家具にぶつかることは一度としてない。日中は何事にも無頓着で非活動的だが、その分夜間は活発に多種多様な行動をとる。我々が見た時は、自分のアパート内を歩き回り、ドアを開け、庭に下り、敏捷にベンチの上に飛び上がり、走ったりしていたが、すべて昼間よりはるかにうまくやる。なぜなら日中は腕をかして身体を支えてやらなければならなかったからだ」（FEINKIND）。

ホルストは十六世紀に起きた驚くべき出来事の情報を得た。「睡眠中の軍人が窓に歩み寄り、縄を使って塔の頂上によじ登り、ヒナ鳥の入ったカササギの巣を持ち帰って、自分のベッドにたどり着くと翌日まで眠り続けた[161]」。このケースは非常に興味深いが、残念なことに詳細が十分わかっていない。より詳しく具体的な情報を得るためには現代の事例を見なければならない。非常に完璧な形でギノン博士が記録した例は次のとおりである。三十四歳で、仲買人兼通訳を職業とする男性がヒステリーの発作のため入院した。「この患者は、入院してから間もなく夜中の一時ごろ、突然ベッドの上に身を起こし、素早く窓を開けると、窓枠をつたって医療院の中庭に飛び降りた。彼を追って走り出した夜勤の看護

シャルコー

Jean-Martin CHARCOT（1825-1893）。一八六一年にパリ病院医師の資格を得たジャン＝マルタン・シャルコーは、一八六二年、内科医としてサルペトリエール病院に赴任し、同時に赴任した医学部同級生のアルフレッド・ヴュルピアンと共に、この病院に入院していた数多くの患者を診察してその症候を詳細に分析し、患者が亡くなると、病理解剖によってその病変を検索した。このような臨床－病理対応研究の結果、脳内出血、パーキンソン病、多発性硬化症、筋萎縮性側索硬化症と脊髄性筋萎縮症などの様々な神経疾患の病態が明らかにされ、それらの病気の臨床診断が可能になった。一八八三年、それらの功績が認められ、サルペトリエール病院に彼が築いた「神経病クリニック」は、パリ大学医学部の正式な講座となった。世界最初の神経内科講座の誕生である。【岩田】

人は、患者が裸で枕を小脇に抱え、全速力で逃げるのを見た。一度も入ったことがなく地理も知らないいくつかの庭園と小径に入り、障害物を乗り越え、梯子をよじ登ると、そこから水療法施設の屋根に突進し、驚くべき敏捷さでさまざまな方向に歩き回り始めた。彼は時々立ち止まると、腕に抱いている枕を静かに揺らし始め、まるで枕が子供でもあるかのように熱心に撫でるのだった。それから彼はもと来た道を戻っていった。「同様の発作は五回から六回繰り返されたが、翌日、患者に質問したところ、夜間の散歩は全く記憶していなかった」（Feinkind）。

同じ患者は「ベッドで二、三度寝返りを打った後、胸に押し付けていた枕を力いっぱい抱きしめた。それから立ち上がると、シャツ一枚の姿で病室を駆け抜けた。病室の奥には事務室とトイレに通じるドアがあった。彼はそのドアを乱暴に難なく開き、トイレの扉も開けてそこに入った。ここで、彼は片方の腕で枕を身体に押し付けたまま、かなり危険で難しい運動を見事にやってのけた。窓の上の明かり窓が開いていたので、両足と空いている片方の腕を使って明かり窓の枠をつかんで懸垂した。彼は、ぶつかったり衝撃を受けたりしないように枕を上手に守りながら、明かり窓をくぐり抜け、最後に窓台の上に両足を揃えて立つと、そこから医療院に飛び降りた。彼の病室は一階にあったのだ。地面につくやいなや、中庭の反対側の角に向かって素早く走り出した。こうして医療院の大きな建物の反対側に移動すると、医療院を全力疾走で一周した。看護人たちは追跡に難儀していたが、彼はその間ずっと枕を注意深く身体に押し付けていた。次に浴場のある建物の周囲をめぐる小さな道に入り込み、大きな塔のある場所に行き着いた。塔の頂上には浴場に水を供給するための大きな貯水タンクがあり、金属製の固定梯子が垂直についていた。梯子の横木は丸く、一方にだけ手すりがついており、見張台のような踊り場につながって、途中で浴場棟の屋根のふちに接していた」。

患者は「躊躇することなくこの梯子を上り始めたが、空いている片手で横木につかまることはほとんどなく、驚くべき自信に満ちた態度で敏捷に鉄製の細い横木に裸足の足をかけるのだった。梯子が浴場棟の屋根にほぼ接する場所に着くと、彼は勢いよく屋根に飛び移り、常に疾走し、鉛でできた屋根の勾配をのぼって屋根の頂上部に到着した。その間、妄想の産物の迫害者が追跡してきていないかどうか確かめるため、時々周囲を見回すのだった。屋根の頂上部を進み続けたが、幅が狭いため、足を右、左と両側の斜面に乗せながら進まなければならなかった。これは非常に危険な行為なので追跡者は誰も彼の後を追おうとしなかった。しかし彼は足を踏みちがえることなく、驚くほど確信に満ちた様子で前進した」「こうして建物の真ん中に着くと、通気用の煙突に背をもたせかけ、屋根の頂上部に腰を下ろした。そして片時も手放さなかった枕を膝にのせ、枕の一方の端を片方の肩にもたせかけるとまるで子供をあやすように歌いながら枕を静かに揺らし始め、手で撫でたり、枕の角に頬ずりするのだった。時折、彼は眉をひそめ、厳しいまなざしで、誰かが追跡したり様子をうかがったりしていないかどうか確かめるかのように周りを見回すと、一種の憤怒のうなり声を発して危険に満ちた逃亡を再開するが、枕は常に抱いたままだった。この間、彼はしゃべり続けたが、その言葉が我々の耳に届くことはなかった。彼が夢に浸りきっているのは明白で、彼の名前を大声で呼んでも理解しなかった。しかし、耳が聞こえていたのは確かで、彼の近くで音を立てると、顔を向け、まるで迫害者が迫っているかのように逃げ出すのだ。この情景は約二時間続いたが、彼はこの間、我々の追跡をものともせず、隣接するすべての屋根を踏破したのだった」（FEINKIND）。

このほかにも類似した例を挙げることができるが、これまで挙げた例は次のことを十分に示していると思う。自発性の夢遊病状態にある人間は、正常な状態では持っていない特質を獲得し、強く身軽で運動能力に優れた状態、まさに人間の祖先である類人猿の状態に戻るのだ。ギボンの行動に関する前述のマルタンの報告と、特定の夢遊病者の危険な遊行には衝撃的な類似性が認められる。

屋根やマストに上ったり、雨樋を走ったり、鳥の巣を採るために塔に登ったりするのは、たとえば類人猿のように、登ることを好む動物の本能が発現した最も典型的な特徴ではないだろうか。

バース医師[162]は、夢遊病を次のように定義した。「自発的かつ意識的な意思が欠如した状態で、記憶の高揚と中枢神経の自動的活動を伴った夢」。彼は「記憶の異常な高揚こそが、すべてを支配する最も重要な現象である」とし「夢遊病者に見られる事実の記憶と場所の記憶の極度な完璧さ」は「彼が夜間の絶え間ない移動において、覚醒時にはほとんど不可能な無数の行為を五感にほとんど頼らずに遂行しながら、どのようにして道を見つける」のか「我々が理解するのを助ける」と結論した。しかし、夢遊病者は、過去に決して経験したことのない新しい行為を達成する。このため、この「高揚した記憶」は非常に古く、人類出現前の出来事に関するものかもしれないと推定せざるを得ない。人間は、脳の数多くのメカニズムを祖先から引き継いだが、その働きの多くは後になって発達した何らかのブレーキによって妨げられている。男性に普通の状態では乳を分泌できない乳腺があるように、彼の中枢神経には正常な状態では不活性な状態にある細胞グループが含まれているに違いない。しかし例外的な状況で、人間と哺乳類のいくつかの種のオスが乳を出せることがあるように、異常な状態では中枢神経の萎縮したメカニズムが活動を始めるのだ。

オスによる乳の分泌は、両性による授乳が可能だった非常に古い状態への回帰である。このため、夢遊病者の素晴らしい運動能力と非凡な力は動物状態への回帰を意味し、この状態はオスの授乳に比べるとはるかに近い過去のことだと認めることができる。

いくつかの例で、自発性の夢遊病と耳殻を動かす能力が同時に見られることは注目に値する。我々は二人の兄弟を知っているが、彼らは若いころ夢遊病の夜間徘徊で非常に典型的な症状を見せていた。一人は化学者だが、高いタンスによじ登ったり住居の中を歩き回ったりした。もう一人は船員で、夢遊病の発作時に、帆船のロワーマストの檣楼に登った。二人とも夢遊病者であるだけでなく、皮筋が非常によく発達しており、耳を任意に動かすことができた。

このケースは家族に共通する遺伝性の異常だった。というのは、兄弟の片方の娘二人も、夢遊病者であると同時によく動く皮筋の持ち主だった。ここには、耳殻が動き、巧みな運動能力を持つという我々の祖先の二つの特質の名残が同時に表れている。

バース氏は夢遊病者の特徴を次のように規定している。「生身の自動人形で、意識的な意思が一時的に破壊されている者」。彼によると、「夢遊病者は何らかの出来事に刺激されて行動するが、彼の行為で最も並外れたように見えるものは、実は本能的な反応にすぎないのである」。このバースの説明は、「夢遊病においては、正常な状態では表に現れず痕跡的状態にある人類誕生前の祖先の本能が目覚める」という仮説に実によく合致している。

人間の泳ぎの本能的なメカニズムが、恐怖の影響によって目を覚ますことがある。夢遊病者でも、これと同様の先祖回帰が起こるかどうかを知ることは、非常に興味深い。残念ながら、このテーマについては、十分な情報を文献から得ることができなかった。我々は、一つの事例を、あらゆる条件付きで引用することしかできない。これは全六〇巻の『医学事典』の「夢遊病」という項目に記載されたもので、「夢遊病の発作の最中に泳いでいた夢遊病者は、何度か名前を呼ばれて覚醒すると、非常な恐怖に駆られて溺れてしまったことが報告された」。夢遊病者に見られる本能の発現について、より多くのデータを集めることは大変に意味があることではないだろうか。

我々は、自発性の夢遊病に時間を割いたが、これは夢遊病に類人猿の生活を想起させる特徴が発見できるのではないかと推定したためである。ヒステリーは非常に多様な表れ方をするが、この他にも人間の心理生理学的歴史に関する多くのデータを提供するものがあるのではないか、と思われる。比較的よく確認されている現象である「超感覚的知覚」のいくつかの事例は、動物には存在するが人間では衰えた特殊な感覚が覚醒した結果、と説明できる。脊椎動物の身体に存在する感覚器官の中には、人間には対応する器官がないものがある。他方で、動物は感知するが、人間は全く感知することができない外界の現象も存在する。たとえば魚類は水深を感知する。鳥類と哺乳類は特別な方向感覚を持っており、大気の変化を気象学者よりも正確に予測する。人間もヒステリーの作用で遠い祖先が持っていたこれらの感覚を取り戻し、正常な状態では知ることができない事柄を知ることができるのかもしれない。

ヒステリーは人間と動物に共通して見られる現象である。我々は多くのチンパンジーを観察したが、中にはヒステリーの兆候を示すものがいた。このうちの何頭かは、わずかな不満があると地面に寝ころがり、恐ろしい叫び声を上げながら、激怒した子供のように転げまわった。一頭の若いチンパンジーは怒りの発作の最中に自分の体毛を引き抜いた。

ババンスキー博士[163]が表現したヒステリー現象の概念は、ヒステリーは我々の祖先である動物の名残であるという仮説を支持するものである。彼は有名な神経学者だが、次の結論に達した、と言う。「ヒステリーの発現形態は二つの特性を持っている。特定の患者では、暗示によって、非常に正確に再現することが可能であること、他方で、説得の影響だけによって消失する可能性があること」。ババンスキーによると、「ヒステリー患者は意識を失ってはいないが、完全に意識があるわけでもない。彼は、潜在意識（サブコンシャス）状態にある」。この潜在意識という状態が、我々の仮説では、我々の遠い祖先の精神状態に対応している。

人間は、予期していなかった何らかの刺激によって異常に暴力的になり、衝動を自制することができず、すぐ後悔するような行動をとってしまうことがある。こうした瞬間は、人間の中の「獣が目覚めた」と言い習わしている。これは単なる比喩ではない。何らかの特別な誘因に触発され、我々の祖先の神経メカニズムが発動した現象だと思われる。

我々の祖先である類人猿と原始人は一族を形成して生きていた。このため人間は集団の中にいると特定の野蛮な本能が目覚める。この点から群集心理の研究をするのは非常に興味深いといえる。人間は、多くの同類に囲まれている時、特に暗示にかかりやすくなる。G・ル・ボンは、「群集心理」に関する研究書を著わし、この状態を次のように描写した。「非常に注意深い観察の結果、次の事実が証明されたもようである。一定時間、活動的な群集の中に入り込んでいると、人間は間もなく特殊な状態に陥る。これは催眠術をかけられた者が催眠術師に対して感じる幻惑に非常に近いものである。被催眠者の脳の活動は麻痺してしまい、彼は催眠術師が自由自在に操る無意識の脊髄活動の奴隷になる。意識を持った個人としてのパーソナリティは完全に消滅し、意志と判断力は失われる。あらゆる感情と思考は催眠術師が定める方向に向けられる」。群集の影響下の人間は、ヒステリー患者と同様の状態にあり、我々の祖先と共通の精神傾向を示す。「単に組織化された群集の一部であるということで、人は文明の階段を何段か下に降りる。独立した一個人としては教養のある人物だったかもしれないが、群集の中では野蛮人、すなわち本能的な存在になるのである」(Le Bon)。

あらゆる種類のヒステリー現象に我々の先史時代の名残を探るのはごく自然なことである。類人猿の集団生活と性生活について興味深い情報を収集し、これを人間のヒステリー現象と比較することができれば素晴らしいだろう。そうすれば、特定のヒステリー患者に特徴的な極度に感情的な態度が、非常に簡単に説明できるかもしれない。発作時の奇妙な叫び声についても同様である。

解剖学者は動物と人間の比較のベンチマーク(基準点)を探し、化石人類学者は、類人猿と人間をつなぐ中間的存在の埋もれた遺骸を見つけるために発掘する。同様に、心理学者と医師も、人間の心理生活の進化の歴史を復元するために、心理生理学的機能の痕跡を研究するべきだろう。人間の先祖がサルであることはすでに確固として証明された事実だが、これを支持する新たな論拠が、科学のこの分野においても見つかるものと思われる。

第六章　動物社会の歴史に関する諸問題の考察

I

人類における種の問題――下等生物の社会における個体性の消失――変形菌類とクダクラゲ類――群体生活を送る海鞘の個体性――社会生活を送る個体の発達に見られる進歩

この章は『人間性の研究』に対する批判に応えることを目的としている。私は同書で「もっぱら個人に目を向け、社会や種の利益を無視した」と非難されたのだ。また、「進化の進行において、個体は共同体の高次元の利益のために自らを犠牲にしなければならない」という真理を考慮にいれなかった、とも批判された。オルトビオース、つまり人生の最も完璧なサイクルを経て高齢に達することの重要性を力説することで、私は人類全体にとって有害な行動を奨励したというのだ。

私に向けられた反論は誤解に基づいており、この誤解を解き明かすことは意味があると思われる。私は、個人の完全な発達は、如何なる点においても共同体を害するべきでなく、それどころか共同体にとって有用であるべきだ、と考えている。しかし他方で、個人には決して蔑ろにされてはならない権利があることを忘れてはならない。

オルトビオース
第九章三三二頁の註参照

私の批判者たちは、「動植物界では種の存続のために個体が常に犠牲にされる」ことを示す数多くの事実を挙げて反論に利用している。この点については全く疑問の余地がない。本書でもこのテーマにつき非常に具体的な事例を紹介した。たとえば、我々はリュウゼツランやある種の隠花植物など、生殖が終わるとすぐに死んでしまう植物の例を挙げた。子供によって情け容赦なく引き裂かれ、むさぼり食われてしまう小さな線形動物のメスについても語った。個体が種のために犠牲にされることをこれ以上明らかに示す例を見つけるのは難しい。しかし、人間はこの点に関し全く特殊な地位にあり、この法則を人間に当てはめることはできない。

人間は複数の動物種が地球上から姿を消すのを見てきた。人間が絶滅に大いに手を貸した例もある。世界最大の鳥だったマダガスカルのモア（エピオルニス）がその例である。またモーリシャス島のドードー鳥や、アリューシャン列島のおとなしい鯨目動物、ステラーカイギュウも人間が絶滅させた。人間は、現在オオカミやクマなどの有害な肉食動物を絶滅に追いやっている最中だ。ウマも至る所で自動車にとってかわられ、近い将来珍しい贅沢な動物になる可能性がある。これほど多くの種を破壊している人間は、一方で自分の種の存続をゆるぎのないものにしてきた。文明の進歩によって死亡率は大幅に低下し、毎年、多くの幼い子供たちが衛生学や治療学の発達のおかげで死を免れている。さらに戦争と殺人の減少も人類の保全に寄与している。人間が地球上でこうした地位を獲得した結果、むしろ人口が過剰になる恐れがあるほどだ。マルサスの人口論は詳細が検証されていないものの、地球上で人間が繁殖過剰になる可能性があるのは事実である。しかし、人類の流

マダガスカルのモア（エピオルニス）
エピオルニス（*Aepyornis*）は絶滅したマダガスカルの飛べない巨大鳥で、体高三メートル以上、体重四〇〇キロ以上になり、史上最も重い鳥であった。四種の絶滅種が知られるが、すべて同一種であるという説や、二種にまとめられるという説がある。見かけはニュージーランドの絶滅鳥のモアに似ているが、系統的にはニュージーランドのキーウィに近いとされる。マダガスカルは、かつては無人島であったが、二千年前に人間が住み始めてからエピオルニスは徐々に棲息地を奪われ、十七世紀には絶滅したと考えられている。【池田】

モーリシャス島のドードー鳥
マダガスカル沖マスカリン諸島の一つモーリシャス島に棲息していた絶滅鳥類モーリシャスドードー（*Raphus cucullatus*）のこと。ドードーは他にもマスカリン諸島のロドリゲス島にロドリゲスドードー、レユニオン島にレユニオンドードーがいるが、いずれも飛べず、いずれも絶滅種である。前二種はハト目ドードー科の鳥であるが、レ

血が減少すると、人類の繁殖を促す別の体液がその分損なわれることを予測させる兆候が、すでにいくつか表れている。

このように、種としての人類の存続はすでに安泰なので、個人の問題を前面に据えるのは至極当然のことである。そして生物学はこの点につき非常に興味深いデータを提供してくれる。

地球上で社会的な生活を送るのは人間だけではない。人類が出現するはるか前から、組織化された社会の形で連合して生きてきた生物が存在していた。海の表面には、クダクラゲのすばらしいコロニーが浮かんでいたし、深海には並はずれた多様性を持つサンゴの社会があった。陸地には多くの昆虫が住み、そのうちのいくつかは完璧に組織化されたコロニーを形成していた。

この社会生活は、共通目的で結ばれたメンバーの行動規範が全く存在しない状態で、外部の協力を全く得ることなく発達した。

こうした社会の根本的な原則を検討することは意義がある。私は、動物社会の本質的な要素のひとつ、個体と社会の関係に目を向けたいと思う。

人間社会の組織化に関しては、ご存じのように、多くの難しい問題がある。社会にはど

ユニオンドードーはペリカン目トキ科の鳥である。モーリシャス島は十六世紀初頭にポルトガル人により発見されたが、一五九八年にオランダ人のファン・ネック提督が航海の折に上陸して、モーリシャスドードーの存在が公になった。ノロマで警戒心が薄かったため、船員の食用として乱獲された。一六三八年にオランダが植民を開始すると、入植者による捕食が常態化して、一六八一年に絶滅した。【池田】

アリューシャン列島のおとなしい鯨目動物、ステラーカイギュウ

鯨目の動物は近年絶滅していないので、この二つは同じものを指すと思われる。ステラーカイギュウ（*Hydrodamalis gigas*）はアリューシャン列島の西のはずれコマンドルスキー諸島の無人島（現ベーリング島）近海で一七四一年に発見された、海牛目ジュゴン科の動物だが、見てくれが鯨に似ていなくもないので、著者が勘違いしたのかもしれない。デンマーク人の探検家ベーリングが率いるロシアの探検隊は一七四一年十一月の初め

こまで個人を侵害する権利があるのか、個人はどこまで個人の完全性（インテグリティ）と独立性を保持することができるのか。この点に関する果てしない議論をここで思い出す必要はなく、また、人間は程度の差こそあれ自分が成員である社会の犠牲になるべきだ、という理論を再度持ち出す必要もない。ここで検討するのは、人間よりはるかに単純な生物の社会における個体の運命だからだ。

動物と植物の中間に位置する非常に下等な生物でも、多数の個体が連合して形成した社会の例には事欠かない。

森では枯葉や朽木の上に、微小なマッシュルームを思わせる小さな植物がよく見られる。これは変形菌類という、顕微鏡でなければ見えない球状の小体、胞子が大量に入った小さな袋が集まったものである。胞子が雨で濡れると、そこから非常に小さな生き物が飛び出すが、これは移動運動の器官を備えており液体の中ですばやく泳ぐことができる。この小さな生き物は一度に大量に生まれ、木の葉や朽木のかけらの上についた水滴を充たす（図21）。しかし、この微小な生物の独立生活は長くは続かず、互いに接触すると、身体が融合してゼラチン状の塊になり、その塊はしばしば非常に大きくなる（図22）。この融合の結果、変形体と呼ばれるものが形成される。これは生きた物質の塊で、葉っぱや木の表面をゆっくりと移動することができ、内部には火山から流出した溶岩を思わせる流れが見られる。

に、前記の無人島（現ベーリング島）で座礁した。ベーリングを含む乗員たちの半数以上は壊血病と寒さと飢えで他界したが、ドイツ人の医師で博物学者ステラーに指揮された残った人々は、ステラーカイギュウを食べて凌ぎ、一七四二年八月に島を脱出して、カムチャツカ半島に辿り着いた。ステラーカイギュウは昆布などの海藻類を食べ、体長八メートルにもなり、ノロマで美味だったため、あっという間に狩りつくされ、発見二十七年後の一七六八年に絶滅した。【池田】

この変形体は、社会の成立のために成員である個体が完全に犠牲となる代表例である。何人かの哲学者は、人間が個人の独立性を放棄し共同体と完全に融合するという理想を説いているが、実はこの理想は人類出現のはるか前に、人間とは進化の段階の対極にある生物によってすでに実現されていたのである。

動物の世界では、最も下等な動物においてさえ、成員がコロニーのためにこれほど完全に犠牲になる例は見当たらない。動物の世界では、程度の差はあるものの、個体性がかなり大きなレベルで保持されている。ポリプ類に目を向けてみよう。ポリプは下等動物で、しばしば岩礁を形成するほどの量が堆積し、この岩礁が本物の島を形成することさえある。ポリプは大きな社会を形成し、成員は独立した個体として生活することができない。それ

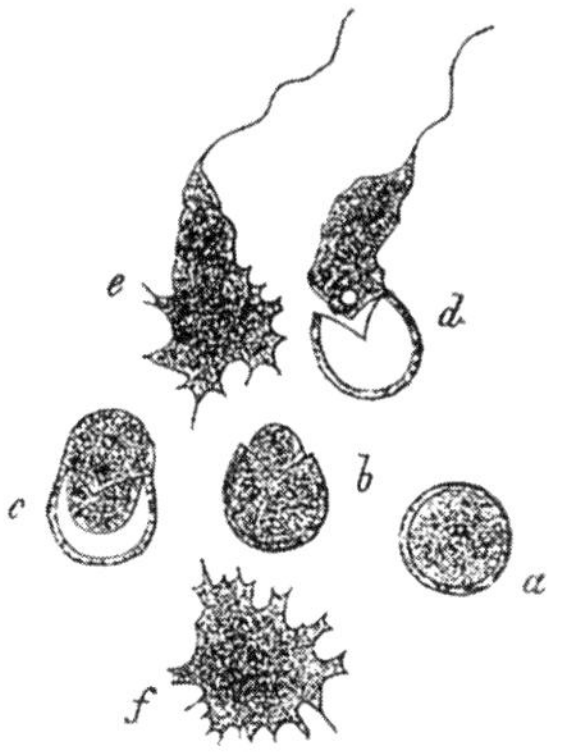

図21　独立した状態の変形菌の個体（ツォプフによる）
a：胞子, b-f：遊走子の発芽

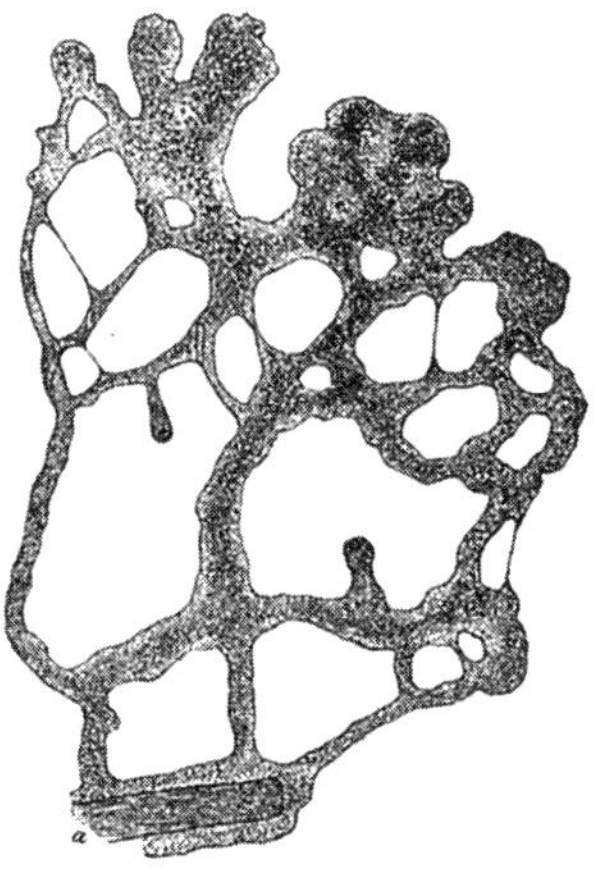

図22　個体が融合して変形体となった変形菌（ツォプフによる）

ポリプ類
ポリプは通常、刺胞動物の体の構造で、イソギンチャクやサンゴのように固着して触手を拡げるタイプのものを指す。もう一つの構造はクラゲ型で、浮遊生活に特化したタイプである。ここで「ポリプ類」と言っているのは、構造ではなく、刺胞動物そのものを指していると思われる。刺胞動物の群体の中には、群体を構成する個体ごとに機能分化をしているものがあり、本文で述べられているクダクラゲは典型例である。　【池田】

ぞれの身体の生きた部分で連結しており、数年前、ドワイヤン医師が執刀して非常に話題となった小さなドゥーディカとラディカのようなシャム双生児（「二重の怪物」）に類似している。この少女たちは腹腔がつながっており、血管も連結していて、ドゥーディカの血液はラディカの体内を通り、逆にラディカの血液はドゥーディカの体内を通っていた。別のシャム双生児、チェコ人の少女ローザとヨゼファは現在でも生存しているが、この場合は腸がつながって一つの直腸に通じ、腹膜もつながって、尿道は一つしかない。

ポリプではほとんどの場合、コロニーを形成する個体同士の連結が、シャム双生児の場合よりはるかに進んでいる。コロニーの各メンバーはそれぞれ口と胃を持っているが、その他の多くの器官は複雑に入り混じっており、どれがどの個体のものか判別することが不可能である。これらの器官はコロニー全体に属しているからだ。

個体性消失のさらに著しい例は、泳ぐポリプ、クダクラゲに見られる。クダクラゲは非常にきゃしゃな透明の生物で、時には非常に大きくなることがある。海に生息し、時々水面に大量に出現する。大部分は、多くの触手と胃と複数の泳鐘がついた長いフィラメントの形をしている（図23）。これが動物のコロニーであることは疑いの余地がない。しかし、コロニーの各部分、一つ一つの泳鐘、それぞれの胃が、一つの器官なのかそれとも一個体なのかを確定するのは非常に困難である。この点については、複数の動物学者がそれぞれ対立する意見を述べている。ある学者グループは、共同生活が個体性を非常に退化させた結果、各個体にたった一つの器官しか残さなかったと主張する。たとえば特定の個体は、

シャム双生児（結合双生児）

受精後十日までの間に胚が分離すると、一卵性双生児が生じるが、分離するのが遅れると、時に分離不十分になって、身体の一部がつながった結合双生児が生まれることがある。著名な結合双生児のチャン&エン・ブンカー兄弟（1811–1874）がシャム（現タイ）で生まれたことから「シャム双生児」とも呼ばれる。ブンカー兄弟はサーカスの見世物興行で社会的に成功し、それぞれの妻との間に一〇人と一二人の子を得て、シャム双生児としては高齢の六十二歳で亡くなった。シャム双生児は一方が亡くなると、分離手術を施さない限り、もう一方もほどなくして亡くなる。それは亡くなると自己融解酵素が分泌され、体液を共有するもう一方の細胞も分解されるからである。【池田】

ドゥーディカとラディカ

一八八九年インドのオリッサで生まれたシャム双生児の姉妹。軟骨組織によって胸の部分が結合していた。一九〇二年フランスに渡ったが、ドゥーディカが結核を患っ

真ん中のフィラメントに付属する胃の役割を持つようになったが、別の個体は移動運動器官以外のあらゆる器官を失い、移動運動器官がコロニーの泳鐘の一つになったという。別のグループは、私と同意見で、クダクラゲは器官のコロニーによって形成されており、その中では区別できる個体が存在しないかほとんど存在しないと考えている。つまりクダクラゲの泳ぐチェーンの一つ一つは、泳鐘、足、胃などの複数の器官が共通の体幹に結びついたものにすぎないのである。ここではこの議論に深入りするつもりはない。というのは、我々にとって最も重要なのは、クダクラゲではたとえ極度に縮小された形であれ個体性が維持されており、クダクラゲの個体性は変形菌類に見られるような決定的な形では失われていない、という事実なのだ。

図23　クダクラゲの全体像（チュンによる）
pn：気胞体, clh：泳鐘, stl：ストロン（幹）

この主張のもう一つの根拠として、ユードキシッドの名で呼ばれる小型のクダクラゲの例を挙げたい。これは共同の幹から分離した部分（フラグメント）が自由に海中を泳いでいるもので、驚くべき構造を持っている（図24）。ユードキシッドは筋線維が発達したカサのおかげで移動できる。このカサは生殖器官は備えているが食物を捕食し消化する器官が全くない個体の

ていたため、ウジェーヌ＝ルイ・ドワイヤン医師により、分離手術が行われた。この手術は、当時ヨーロッパ中の話題をさらった。分離後ドゥーディカは死亡した。ラディカもその後結核を患い、一九〇三年に死亡した。【池田】

ローザとヨゼファ
一八七八年ボヘミア（現チェコ）で、臀部結合双生児の姉妹として生まれた。美貌に恵まれ、「ボヘミアン・ツインズ」と呼ばれ、注目を集めた。性格は全く違い、ローザは社交的だが、ヨゼファは内向的であった。一九一〇年、ローザは妊娠して元気な子を産んだ。シャム双生児の女性が元気な子を産んだのは、ローザ一人だけだと言われている。マスコミは騒ぎ立て、神父は、彼女らは堕落しているとして、夫として名乗り出た男性との結婚式を執り行うのを拒否した。二人は子供を連れて興行を続けていたが、ヨゼファは黄疸を患って一九二二年に死亡した。ローザも間もなく死亡した。【池田】

一部である。これに対し第二の個体は食物捕食、消化の機能を持っており、この個体が最初の個体と密接に結びついている。栄養補給の役割を持つ第二の個体には、獲物を捕える長い触手の他に浮かぶ胃があり、これで獲物を消化する。消化されたものは、血管を通して生殖機能を持つ第一の個体に送られる。第二の個体は完全に出来上がった（栄養素を含む）血液を第一の個体に与えるのである。つまり、ユードキシッドは、移動手段も生殖機能も持たないが食糧補給と栄養摂取の能力がある個体と、生殖機能を持ちさまざまな運動をする個体からなる二重構造の存在なのだ。フロリアンの有名な寓話に登場する盲人と麻痺患者の組み合わせに似た結合がここに実現されているわけである。

動物の身体の社会的構造の進化が、個体性の完全喪失と相容れないのは明らかである。進化の階梯を登れば登るほど、これがより明らかになる。たとえば群体性のホヤは、コロニーのすべてのメンバーが生存のために必要な器官をそれぞれ保持している。このグルー

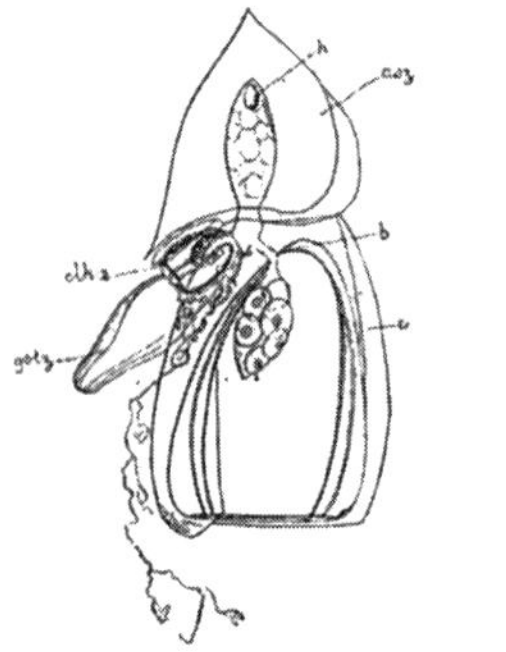

図24　ユードキシッド（チュンによる）

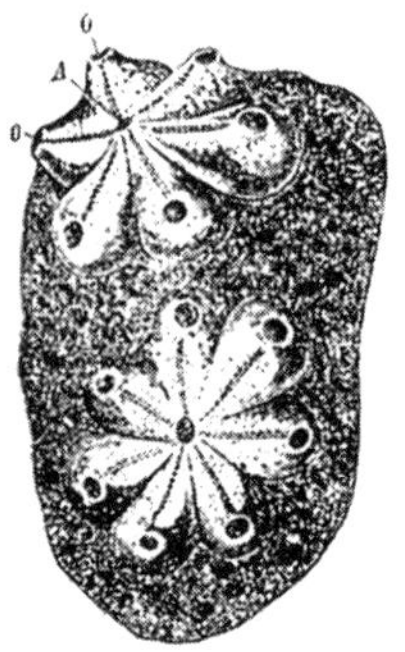

図25　ボトリルスのコロニー
oは口, Aは共同の総排出腔

フロリアンの「盲人と麻痺患者」
フランスの劇作家、Jean-Pierre Claris de Florian（1755-1794）による寓話集『フロリアン寓話選』は、日本文化に憧れて何度か来日し、日本人の浮世絵師と交流があったフランス人ピエール・バルブトー（Pierre Barboutau, 1862-1916）の編集により一八九五年（明治二十八年）に日本で作られたいわゆる「縮緬本」である。和紙に木版で印刷し、和紙を縮緬状にして和綴じで製本した。原文はフランス語で、狩野友信、久保田桃水らの有名絵師に一四ページにも及ぶ挿絵を描かせ、和洋折衷の寓話集になっている。二巻、二〇〇部限定の豪華本として、パリのマルポン・フラマリオン社より発売された。「盲人と麻痺患者」は第一巻に収録され、盲人が麻痺患者を背負って歩いている狩野友信の挿絵が付いている。盲人は運動機能、麻痺患者は感覚機能を備えており、二人合わせれば、普通に生きられるという寓話である。【池田】

プの中で最も興味深いボトリルス（*Botryllus*）属は、円形のコロニーを形成する（図25）。コロニーの成員である個虫は、総排出腔を中心として放射状に結集している。各個体はそれぞれ自分自身の口と完全な消化管を持っているが、各個体の腸の末端部は共同の総排出腔につながっており、すべての個体の消化の残滓が共通の総排出腔に集まる。すなわち、前述のローザとヨゼファのように、排便のための開口部が一つあるだけなのだ。

Ⅱ　昆虫の社会生活――動物の個体性の発達と維持――特定の昆虫に見られる個体性を犠牲にした役割分担の発達

ここまでは、社会を形成する動物のうちある程度発達した有機的絆で成員が結ばれた例を検討した。昆虫の世界には、高度に組織化された社会で生活する例が豊富にある。しかし昆虫の身体はすでに完成度が高いため（進化の度合いが進んでいるため）、社会の成員である個体間の密接で有機的な結合はすでに不可能になっている。

ミツバチのいくつかの種で社会生活が発達し始める時、成員の個体はすでに完全に発達しており、個体間に全く違いがない。こうした成員が個体の生存を確保するために結びつく。時には共通の敵を追い払うために協力し、寒い季節には暖を取るためにぴったりとくっつきあう。これらの原始的な社会では、子供の共同飼育は全く見られない。子孫の世話が社会生活の本質的な目的であるのは、ミツバチ、ある種のアシナガバチ、アリ、シロアリなど、はるかに完成された昆虫の社会のみである。しかしこの社会生活の高度な発達は、社会を構成する個体の利益とインテグリティを犠牲にして実現された。極度の役割分化が起こり、メスは単なる産卵機械になってしまった。ミツバチでこの役割を果たす女王バチは、知能があまりにも未発達のままで、社会の利益について判断する力がない。女王バチは巣の中に閉じ込められ、働きバチが精魂込めて世話をする。種の保存が女王バチにかかっているからだ。食糧が欠乏した場合でさえ、働きバチは自分を犠牲にして最後の食糧を女王バチに譲るので、最後まで生き残るのは女王バチである。雄バチは不完全な存在で、社会にとって有用な範囲で存在が許容されているにすぎず、繁殖期の後は働きバチによって情け容赦なく殺されてしまう。

一方、共同体の利益のためにこれほどまで精魂を傾ける働きバチは、不完全な個体でしかない。非常に発達した脳を持ち、蜜蠟作りと食糧収集に適した完璧な器官を備えているが、性器は痕跡的な状態で正常な生殖機能を果たすことができない。

昆虫の社会が完璧に近づけば近づくほど個体性の喪失が深刻になる例は他にもある。アリやシロアリの社会生活は、ミツバチの社会生活とは全く無関係に発達したが、ここにも同じ基本的特徴が見られる。高い知能と器用さを備えるのは生殖機能が萎縮した働きアリだけである。社会の保全と安全を監視する兵隊アリには巨大な顎があるが、生殖器は痕跡的なものでしかない。これに対し、雌アリと雄アリは、生殖器だけが非常に発達しており、不器用で知能が低く卵子と精子が詰まった袋に等しい存在に成り下がっている。

アリについては、蜜を作る働きアリにも注意をうながしたい。この現象は主としてメキシコに生息する外来種に見られる。働きアリのうち特定数の個体が、ある時点で大量の蜜を吸って蜜が詰まった袋に変身してしまう。脚は膨れ上がった身体を移動させることができず、蜜アリは全く不動の状態で巣の中に留まる。この状態では正常な生活を送ることが不可能で、蜜アリは社会のために寿命を短縮する。普通の働きアリや有性（性的に特化した）アリは空腹を感じると蜜アリの身体に近づき、いつでも摂取できる状態の消化が容易な食糧を口に流し込む。つまり蜜アリは生きた蜜ツボになってしまったのである（図26）。

シロアリは、ミツバチやアリとは全く異なる昆虫のグループに属している。しかしシロアリも、集団のために個体を犠牲にするという一般原則を実行している。メスは莫大な数の卵が詰まった不格好な袋に変身する。動くことができないので通路の中に閉じ込められ、一日八万個もの卵を産む。兵隊アリの顎はあまりにも巨大で、無性化した兵隊アリは、敵と戦う以外、何の役割も果たすことができない。

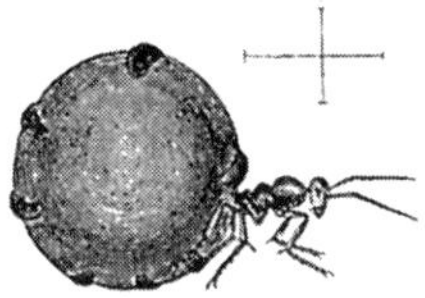
図26　蜜アリ（ブレームによる）

このように社会生活を送る昆虫は個体性を部分的に喪失する。しかし、これが前節で検討した「ポリプなどの」下等動物に見られるレベルに達することは決してない。

このため、一般的な原則として、生体の完成度が高まるに従って（進化が進むに従って）社会における個体保全の度合いも高まるということができる。

この原則が人間にも当てはまるかどうかを検証してみたい。

III

人間社会——人類の分化——学識のある女性——*Halictus quadricinctus* の習性——集産主義者の理論——ハーバート・スペンサーとニーチェの批判——高等生物の社会における個体性の発達

脊椎動物の社会生活は一般にほとんど発達しておらず、魚類や鳥類の群れの社会組織は昆虫とは比べものにならないほど未発達だ。哺乳類の社会生活も進歩が著しいとはいえず、完成度が高い社会の登場は人類の誕生を待たなければならなかった。すなわち、人類は社会生活が高度に発達した最初の哺乳類なのである。しかし昆虫が非常によく発達した本能に導かれて社会関係を維持するのに対し、人間では本能の発現は従属的な役割しか果たしていない。人類は個人の感情つまりエゴイズム（利己主義）が非常に強いが、これは我々の遠い祖先が未だ社会生活を送っていなかったという事実によって説明できるのではないかと思われる。

類人猿は家族や小さな群れで生活しているが、きちんとした組織はない。人類の隣人愛もしくは利他主義は、最近になって獲得された性質で、ほとんど発達していないことが多い。

人間の社会組織はよく発達し分業も著しく進んでいるが、社会生活を送る昆虫に見られる個体の分化は全く見られない。社会生活はクラゲ、ミツバチ、アリ、シロアリなどさまざまな生物の生殖器官の萎縮をもたらした。ただしその過程はそれぞれ異なっている。これに対し人類ではそれに類する変化は全く起こっていない。

人間でも男女の性器に何らかの異常が見られることがある。しかしこれは前述の動物に見られる無性化した個体の発達とは全く別のものである。特定の宗教は一定数の個人に独身生活を強制する。しかし、この強制的な独身生活は働きバチの誕生と同じような分化の第一歩だという仮説は、とうてい真剣に擁護することができない。そのうえ、強制的独身生活は、一般化するかわりにむしろ減少する傾向にあり、こうした独身生活に大きな重要性を認めることはできない。

近年になって、欧州とアメリカ合衆国では、女権拡張運動の強力な推進の結果、女性が高等教育を受けるようになった。女性は、母親、主婦という通常の役割のほかに、医師や弁護士として働くことを選ぶようになった。大学教育を受ける女性の数は増加する一方で、ドイツのように高等教育の門戸を女性に閉ざしていた国々もこの風潮に抵抗することが次第に困難になり、最終的には譲歩せざるを得なかった。

社会生活を送る昆虫では働きバチや働きアリの分化が見られる。では、昆虫の分化に匹敵する人類の分化の始まりをここに認めることはできるだろうか。答えは否である。多くの若い女性が、何らかの理由で、結婚を望むかわりに科学研究に没頭していることは反論の余地がない事実である。しかし、この場合の独身生活は、高度の知的活動の結果ではなく、逆にその原因なのである。また一方で、科学に献身する多くの若い女性たちが、多かれ少なかれ時が過ぎると結婚することも忘れてはならない。たとえば、サンクトペテルブルクの医学校で医学を勉強した一〇九一人の女性のうち、八〇人は就学時すでに既婚者で、一九人が寡婦、九九二人が未婚者だった。最後の未婚グループのうち四三六人すなわち約四四%が就学中に結婚した。

女権拡張運動はすでに四十年以上続いているが、大多数のケースでは、不妊の働きバチに匹敵する個体が形成される傾向は全く見られない。女性の医師や学者の大部分は一般に、家庭を築くことを切望しており、科学者として最も優れたキャリアを誇る女性さえ例外ではない。この点については、女性の学者の中で最も卓越した地位を占めるソフィア・コヴァレフスカヤの私生活を追って見ると非常に面白い。彼女は、数学の勉強を始めた若い時代には、恋愛にほとんど興味を示さなかった。しかし老いを感じるようになると、この感情が彼女の中に芽生え、学術院（科学アカデミー）賞を送られた当日、友人の一人に次のように書き送っている。「あらゆる方面からお祝いの手紙を受け取りますが、運命の奇妙な皮肉のせいで、かつてこれほど不幸に感じたことはありません」。

女権拡張運動
所謂フェミニズムで、十八世紀の欧州で、市民革命の一環として起こり、今日まで続いている男女同権運動のことである。本文を見ると、社会性昆虫の不妊メス（働きバチ、働きアリ）を引き合いに出して論じているが、今日ではそのような議論は全く見られない。今日的な観点からは、フェミニズムの問題は、子供を産めるのは女性だけである、という生物学的な男女の非対称性を、男女平等や社会政策としての人口調整とどのように整合させるかということに尽きる。 【池田】

不満の原因は、彼女が一番の親友に語った言葉に表れている。「どうして、どうして、誰も私を愛することができないのでしょう」と彼女は繰り返した。「私は大抵の女性より多くのものを与えることができるはずです。でも、最も取るに足りない女性でさえ愛されているのに、私は誰にも愛されていないのです[164]」。

要するに、宗教や学術研究に身を捧げる人物の独身生活に、働きバチのような特別な個体の形成の開始を認めることは不可能なのである。しかし、人間においても、さまざまな重要な職務が遂行されるよう、特定の分化が起こる可能性は高い。

図27　*Halictus quadricinctus*（ビュフォン博物誌増補版より）

人間社会の組織化が、社会生活を送る昆虫に見られるような、無性の個体の誕生につながる道をたどっていないのは明らかで、むしろ動物世界の特殊ケースに見られる別の方向で起きている。たとえば、単独生活を送るアトジマコハナバチ属の一種 *Halictus quadricinctus*（図27）は、昆虫一般とは異なり、メスが最後の卵を産んだ後も死なずに生き続け、子供の世話をすることを特徴としている。しかしこの生涯の最終期は短いため、年老いたメスが育児係を務めることを前提として組織された社会で、育児係として恒常的な役割を果たすことはできない。しかし人類では個人の生涯がはるかに長いので、このタイプの分業が可能となる。

通常、女性は四十歳から五十歳の間に妊娠能力を失うが、統計データによると、平均でその後二十年間は生き続ける。この期間中、女性は社会にとって最も有用な役割を果たすことができる。前述した高齢の雌バチのように、子供の養育と教育を主に担当するのである。教育係として非常に有用な祖母や年配女性のたぐいまれな献身を知らない者はいない。しかし一方で忘れてならないのは、現在、人間の老化は開始が早すぎ、あるべき姿にはないことである。すなわち、人間の寿命は理想的な状態であれば達成できると思われる長さには達していない。科学が人間社会において本来占めるべき重要な地位を占めるようになり、衛生に関する知識が向上すれば、人間の寿命は長くなり、高齢者の役割は今日よりもはるかに重要になると予想される。

人間社会の成員は、昆虫社会で見られるように有性の個体と中性の個体には分かれていない。しかし各成員の活動は生殖可能期間と生殖不能期間の二つに分かれており、後者は共同体にとって有用な仕事に捧げられる。つまり、昆虫社会と人間社会の本質的な違いは次のように要約できる。動物社会を形成する個体は身体が不完全だが、人間社会では個体が身体の完全性を保つ。

つまり我々は、社会的存在である個体の構造が高度に進化すればするほど、個体性も一層発達するという結論に達した。このことから、社会生活を規定する理論で最も優れているのは、個人の発達と主導権の発揮に十分に自由で広い領域を与えるものだ、と結論することができる。できるだけ完全に個人を社会の犠牲にすべきだ、という理想が唱道されているが、これが生物の共同体の一般原則にかなっていると考えてはならない。社会生活が特殊な状況にあり、多くの犠牲が避けられないことはあるが、それが一般的な状況だとか、永久的な状況だと考えてはならない。人間の共同生活が進歩すればするほど、個人の犠牲が必要なケースは減少することが予想されるのである。

人間性に深く根を下ろしたエゴイズムと闘うために、個人の幸福の放棄と共同体利益優先の必要性が説かれたが、このプロパガンダはほとんど成果を上げなかった。しかし、時にはこれが功を奏し、影響を受けた人間、特に若い女性たちが、全体の幸福と信じるもののために自分の幸福や、時には命さえ犠牲にすることがあった。このように自己犠牲の行きすぎが見られるにもかかわらず、社会利益のための個人の犠牲を称賛する声は後を絶たない。

世の中の富（所有）の分配があまりにも不平等であることから、不公平の是正を目的とする学説が生まれた。一世紀以上の間、さまざまな社会主義理論が、自分の理論こそ人類全体を幸福にできると主張して議論を戦わせてきた。これらの理論は現状批判の面では一致しているが、新社会を律する規則となるとそれぞれ主張が異なっている。こうした状況の下では、社会主義という言葉の解釈にさえ大きな違いが生まれ、この言葉の使用が困難になってしまった。集産主義的ないくつかの理論は、初期の非妥協性をほぼ失ったものの、社会に生きる個人に十分な完全性（インテグリティ）を認めるにはほど遠い状況にある。

社会主義
社会主義（socialism）という用語はオーエン派の［協同組合雑誌］（一八二七年）に載ったのが初出とされる。貧富の差が拡大するように機能する資本主義に対抗して、より平等な社会を目指す運動である。一八八八年の『共産党宣言』の英語版序文においてエンゲルスが「社会主義は中産階級の運動であり、共産主義は労働者階級の運動である」と述べたように、社会主義を突き詰めれば共産主義に行きつくという見方がある一方、社会主義には様々なバージョンがあって、私有財産を認めない共産主義はその一形態にすぎないとの見方もある。【池田】

社会主義者の集会や会議では、個人の権利の放棄を高々と宣言する決定が下される。ある社会主義政党は、自党の公式新聞以外の新聞に協力することや、党が排斥する政府に参加する権利を党員に与えることを拒否している。社会主義者が組織したストライキの間は、働くことを熱望する労働者も働くことを許されず、労働の権利が完全に否定される。最近では自分と意見の異なる新聞の印刷を拒否した活字工の例の他、反対政党に属する人物の診療を拒否した医師の例さえ見られた。

集産主義者に対し、個人の自由を侵害しすぎるという非難が何度も繰り返し浴びせられてきた。彼らはこれに対し「未来の社会民主主義の社会においては、暴政がしかれたり何らかの弾圧が加えられたりすることはありえない。彼らの連帯の秘密は規律にあるが、これは軍人の硬直した服従と同一視されるべきものではなく、共通の目的達成のために必要な個人のコミュニティ（集団）への服従と見なされるべきものだ[165]」と反論する。しかし、まさにこの規律と服従がしばしば行きすぎになり、個人の良心を深く傷つける。さらに、集産主義者の中には、個人が共同体に吸収されることを認めない一派も生まれた。しかし彼らはアナーキストで、個人の自由を標榜しつつ敵の財産を襲い生命を奪うことさえ厭わない連中なのである。

貧困撲滅が緊急の課題とされてすでに一世紀以上経ったが、この間、集産主義者の理論にも著しい進化が見られた。昔は私有財産の完全撤廃とコミューン生活のための集団住宅の設立が宣言されたが、今日では生産手段の社会化のみが要求され、住居とすべての消費

カウツキー
Karl Johann Kautsky（1854-1938）。ドイツのマルクス主義政治理論家。ドイツ社会民主党の政治家としてエンゲルス亡き後、党を主導した。マルクス主義の最も正統的な後継者と目され、レーニン、スターリンなどに多大な影響

財の個人所有を認めるところまで譲歩している。

　こうした集産主義者は、最も著名な代表者の一人であるカウツキー[166]を通して次のように語る。土地の共有化は「住居私有の撤廃を必ずしも意味しない。慣例となっている農業搾取と結びついた居住形態は廃止されるが、農民の住居を集団所有に変える必要は全くない」「近代的な社会主義は消費財の個人所有を否定しない。人間生活とその楽しみを享受するあらゆる手段の中で、個人住宅は重要なものの一つであり、もしかすると最も重要なものかもしれない。土地の集団所有は、住居の私有を少しも排除するものではない」。庭のない個人住宅は、特に生活の質を享受する側面を考えると認め難い。しかし一方で、庭があれば耕作が可能になり、これにはどんな改良でも加えることができ、庭は個人生産の出発点になりうるのである。集産主義者はこれらの譲歩を余儀なくされたが、これは結局、私有財産の重要性を衝撃的な形で表していると言える。

　こうした妥協にもかかわらず、生産手段の共有化とこれに伴う個人の主導権の制限には反対の声が巻き起こっている。著名な英国の哲学者、ハーバート・スペンサー[167]は、視野の狭さや保守主義とは縁のない人物だが、集産主義は人間の個性を画一的で凡庸なものにおとしめる、と、その理論を激しく攻撃した。彼は、平等の実現と貧困の撲滅を目的とする最も善意に満ちた対策がいかなる悪弊をもたらすか、を非常に説得力のある一連の例を挙げて示した。彼は、個人の主導権の下に遂行されるべき職務に国家が過大に干渉すると、奴隷制が生まれると予測する。彼はまた、集産主義的国家の設立は大きな危険をもたらす

を与えたが、後に、ソビエト社会主義政権を一党独裁であると非難して、レーニンと激しく対立した。本文にあるように集産主義者としてのカウツキーは、生産手段の集約化によって生産性を上げられると主張したが、私有財産を必ずしも否定していない。私有財産を否定する形の集産主義を採った共産主義が、結局のところ独裁に堕ちて、崩壊したのは歴史の教えるところである。【池田】

ハーバート・スペンサー　Herbert SPENCER (1820-1903)。英国の哲学者。社会進化論（社会ダーウィニズム）を提唱して、社会も生物と同様な進化原理によって変化すると主張し、優れたものは生き延び、劣ったものは滅びるのは必然であるとして、資本主義の競争原理を肯定した。また、国家と国民の関係を、個体と細胞の関係に擬する「社会有機体論」を唱え、全体主義的な政策を擁護した。スペンサーの考えは社会ダーウィニズムという名で呼ばれているが、本来のダーウィンの進化論とは無縁の思想である。【池田】

と信じている。

ニーチェは、彼特有の誇張を交えながら社会主義を批判している。*「社会主義は、ほとんど死んでしまった独裁制の狂信的な弟で、独裁制の遺産を相続しようとしている。つまり、社会主義の努力は、言葉の最も深い意味において、反動的なのである。なぜならば、社会主義は、これまで独裁主義だけが持っていた国家の絶大的権力を欲しており、個人が正式に消滅することをもくろんでいるという点で、過去のどのような体制をも超越している。社会主義によると、個人は存在を容認すべきでない自然の無用の奢侈品であり、共同体に役立つ器官に修正すべきだ、という考えだからだ」。またその少しあとでは、「社会主義は、国家に全権力を集中することの危険性を、粗暴で衝撃的なやり方で教えるのに役立つ。この意味で、国家に対する不信感を呼び起こすのにも役立つ。社会主義の粗野な声が戦争の雄叫びと混じる時、『国家権力をできるだけ大きく』という叫びは、かつてないほど騒々しいものになるが、間もなく同じく力強い声で『国家権力をできるだけ小さく』という叫びが響き渡るのだ」。

集産主義にはさまざまな色合いがあるが、いずれにも個人の完全性（インテグリティ）を十分保ちながら社会問題を解決する能力はないと思われる。しかし人間の知識が深まるにつれ、必然的に現在よりも平等な財産分配がもたらされると考えられる。知性が鍛錬された結果、現在多くの人間が不可欠だと考えているが実施には無駄で有害でさえある多くの物は放棄されるだろう。「最も大きな幸せは正常な人生サイクルを完全に生ききること

ニーチェ Friedrich Wilhelm Nietzsche (1844-1900)。ドイツの哲学者、古典文献学者。真面目な秀才であったニーチェは、若くしてその才能を認められ、二十四歳でバーゼル大学の古典文献学の教授となった。しかし、一八七九年に体調を崩し、教授職を辞し、その後は在野の哲学者として、幾多の作品を発表した。一八八九年の一月、精神に異常をきたし、一切の執筆の中断を余儀なくされ、一九〇〇年八月に死去した。死因は脳梅毒という説が有力である。生前はさほど有名でもなかったが、現在では実存主義哲学の先駆者とみなされ、アフォリズムを駆使した挑発的な表現は後世の哲学者や文学者に大きな影響を与えた。【池田】

* Nietzsche, *Humain, trop humain*. Trad. franç., 1899, pp. 405-407. あるドイツ人批評家が筆者をニーチェの著作について無知だと非難した。筆者はニーチェの著作をいくつか読んだが、これらの著作は狂気と天才が混じり合っており、利用することが困難なのだ。

であり、つつましく質素な生活のほうがこの目的を達成しやすい」という思想は、我々の寿命を短くしている多くの贅沢が、実は無用の長物であることを人々に確信させるだろう。富裕層が、生活様式の簡素化が有益だと認めれば、貧困者の生活は改善されるだろう。しかしこれは相続または自力で獲得した私有財産の維持を妨げるものではない。あらゆる進化は段階的にしか実現できず、多くの努力と新たな知識を必要とする。この点で、誕生してまだ間もない社会学は、姉貴分である生物学から学ぶことが必要となる。生物学は、生物体の組織が進歩すればするほど個体性の意識が発達するため、ある段階で個体性を社会のために犠牲にすることが不可能なレベルに達することを教えるのである。変形菌類やクダクラゲなどの下等生物では、個体は、完全にまたは大部分が共同体と融合している。しかしこれらの生物は個体性の意識が全く発達していないので、犠牲はそれほど大きなものとはいえない。社会生活を送る昆虫は下等生物と人間の中間的な段階にある。個体が明確な意識を獲得したのは人間が初めてであり、まさにこの理由で、社会組織が共同体の利益を口実に個人を犠牲にすることは断じて許されないのだ。生物の社会進化の研究から、我々はまさにこの結論に達したのである。

人間の個人の研究が、人類の社会生活の組織化に必要不可欠なステップであることをこの試論は明らかにするものである。

この点については、ムービウス（Mœbius）の次の非常に興味深い著作を参照されたい。Mœbius, *Ueber das Pathologische bei Nietzsche*, Wiesbaden, 1902.　【原註／森田訳】

第七章　厭世主義と楽観主義

I

厭世主義の東洋的起源――厭世主義の詩人――バイロン――レオパルディ――プーシキン――レールモントフ――厭世主義と自殺

人間性について楽観的な理論を展開しようとする時、なぜこれほど多くの傑出した人物が純粋に厭世的な人生観にとらわれたのか不審に思うのは当然だろう。

厭世主義は主に近代になって広まったが、起源は非常に古い。紀元前約十世紀の『コヘレトの言葉（伝道の書）』の叫びを思い出さない者はいないだろう。「空の空、一切は空である」。その著者であるとされるソロモンは、「わたしは生きることをいとう。太陽の下に起こることは、何もかもわたしを苦しめる。どれもみな空しく、風を追うようなことだ*」と言い切った（*Eccles.*, II, 17)。

ブッダは厭世主義を教義にまで高めた。彼にとり生は苦しみ以外の何物でもない。「誕生は苦しみ、老年は苦しみ、病気は苦しみ、死は苦しみ、嫌いな人間との付き合いは苦しみ、愛する者との別離は苦しみ、求めるものを得られないのは苦しみ。つまり、この世への五つの執着が苦しみなのだ[168]」。実はこの仏教の厭世思想こそ、現在見られるほとんどの

＊　邦訳は日本聖書協会『聖書／新共同訳』・旧約聖書『コヘレトの言葉』二章十七節より　【森田】

厭世主義的思考の源だった。

厭世主義は東洋に起源を発し、インドで大きな発展を見せたが、それは仏教の領域に留まらなかった。バルトリハリが著したとされる紀元一世紀初めごろの詩節は、次のような言葉で人間存在を嘆いている。「人生は百年を超えることがない。夜がその半分を占める。残りの半分の半分は幼年期と老年期だ。残りは病気、別離とこれに伴う不幸、他人に仕えたり、つまらない事をやる羽目になったり。こうして時間を費やし人生を終えてしまう。奔流が作り出す水泡のような存在のどこに幸福を見つけることができるだろう」「人の健康は、心労とあらゆる種類の病気によって破壊される。どこかに幸運が舞い降りると、まるで開かれた扉を通るようにして不幸が入ってくる。死は、すべての存在を次から次へと奪い、これから逃れようと抵抗しても無駄なのである。全能のブラーフマンの創造物の中に、確固としたものが何かあるのだろうか[169]」。

厭世主義はアジアからエジプトとヨーロッパに広まった。すでに紀元前三世紀にヘゲシアスの哲学が生まれ、経験は最も多くの場合失望につながり、喜びはすぐに飽満と嫌悪を生むと主張した。彼によると、苦痛の総体は喜びの総体を超え、幸福は実現不可能なもので、結局のところ決して存在しない。このため、実現不可能な喜びと幸福を追い求めるのは無駄なことで、むしろ感受性と欲望を鈍らせて無関心になるよう努力すべきなのだ。結局のところ、生には死以上の価値がなく、自殺で存在を終えるほうが望ましいことがしばしばある。ヘゲシアスはペイシタナトスつまり死の勧誘者と呼ばれた。「彼のもとには多

ブラーフマン
古代ヒンズー、インドの文献ヴェーダの最終章に当たる『ウパニシャッド』（ヴェーダーンタ）で展開されるインド哲学の中心的概念で、宇宙の根本的原理。我の中心であるアートマンと究極において一致（仏教的表現では「梵我一如」）する。【村上】

ショーペンハウアー
Arthur Schopenhauer（1788-1860）。ドイツの哲学者。カントの哲学を受け継ぎながら、人間は生への盲目的意志により動かされるが、同時にこの意志は、常に他の意志の介入で達せられず、したがって生は同時に苦に外ならず、仮にその苦を逃れる方法があるとすれば、生の意志の発動を諦めるほかはない、という厭世主義を説いた。【村上】

フォン・ハルトマン
Eduard von Hartmann（1842-1906）。ドイツの哲学者。ショーペンハウアーの「盲目的な意志」を受け継ぎながら、それを「無意識」と読み返し、人間の生の根源

くの聴衆が駆けつけた。彼の学説は急速に広まり、彼を信じた弟子たちは、勧告に従って自殺した。これに驚いたプトレマイオス王は、生への嫌悪が伝染することを危惧し、ヘゲシアスの学校を閉鎖して彼を追放した[170]」。

ギリシャ、ローマ時代のさまざまな哲学者と詩人の著作にも厭世主義的な傾向が感じられることがある。セネカは次のように嘆く。「人生の総体は哀れなものである。古い不幸に対する債務を払い終わらないうちに、新たな不幸が群れを成して次々に襲いかかる[171]」。

しかし、厭世主義が著しく蔓延したのは、何よりも現代なのだ。

前世紀〔十九世紀〕の哲学者ショーペンハウアー、フォン・ハルトマン、マインレンダーの理論については、『人間性の研究』で十分に論じたが、哲学者以外では、特に詩人が厭世的な人生観を展開した。すでにヴォルテールは厭世主義的な悲嘆を詩に記している。

ああ、人生の歩みと目的は何なのだ
くだらない冗談と虚無
ジュピターよ、おまえは我々を冷たい冗談として創造した

すでに『人間性の研究』で、バイロンが人間存在の苦悩に関してどのような考えを表現したかを見た。この有名な英国詩人の死からまもなく、イタリアの高名な抒情詩人ジャコ

に無意識を置くことで、後にユング（Carl Gustav JUNG, 1875-1961）らの精神分析論にも影響を与えた。【村上】

マインレンダー
Philipp MAINLÄNDER（1841-1876）。ドイツの哲学者。本来の姓は〈BATZ〉というが、故郷のオッフェンバハ・アム・マインへの愛着から、「マインの住人」という意味の〈MAINLÄNDER〉に改名したという。ショーペンハウアー由来の厭世主義が嵩じて、精神を病み、三十四歳で自殺した。芥川龍之介（1892-1927）は、マインレンダーに惹かれていたらしく、『侏儒の言葉』には引用があり、『河童』にも彼への言及がある。【村上】

ヴォルテール
Voltaire（1694-1778）。本名François-Marie AROUET。フランスの啓蒙思想家。引用されている詩文は〈Les désagréments de la vieillesse〉（「老いの不都合」とでも訳しておく）という詩の最終節の一文である。【村上】

モ・レオパルディは、沈鬱な厭世主義に満ちた嘆きの声を上げている。

　レオパルディは自分自身の心臓に次のように語りかけた。[172]「永遠に休むがいい。君はもう十分鼓動した。君の鼓動に値するものはなく、現世は君の溜息にも値しない。苦渋と倦怠、それが人生だ。人生はそれ以外の何物でもない。世界は泥水にすぎないのだ。これからは休息するがいい。永久に絶望するがいい。運命は我々に死しか与えなかった。これからは、君自身と自然を軽蔑せよ、そしてあらゆるもの、その無限の変化の崩壊を司る隠れた恥ずべき力を軽蔑するがいい」。

　レオパルディは、読者を自らの煩悶と苦悩の証人にしようと自分の計画を打ち明ける。「私は不可解な真実を研究するつもりだ」と彼はカルロ・ペポリ伯爵に捧げた詩の中で語る。「私は死にゆく運命にあるものと永遠のものの不可解な運命を研究するつもりだ。なぜ、人類は生まれ落ち、苦痛と悲惨の重荷を負うことになったのか。運命と自然は、いかなる究極の目的へと人類を駆り立てるのか。我々のこの大きな苦悩は、誰の喜びと利益になるのか、賢人が褒め称え、私が崇拝するこの神秘的な宇宙は、いかなる法則によって支配されているのか」。

　「現世の苦痛」をうたう優秀な詩人グループが出現した。ドイツの「世界苦」と呼ばれるグループでは特にハイネとニコラス・レーナウが傑出している。

世界苦
ドイツ語はWeltschmerz。グリムの辞書によると、初出はジャン・パウル（Jean Paul, 1763-1825）の『セリーナ』（一八二七年、死後出版）である。世界自身が不完全で、完璧さへの憧憬と、満たされない苦しみを持つ、という解釈から、そうした世界に生きる人間の根源的な苦しみを指す、という解釈まで、広く使われる概念となった。パウルはフランス風のペン・ネームだが、ドイツの作家で、時代としては啓蒙期からシュトルム・ウント・ドランク期、あるいはロマン主義に跨って生きた人物だが、彼の作風は、そのどれとも一線を画す独特のものと言われる。しかし、その影響は広く、イギリスでは上述のバイロン（George Gordon Byron, 1788-1824）をはじめ、オスカー・ワイルド（Oscar Wilde, 1854-1900）、ウィリアム・ブレイク（William Blake, 1757-1827）、フランスではボードレール（Charles Baudelaire, 1821-1867）、シャトーブリアン（François-René de Chateaubriand, 1768-1848）、ヴェルレーヌ（Paul-Marie Verlaine, 1844-1896）

ロシアでもバイロン派の影響下で詩が作られたが、その最も優れた代表者であるプーシキンとレールモントフは、しばしば人間存在の目的を問い、最も絶望的な形でその問いに答えている。ロシア抒情詩の父という正鵠を得た名前で呼ばれるプーシキンは、厭世主義的な考えを次のように表現した。

無用な贈り物、偶然の贈り物
生命、なぜおまえは私に与えられたのか
なぜおまえは死への前進という破滅的運命を宣告されたのか

悪意に満ちたどのような力が
私を虚無から引きずり出し、
私の魂を激情で満たし
私の魂に懐疑を吹き込むのか

私の前には何の目標もない
心は空虚で精神も虚ろだ
そして生は、その単調な動揺と共に
私を暗い憂鬱で満たす

現代では、アッケルマン夫人が、世界と人生のありのままの姿を見ることの苦悩を一連

ら、またドイツ語圏ではヘッセ（Hermann Hesse, 1877-1962）やレーナウ（Nikolaus Lenau, 1802-1850）、ハイネ（Heinrich Heine, 1797-1856）、トラークル（Georg Trakl, 1887-1914）ら文筆を業とする十九世紀の人々に絶大な影響を与えた。それは、音楽や表現芸術の世界にまで及んでいる。例えば、マーラー（Gustav Mahler, 1860-1911）の交響曲第一番は『巨人』という通称で知られるが、このタイトルはパウルの〈*Titan*（巨人）〉という作品に由来している。またココシュカ（Oskar Kokoschka, 1886-1980）らの絵画などにも、世界苦の影が見える。要するに、十九世紀の後半、いわゆる「世紀末」のヨーロッパの一見退廃した空気を見事に反映したのが、この概念であった。したがって、トラークルやその妹でピアニストとしても才媛ぶりを謳われたマルガレーテを好例として、しばしばそれは自殺という結末を誘うことにもなった。【村上】

の詩で表現しているが、苦渋に満ちた嘆きの具体的原因は明らかにしていない。

　同時代人の意見や感情が厭世主義的哲学者や詩人の上に反映され、同時にこれら哲学者、詩人が、読者に大きな感化を与えたことは疑いの余地がない。こうして人間の存在は、幸福によって埋め合わすことのできない不幸の連続にすぎない、という厭世主義的な人生観が深く根を下ろすことになった。こうした考え方がまた、現代の自殺の増加に関与している可能性が高い。自殺の大部分は、その内的動機がほとんど知られていないが、生に対する一般的な観念が重要な役割を果たしている可能性は否定できない。統計によると、自殺の原因として最も多く挙げられているのは「ヒポコンドリア、メランコリー、生きることへの倦怠、狂気」である。たとえばデンマークの統計によると（デンマークは自殺率が非常に高い国である）、一八八六年から一八九五年の間に発生した男性の自殺一〇〇〇件のうち、二二四件、すなわち四分の一が、前述の四つを原因としている。女性ではこの率がさらに高く、半分近く（一〇〇〇件中四〇三件）を占めている。男性の自殺原因の第二位はアルコール依存症で、これは一〇〇〇件中一六四件を占めている。[173] さて、上記の二種類の自殺の原因は、どちらも厭世主義が根底にある可能性が高い。本物の狂気を除くと、メランコリー患者、ヒポコンドリア患者、生に倦んだ者の中には、狭義の精神障害ではないが厭世主義的な人生観のために死を選んだ者が相当数いるはずである。またアルコール依存症の患者には、人生を嫌悪し、生きるに値しないと確信してアルコールに耽溺する者が大勢いる。

プーシキン
Aleksandr Sergeevich PUSHKIN (1799-1837)。ロシアの文人。ロシアのヨーロッパ近代化を必須としながらも、知識層の国民からの乖離、宮廷を中心とした支配層などへの疑念を、ロシア語の口語を取り入れた新しい文体で、詩、小説、評論などにおいて、表現しようとした。フランスを背景とする宮廷の陰謀めいた動きの結果、美人の誉れ高い妻ナターリアの名誉のために、フランス人と決闘に及び、その傷のために死去。【村上】

レールモントフ
Mikhail Yur'evich LERMONTOV (1814-1841)。ロシアの国民的作家。ただ常にプーシキンの後継者のように扱われることには、不満があったという。生まれて間もなく母親を亡くし、それが元で父親を中心にした家族が崩壊し、裕福な祖母の下で溺愛されながら育つが、自身はあまり健康に恵まれず、厭世的な情感を身につけたという。受けた教育は豊かで、フランス語は勿論、ドイツ語、英語、古典語なども堪能、次第に周囲への毒舌現代において自殺が徐々に増加していることは統計から明らかだが、これは同時に厭世的理論の影響力がいかに大きいかも示している。なんと、自殺の「友の会」さえ設立されている。話によると、パリで前世紀の初めに設立されたこうした会では、何人かのメンバーが集まり、それぞれの名前を骨壺に入れて抽選したという。骨壺から名前が引き出された人物は、他のメンバーの前で自殺しなければならなかった。会の定款によると、会員になるには、名誉ある人物で「人間の不正行為、友人の不実、妻や愛人の不貞」を経験していなければならず、「何よりも、すでに何年もの間、空虚な魂を抱え、現世で起こりうるあらゆることに対し嫌悪を感じていなければならなかった」[174]。つまり、厭世主義的人生観が、自殺の決意の根本にあったのだ。

自殺者友の会は現在はもう存在しない。しかし毎年、存在に自ら終止符を打つ人間の数が増加しているという事実には変わりがない。

II 厭世主義的人生観の理由を探る試み——このテーマに関するエドゥアルト・フォン・ハルトマンの見解——厭世主義の心理に関するコヴァレフスキーの業績の分析

前節でまとめたことから、頭に浮かぶのは、「人生はできる限り排斥すべき悪である」と考えるに至る内的メカニズムを特定することは可能だろうか、という問いである。人間

に満ちた攻撃的な言説を重ねるようになり、結局は、その相手の一人と決闘に及び、心臓を撃ち抜かれて死去した。【村上】

は動物よりも不幸で、教養ある知能の高い人間は無知で知能が低い人間より常に不幸だ、としばしば考えられるのはなぜだろうか。

自殺者友の会の定款では、生への嫌悪を生む状況として不正と不貞が特に強調されていた。シェイクスピアはすでにハムレットのセリフの形で、もし我々が人生に終止符を打つことができるなら、生き続けることに同意する者は誰もいない、と言っている。

「というのも、時が与える打撃と嘲弄、抑圧者の不正、傲慢な人間の軽蔑に、誰が耐えたいと思うだろうか[175]」

バイロンには、病気、死、奴隷の身分という目に見える不幸に加え、はるかに耐え難い不幸が存在する。

「我々の目に見えない痛みは、魂を貫通し、引き裂かれるような悲しみを新たにもたらし、手の施しようがない[175]」

バイロンは数多くの作品で、彼がほとんど絶え間なく感じる飽満の感情を繰り返し強調している。彼の場合、あらゆる喜びは直ちに嫌悪感に変わり、その嫌悪感は喜びよりも強烈なのである。

ハイネは、人間存在は不幸だと考えている。「石の硬い表面を通して、人々の住処と心」を観察し、「どちらにも嘘、欺瞞そして悲惨」[175]を認めたからだ。

『人間性の研究』で述べたように、人生の短さに対する認識が厭世的な世界観に果たす役割は大きい。これは、厭世主義のすべての伝道者が繰り返し嘆くテーマである。レオパルディはこのテーマを何度も詩に詠んだ。彼は『追憶』の中で次のように語る。「私は、不思議な病気で死の危険にさらされ、みじめな日々の最良部分、あまりにも早く散ってしまった花である美しい青春を惜しんだ。しばしば夜更けに、私の苦しみの共犯者、ベッドに座り、ランプの青白い明かりの下で、悲痛な詩を作り、沈黙の中で私の束の間の人生の夜を嘆いた。そして、力なく自らの挽歌を自分自身に歌って聞かせたのだ」。古代の墓に、亡くなった若い少女が家族に別れを告げる情景が浮き彫りで描かれているのを見て、レオパルディは次のように考えた。「母なる自然よ、おまえは、生き生きとした子供たちが誕生するや否や、その家族を震撼させ涙させる。おまえは称賛に値しない怪物で、子供を殺すために産み育てる。夭折を惜しむのなら、なぜ罪のない子供たちに早すぎる死を押し付けるのか。もしも死が善だとすると、なぜこれほど悲しい別離を去る者と後に残る者に与えるのか？　なぜ死はどんな苦しみよりも慰め難いのか」。

「我々の苦悩の唯一の解放者は死だ。死こそは、おまえが人間に定めた不可避の目的地、変えることができない摂理なのだ。ああ。なぜこの苦しい旅の終わりに喜ばしい到着地を与えないのか。この確実な目的地、生きている間、常に念頭から離れることがない目的地、我々の苦悩を癒してくれる唯一のものである死を、なぜ黒い布で覆い、このように悲しい影で包むのか。到着地である港に、あらゆる荒波よりさらに恐ろしい外観を与えるのはなぜなのか」

悲嘆の三大源である不正、病気、死は、「運命」という一言に集約されることが多い。「運命」は、擬人法を使って、意地悪く、あらゆる種類の苦痛を人間に与える不公平な存在として描かれる。

人間は感情と思考が混じり合った複雑な心理メカニズムによって厭世的な思想を抱くようになる。まさにこの理由で、このメカニズムを満足できる形で分析するのは困難なのである。昔は厭世主義者になるメカニズムを、漠然とした一般的な形で推測することで満足していた。エドゥアルト・フォン・ハルトマンは厭世主義に至る人間の魂の働きをより正確に特定しようとし、まず喜びが生む満足感は、苦悩がもたらす苦痛よりも小さいという現実を力説した。たとえば、音楽の不協和音がもたらす苦痛は、最上の音楽が与える快楽より大きい。歯痛は、歯痛から解放された後の喜びよりも強く感じられる。これはすべての病気にあてはまる。ハルトマンによると、恋愛の喜びは苦しみによって相殺され、苦しみのほうがはるかに強烈である。筋肉労働はわずかな喜びしか与えず、科学、芸術に関する教養を高めたり、一般的な知的労働に従事したりすることでさえ、熱中する者に喜びよりも大きな苦痛をもたらす。ハルトマンは、この分析の結果、「この世では、苦痛が喜びをはるかに上回る」という結論を下した。すなわち、彼によれば厭世主義思想は人間の感覚の根本的な性質に基づくものなのである。

心理的行為をできる限り測定し数量化しようとする風潮に導かれ、ケーニヒスベルクのドイツ人哲学者コヴァレフスキーは最近、厭世主義の詳しい心理学的分析の試論を発表した〔176〕。問題の解明には至らなかったが、この分析は現代心理学で流行りの方法を適用した例として興味深い。

コヴァレフスキーは使用可能なあらゆる方法で我々の感情の価値を測定しようと試み、同時代の心理学者ミュンスターベルクの手記を利用した。ミュンスターベルクは、自分の心理学的および心理生理学的な印象を毎日、日記に記録していた。日記が厭世主義の解明を念頭に置かず書かれていたことから、コヴァレフスキーは、この日記こそまさに自分の研究に特別な重要性を持つと考えた。

ミュンスターベルクは、感情を快と不快に分ける通常の区分には満足せず、より多くのカテゴリーに細分した。たとえば静穏と興奮の感情、謹厳な感想と陽気な感想などである。ミュンスターベルクは全く厭世主義的なところがなく、むしろ精神的に非常に安定した心理学者なのだが、コヴァレフスキーが総合的なバランスシートを作成した結果、ミュンスターベルクは苦痛の感情をはるかに多く経験した、という結論に達した。彼の計算によると、苦痛の感情六〇％に対し、快適な感情は四〇％にすぎなかった。「この結果は、人が厭世主義になる条件を十分満足させるものだ」とコヴァレフスキーは結論づけた。

コヴァレフスキーはこれでは満足せず、この他にも複数の方法を使って、喜怒哀楽の価値をより正確に測ろうとした。たとえば、小学校の幾つかに出向いてアンケートを実施し、生徒に苦痛と喜びを記録させた。十一歳から十三歳の少年一〇四人が、苦痛はそれに対応する幸福よりはるかに強烈に感じられることを証明した。病気を苦痛としたのは八八件だったが、健康を幸福として挙げたのはわずか二一件だった。生徒の三分の一は戦争を苦痛として挙げたが、平和を幸福として挙げたのはわずか一人だった。貧困は一三人が苦痛としたが、富を幸福に数えたのは二人だった。他にもこれに類似する回答が見られた。コヴァレフスキーは別の研究でも、同じ学校の男女生徒が感じる喜びと苦痛を記録したが、これらの生徒にとって最も大きな苦痛は病気（四三回記録）と死（四二回）で、これに火事（三七回）、飢餓（二三回）、洪水（二〇回）が続いた。幸福は、一位が遊び（三〇回）、二位が贈り物だったが、これは当然予想された結果と言えるだろう。

こうした調査でもまだ問題が解決しなかったため、コヴァレフスキーはより精度が高い方法を求めた。彼は嗅覚、聴覚、味覚などの五感に注目し、これらの感覚を正確に測定しようとした。たとえば味覚については、いろいろな物質について、おいしい、あるいはまずい、と感じる最低量を測定した。こうして確定した単位は「グスティ（gustie）」と名付けられた。彼の実験によると、まずいグスティは同量のおいしいグスティで決して相殺されなかった。たとえばキニーネの嫌な味を中和するには、キニーネより多量の砂糖のグスティが必要だった。中でもある実験は非常に説得力のある結果を示し、カントの同国人であるコヴァレフスキーはこれに非常に満足した。この実験では、ニュートラルな味を得るのに必要な砂糖とキニーネの割合を決定するため、事前に何種類かの比率でキニーネと砂糖を混ぜ、これらを四人の被験者に与えた。この結果、「キニーネの嫌な味を消すためには、砂糖のグスティの量をほとんど二倍にすることが必要（六対三・五）」であることが判明した。嗅覚についても同じような結果が得られ、嫌な臭いは良い香りより、著しく強く感じられることがわかった。この他にも同様の例が多数認められた。

こうして、一連の科学的なリサーチによって、厭世主義思想の根拠となる事例が確認されたわけである。しかしこれらから、この世は最悪の形で組織されている、と本当に結論付けるべきだろうか。コヴァレフスキーが行った、上機嫌と不機嫌に関する次の分析は、一見この結論を裏付けているように見えた。彼は一分間の歩数を計測して精神状態を判断した。この方法は「精神状態は人の歩行動作に表れる、というのが通念である。深い悲しみに沈んだ人間の緩慢で厳かな歩き方を想像してみよう。これを快活な人間の嵐のように速い歩行と比べれば、このことが理解できる。苦痛が一般に抑圧的な形で作用するのに対し、喜びは自発的な動きを助長するからである」という考えに基づいていた。こうして計測した数字を、コヴァレフスキーは積分計算したが、それは意味のないことだった。なぜなら、彼の前提自体が間違っていたからだ。歩行の速度は興奮の度合いを示し、幸不幸という精神状態を示すわけではない。突然、強い感銘を受けた人間は、その感銘が幸福なものかどうかにかかわらず、室内を足早に歩き始め、さらに速足で歩くため戸外に出る必要を感じる。手紙で、愛する人の不貞や当てにしていなかった遺産相続など予期しない知らせを受け取った場合、人は興奮し、この興奮は速足の歩行という形で外に表れる。多くの演説者や教師は、スピーチを活気づけるために身振りを使ったり歩き回ったりする必要を感じる。独創的な考えが頭に浮かんで、それをさらに発展させる必要を感じた学者は、椅子から立ち上がって歩き始める。しかし、身体を動かしたいという欲求は、こうした幸せな瞬間だけでなく、侮辱や挑戦に強く憤慨した場合にも起こる。このため、厭世的な精神状態の研究に、歩行の記録を使うことはできないのである。

コヴァレフスキーは、彼の関心の的となっている問題を解明するため、さらに一つ、楽しい印象とつらい印象の記憶についてアンケートを行った。被験者は男女の子供で、彼は楽しさと苦しみのどちらの記憶が長く残るかを質問した。その結果、大部分（七〇％）の被験者が快い印象のほうが長く残ると答えた。これはアメリカの心理学者コールグローヴが得た結論に一致したが、辛い記憶のほうが長く残る、という厭世主義の裏付けとしては不都合なものだった。しかしこれらのリサーチでは、被験者の精神状態によって、結果が異なる可能性がおおいにある。コヴァレフスキーは学校でのアンケートを休憩時間に実施した可能性が高いが、休憩時間には大部分の生徒が退屈な授業から解放されてほっとしており、幸福な時には過去の楽しいことを思い出しやすい傾向がある。もし退屈な授業や難しい授業の最中にアンケートを実施していたら、または被験者が入院中や罰を受けている最中だったら、反対の結果が出た可能性が非常に高い。

これらの試みは、厭世主義のように非常に複雑な問題を、実証的と称する心理生理学的方法で解明しようとするものだが、これから説得力のある結論が得られないのは明らかである。さらに、コヴァレフスキーのさまざまな研究の結論は首尾一貫したものではない。厭世主義的な観念を支持する事実がある一方で、別のデータはその逆を支持しているため、はっきりした結論を一つとして導き出せていないのだ。質だけでなく強度においてもこれほど異なる感覚と感情を、どうやって測定しようというのか。たとえば、一人の人間が一日のうちに苦痛を伴う印象を九つ、快い印象を一つ経験したとする。実験心理学者の判定では、この人物は厭世主義者になる。ところが実際はその逆で、九つの苦痛を伴う印象は、唯一の幸福な印象とは比較にならないほど弱いものだった可能性がある。苦痛の印象は、自尊心をほんの少し傷つけられた出来事、深刻でない一過性の痛み、少額の金銭の損失などで、幸せな感情は恋文を受け取ることで喚起されたものだったらどうだろうか。この場合は、一〇個の印象を総合的に評価すると、バランスは幸福のほうに大きく傾き、最も楽観的な気分となるはずである。

このように学問的すぎる実験心理学の試みは、この問題を解明できないものとして放棄すべきである。しかし、人間の精神は、厭世主義を理解する何らかの方法を依然として求めているため、伝記研究というはるかに単純な方法で厭世主義の心理を分析するしか方法はないのではないかと思われる。

III

厭世主義と健康状態の関係――青年期には厭世主義者だったが老年期に楽観主義者に転じた学者の経歴――老年期のショーペンハウアーの楽観主義――生の感覚の発達――盲人の感覚の発達――障害物の感覚

動物や子供は、完璧な健康を享受している間は、一般に陽気で楽観的である。ところが、病気になるや否や悲しくふさぎ込み、快癒するまでこの状態が続く。そこから、楽観主義は正常な健康状態と相関関係にあり、厭世主義は何らかの身体的、あるいは精神的疾患が原因だという結論が下されている。さらに厭世主義の伝道者は、何らかの深刻な苦痛のせいで厭世的になったと考えられた。バイロンの場合は曲がった足のせい、レオパルディは結核が原因とされた。この二人は十九世紀に厭世主義をひろめたが、二人とも夭折した。しかし、ブッダとショーペンハウアーは長命で、ハルトマンも最近六十四歳で亡くなったばかりである。彼らが厭世主義の着想を得た時期は、病気がさほど深刻ではなかったと想像されるのに、彼らは人間存在について最も悲観的な学説を主張したのである。イヴァン・ブロッホ博士[177]は新しい歴史研究で、ショーペンハウアーは青年期に梅毒を患った可能性が非常に高いことを明らかにした。この偉大な哲学者が残したメモ帳には、集中的な水銀治療の詳細が記録されていたのである。しかし、彼が梅毒を罹患したのは、偉大な厭世的著作が発表されて何年か後のことであった。

病気と厭世主義の間に関係があるとする見解は認めるとしても、この問題が見かけより複雑であることは容易に理解できる。盲人が始終上機嫌なことが多いのはよく知られており、楽観主義の使徒の中にも若い時代に失明した哲学者デューリング[178]がいる。また、すでに指摘されているが、力の満ち溢れる青年が陰鬱にふさぎこみ、極端な厭世主義に取りつかれるのに対し、慢性病患者が楽観的な人生観を特徴とする例がしばしば見られる。このコントラストは、エミール・ゾラの『生きる歓び』という小説に非常によく描かれている。この小説では、関節炎を患い痛風の耐えがたい発作に悩む老人がいつも上機嫌なのに対し、彼の若い息子は健康でたくましいのに、最も厭世的な考えを主張するのだ。

私には非常に若い時期に失明した従弟がいる。彼は、熟年に達すると最もうらやむべき人生観を抱くようになった。想像の世界に生きて、人生のすべてが美しくよいものだと感じ、自分の妻は世界で最も美しい女性だと信じている。彼は視力が回復することを何よりも恐れている。目が見えない生活にすでによく適応していたし、現実は想像にはるかに及ばないと確信しているからだ。もし実際に妻を見ることができたら、盲人として想像していたほど美しくないのではないか、と心配もしている。

私は、生まれつき盲目で、小児麻痺に侵され、てんかんの発作に襲われる二十六歳の女性を知っている。ほとんど白痴に近く、自分の馬車の中で生活しているが、人生を最も肯定的に見ており、一家の中で彼女は疑いなく最も幸福な人間なのだ。

梅毒患者の好機嫌と誇大妄想はよく知られている。これらの例はすべて、厭世主義の原因を健康上の問題に帰するのが容易でないことを示している。

この問題を検討するためには、厭世主義者の精神状態を詳しく分析することが有用である。幸いなことに、我々のすぐ身近に、生涯で最も暗鬱な時期をくぐりぬけてきた人物の例があり、この人物の親しい友人が、観察結果を使用することを我々に許可してくれた。*

健康な両親から生まれたその子供は、中程度に裕福な環境で、概して良好な状態で育てられた。田舎生活のおかげで、幼年時代につきものの病気に罹ることもなく健康に育ち、高校、大学でよい成績を残した。科学に対する愛情に取りつかれ、立派な学者になる志を抱いた青年は、大きな情熱と決意を持って学者としてのキャリアを歩み始めた。彼の神経過敏は仕事のうえでは助けになったが、同時に大きな不幸の源でもあった。素早く成功することを望んでいたため、進路上にある障害が、彼を厭世主義に強く傾かせた。自分は才能を持って生まれたと思っていたので、先輩たちは彼の躍進を助ける義務があると確信していた。すでに出世した人たちが〔後輩のキャリアを助けることに〕無関心なのはいたって自然でよくある現象だが、この若い学者は、人々が彼に対して陰謀をたくらみ、彼の科学的天分を潰そうとしていると思い込んだ。これが一連の衝突と不幸の原因となった。こうした状況からなかなか思うように抜け出せないので、彼は物事について非常に厭世的な考えを抱くようになった。人生では、外部の条件に適応することが最も重要だ、と彼は考えた。外部に適応できない存在は、ダーウィンの自然淘汰の法則によってふるい落とされてしまう。生き残るのは最も優れた者ではなく、単に一番抜け目のない者なのだ。地球の歴史を見ても、比較にならないほど複雑で高度に発達した身体をもつ生物が絶滅したのに、下等動物は数多く生き残っているではないか。人間に最も近い高等哺乳類の多くが絶滅し

＊ 第三者の話のように記述しているが、ここで語られるのはメチニコフ自身のエピソードである。【森田】

たのに対し、臭いゴキブリは太古から生き残っており、人間の駆除の努力などものともせず、人の周りにはびこっている。人間の進化と同様に、動物においても神経系が精緻になり感覚能力が過剰に発達すると、これが適応を妨げ、尽きることのない不幸の源になることが示されている。自尊心のわずかな傷、とげのある同僚の発言が、この厭世主義者を最もつらい状態につきおとした。「こんなに絶え間なく深く傷つけられるのなら、友人などいらない。どこか安全な片隅に引きこもって、科学の研究をしながら静かに暮らすほうがましだ」。非常に感受性が強いこの若い学者は音楽を熱愛し、しばしばオペラに通ったが、中でも『魔笛』の次の一節をよく記憶していた。「もし私がカタツムリと同じぐらい小さかったなら、私は殻の中に閉じこもっていたでしょう**」。

精神的過敏に身体的過敏が加わり、後者も前者に劣らず激しいものだった。機関車の汽笛、路上の商人の呼び声、イヌの吠え声などあらゆる種類の騒音が彼に極度の苦痛を与えた。夜間に光線が一条射しても眠ることができなかった。ほとんどの薬は嫌な味がするというので薬による治療は不可能だった。「不快な感覚は楽しみとは比較できないほど強烈だ、と主張した厭世主義の哲学者たちは実に正しかった」と彼は考えた。彼は「グスティ」を使った味覚のテストや嗅覚のテストを経験しなくても、この結論が正しいことを信じた。「人類が外部条件に適応できないのは身体の構造が原因で、人類は、適応に失敗してヨーロッパから消滅した類人猿やマンモスと同じ運命をたどるに違いない」と彼は確信していた。

彼の生活状況は厭世主義を強めるばかりだった。財産がないうえ、結核にかかった女性

** モーツァルトのオペラ『魔笛』の第一幕第十七場で、パパゲーノに「もし僕がちっちゃなカタツムリだったら、僕は我が殻に閉じこもっちゃうよ」というセリフ（音楽付き）がある。当該部分の原文はWär ich so klein wie Schnecken, so kröch' ich in mein Haus!【村上】

と結婚し、彼は人生最大の苦しみに直面することになった。彼の妻は、もともと健康な若い女性だったが、北の街でひどい流行性感冒にかかった。医師たちは「なんでもありません。流行性感冒があちこちで流行っていて、誰も逃れられないのです。ちょっと我慢して安静にしていれば大丈夫です」と言った。しかしながら、この「流行性感冒」は長引き、身体全体の衰弱と目に見える体重減少をもたらした。医師たちは、今回は「実は左肺の天辺に少し濁音があります。明らかにそこに何かありますが、遺伝による病気が全くないことから見て〔家族に結核患者がいないことから見て〕、心配することはありません」と言った。この後何が起こったかを記述する必要はない。誰もがよく知っているからだ。たわいもない流行性感冒は悪化して「左肺の天辺のカタル」になり、四年間の言葉に尽くせない苦しみの後に死をもたらした。最後には、身体がぼろぼろになり、モルフィネを摂る以外の方法では鎮静を得ることができなくなった。彼女はモルフィネの作用で何時間も痛みを感じずに比較的穏やかに過ごすことができたが、想像力が過度に刺激され、ほとんど幻覚のようなあらゆるイメージが頭にうかんだ。

妻の死が彼におそろしい衝撃を与えたことは言うまでもない。彼の厭世主義は決定的になった。二十八歳で寡夫となった彼は肉体的にも精神的にも疲労困憊しており、亡妻の例にならってモルフィネに救いを求めた。「しかし、モルフィネは毒である。モルフィネは、最後には身体を壊し、辛苦の生を危険にさらす」と彼は思った。「しかし、生きていても何のいいことがあるだろう。人間の身体は出来が悪くて外部の条件に適応するのは不可能だ、少なくとも神経系の感受性が強すぎる者にとっては、『自然淘汰』を助け、他人に場所を譲るほうがよいのではないだろうか?」彼は実は、十分に多量のモルフィネを摂取し、危うくこの問題の解決に成功するところだった。モルフィネはこのうえもない至福感と同時に、身体に極度の衰弱をもたらした……。少しずつ生存本能が覚醒し、彼はまた働き始めた。しかし依然として厭世主義が性格の基礎を形づくっていた。いや、命は大切に扱う価値はない。それにまた、自然淘汰で排除される運命にある子孫を作るのはまぎれもない罪だ。精神と身体の感受性の強さは減少せず、あまりにも苦痛がひどかったので、どんな結末になるのか想像もできないありさまだった。彼を「理解」しようとしない人たちの「不当さ」が、彼自身と周りの人間の生活をつらいものにした。献身的な世話を受け、仕事に集中することで、生活はより耐えやすいものになったが、人生に対する厭世主義的な考えは全く弱まらなかった。このため、何らかの「不当さ」や不満が苦痛をもたらすと、すぐにモルフィネで痛みをやわらげようとした。しかし、中毒によるひどい発作が起きたため、モルフィネの濫用に終止符が打たれた。

何年もの月日が過ぎた。人間存在の目的やこれに類する問題を身近な人たちと討議する時、彼は依然として厭世主義を精力的に擁護した。しかし、彼は時に、自分の主張が絶対的に誠実なものかどうかを自問することがあった。彼は本質的に誠実で率直な人間なので、自分の良心に対するこの問いを奇妙に思った。そして自分の心の動きを分析した結果、新たな事実を発見した。長い年月を経て変わったのは思想ではなく、むしろ感情と感覚だったのだ。四十五歳から五十歳という熟年に達し、感受性の強さが大きく変化したことに気づいた。不快な音は昔ほど彼を悩まさず、ネコの鳴き声、「鯖! 揚げ物!」などと叫ぶ行商人の声を耳にしても、以前より穏やかでいられた。感受性は鈍くなり、性格はより寛容になった。以前であればモルフィネ注射に頼る可能性があった「不当さ」や自尊心のうずきが、つらい反応を全く呼び起こさなくなっていた。苦痛を容易に隠すことができるようになり、過去のような激しさで感じることもなくなった。性格も周りの者にとってはるかに許容できるものになり、比較にならないほど安定した。

「とうとう老いがやってきたのだ」と彼は考えた。「苦痛は昔ほど激しく感じないが、同時に幸福を感じる能力も低下した。しかし両者のバランスは変わっていないようだ。つまり、苦痛が呼び起こす感覚は、幸福が喚起するものよりはるかに強烈なのだ」。感情を比較、分析したおかげで、彼は新たな発見をした。いわゆるニュートラルな感覚を高く評価するようになった。不協和音をかなでる騒音に対する感受性は鈍っているが、音楽に対する熱狂も同時に弱くなり、彼は静穏の中で幸せを感じるようになった。夜中に目を覚まし、昔モルフィネで得た感覚を思い起こさせる一種の至福感を経験したが、これは嫌な音も快い音も聞こえないことからくる至福感だった。薬に対する嫌悪は減少したが、若いころ夢中になった美食にも無関心になった。同時に、最も簡素な食べ物を喜ぶようになった。黒パン一切れと一杯の水が、彼にとって本物の食道楽を意味するようになり、昔は軽蔑していた味の薄い料理を最も喜ぶようになった。

美術の進化においてピュヴィス・ド・シャヴァンヌの落ち着いた色調がけばけばしい色彩にとってかわり、山や湖水の後に田園や草原が続くように、また文学において悲劇的で

シャヴァンヌ
Pierre Puvis de Chavannes（1824-1898）。十九世紀後半に活躍したフランスの画家。当時の種々の作風にも染まらず、独自、孤高の作風を確立した画家として評価されている。日本との縁も深く、現在も大原美術館にいくつか作品が所蔵され、黒田清輝（1866-1924）もシャヴァンヌの許を訪れたという記録がある。　　　　【村上】

ロマンチックなシーンが日常生活の光景にうまく変化するように、私の老いた友人の心理にも同様の変化が起こった。山岳地帯や景勝地へ行楽に出かけるかわりに、自宅の庭の木に葉が伸びる有様やカタツムリがおずおずと触角を出す様子を観察することで満足した。幼児の片言や微笑、話し始めたばかりの子供のおしゃべりや感想など、最も単純に思われる現象が老いた学者にとってこのうえもない幸福の源となった。

これほど多くの変化が完了するためには非常に長い年月が必要だったが、これには一体どのような意味があるのだろうか。それは生の感覚、すなわち生きていることに喜びを感じる生存本能が発達したということなのだ。若いうちはこの本能が少ししか発達していない。最初の交接が若い女性に快楽のかわりに苦痛を与え、赤ん坊が誕生時に泣くように、生から受ける感銘は、人生の長い期間、喜びよりも苦しみを与えるものだ。感受性が強く、生から受ける感銘が非常に強く感じられる場合には、なおさら苦しみが大きい。しかし感覚と感情は安定した現象ではなく、どちらも進化する。この進化が多少なりとも正常に進行した場合は、心理的な平衡に到達する。あれほど頑固に厭世主義の殻に閉じこもっていた我々の友も、最後には我々の楽観的な人生観を共有するようになった。このテーマについてあれほど長い間続いた論争は、完全な合意に到達することで終了した。「しかし」と私の友人は私に語った。「長く生きた後でなければ、生の感覚を理解することはできない。そうでない場合は、生まれつきの盲人が、目の前で色彩の美しさを見せびらかされているのと同じ状態だ」。一言で言えば、厭世主義者だった友人は、人生の終わりになって確信に満ちた楽観主義者になったのだ。

この進化を例外的なものだと見なしてはならない。すでに『人間性の研究』で述べたように、厭世主義の論理はほとんどすべて青年が思いついたものだ。ブッダ、バイロン、レオパルディ、ショーペンハウアー、ハルトマン、マインレンダーは皆若かった。さらに彼らほど著名ではない数多くの人物の名前をこのリストに付け加えることができる。

ショーペンハウアーの哲学が完全に真摯なものであるのは確かで、このフランクフルトの高名な哲学者はニルヴァーナへの回帰を説いた。ところが、彼はマインレンダーのように自殺するかわりに、最後には生に激しく執着したので、それが不思議に思われることが多かった。実は、ショーペンハウアーには生の感覚が十分発達する時間があった、というのがその理由だ。現代の有名な精神科医ムービウス[179]は、ショーペンハウアーの伝記と作品を注意深く研究し、老年期の彼の思想は楽観主義的な色彩を帯びていたと結論した。七十歳の誕生日を迎えたショーペンハウアーは、インドのウパニシャッドと、フルーランスの見解によれば、人は百歳まで生きることができる、という考えに慰められた。ムービウスの表現によると「彼は長生きを楽しみ、感情的にはもう厭世主義者ではなかった」。彼は、亡くなる少し前に、まだ二十年は生きられると考えさえしていた。ショーペンハウアーは、若いころの厭世主義を決して否認しなかったのは確かだが、これは自分の心理的進化の本当の意味を十分に意識していなかったからではないかと思われる。

我々は現代心理学の著作を通覧したが、人間の精神の進化に関する研究報告を見つけることはできなかった。厭世主義の心理に関するコヴァレフスキーの学術的かつ良心的な著作では、ある一節が我々の目を引いた。彼は「飢餓、病気、死などの苦痛に対する恐怖の度合いは、年齢と社会の階層にかかわらず同じである」と語り、人生の行程で起こる感情の変化を認識していないのだ。しかしこの感情の変化こそ、人間性の法則で最も重要なものの一つと見なされるべきである。人生のすべての段階で死の恐怖が同じ強さで感じられることはありえない。子供は死について意識しておらず、意識的な恐怖は全く感じない。思春期と青年期には死が恐ろしいものだと感じられるが、その恐怖は、生の感覚が完全に発達した老人がもつ極度の恐怖とは程遠いものである。老人がいそいそと健康法の戒律に従うのに対し、若者があらゆる健康法に無関心で、時に敵意さえ見せるのはこのためである。この違いは、間違いなく若者の間で厭世主義が頻繁に見られる理由の一つなのだ。ムービウス[180]は、精神医学研究の中で、厭世観は若い時代の一段階に表れ、時間が経つとより晴朗な考え方に場所を譲る、という見解を示した。彼は次のように言っている。「理論的には、ずっと厭世家でいることは可能である。しかし、感情的に厭世家でいるためには若くなければならない。年齢が進めば進むほど、人生への執着が増す」「老人がうつ病にならなかった場合、感情的には全く厭世家でない」「若者の厭世主義の心理は十分説明できていないが、これには器質性の基礎があり、この精神状態は青年期の病気と見なされるべきだ」。

ショーペンハウアーと心理的進化を描写した前述の学者の例は、ライプツィヒの精神科医ムービウスのこの見解を完全に裏付けるものだ。

人生では、人間が発達するにつれて生の感覚が進化する、という思想は、楽観主義哲学の本質的な基盤となっている。これほど重要だからこそ、生の感覚の進化をできる限り正確に研究する必要がある。一般に我々の感覚は、高度に発達させ完璧の域に近づけることが可能だ。芸術家は色彩感覚を磨き、一般人には未知のレベルに到達することに成功する。彼らは、素人が気がつかない部分にも微妙な色調の違いを感じ取る。同様に、聴覚、嗅覚、味覚も鋭敏にすることが可能である。たとえば、ワインの鑑定者は、通常人がとても到達できない技で、ワインの品質を鑑定する。私の友人はワインを飲む習慣がなく、ボルドー産とブルゴーニュ産のワインをボトルの形でしか見分けられないが、彼はお茶の愛飲者なので、お茶についてはブランドの違いを容易に言い当てる。鋭敏な味覚が生まれつきの才能かどうか私は知らないが、味覚に磨きをかけることは明らかに可能なのだ。

感覚の発達は、特に盲人において指摘されている。視覚の欠如は他の感覚を鋭敏にすることで補われるといわれる。我々は、生の感覚の発達を理解するためには、五感を磨く可能性を研究することが非常に重要だと考え、盲人に関する資料から最も有用な情報が得られると信じていた。盲人の触覚は鋭敏だとしばしば語られるので、この主張は非の打ちどころのない事実によって裏付けられているのだろうと考えた。ところが、このテーマについて細心の注意を払って実施された研究は、全く逆の結果を示した。コンパスを使った触覚評価法でグリースバッハ〔181〕は、盲人の触覚が健常者より鋭敏であるとは言えない、と証明した。触覚でコンパスの先端が二つあることを感じるためには、二つの先端が離れていることが必要である。この距離を比較したところ、盲人は目が見える被験者と少なくとも同じ距離を必要とすることがわかった。有名な眼科医で自らも失明したジャヴァル医師[182]は次の事実に驚いた。「盲人の触覚は健常者よりむしろ劣っており、その違いはかなり大きい。たとえば、点字を読むのが得意な盲人の人差し指にコンパスの先をあててテストし、きちんと二つの点が感じられる距離を測ったところ、健常者では二ミリだったが、盲人では三ミリだった」。

グリースバッハはさらに、盲人の聴覚と嗅覚も健常者より発達しているわけではないと主張した。もしも聴覚や嗅覚が、ある程度まで視覚を補っているとすると、これは健常者が全く注意を向けないことに注意を向けているからだ。私たちは周りの出来事を見ることができるので、さまざまな音、匂いその他の外部現象に注意を払わない。これに対し、盲人は、視覚の欠如をこれによって補う。盲人は、駐車する車を通すため隣人の正門が開けられたことを音で知る。また、特別な匂いで、たとえば厩舎や台所といったように自分の居場所を知るのだ。

我々が関心をもつ問題について言えば、最も重要なのは必ずしも感覚の鋭さではない。感覚の鋭敏さは、盲人も健常者も変わらないかもしれないし、健常者のほうが優れていることもありうる。しかし健常者が本を読むのと同じ容易さで、点字を読めるのは盲人だけである。非常にデリケートな触覚に頼る盲人のこの能力は、学習しなければ発達しないものだ。また、コンパスを用いた方法では、触覚全般ではなく、触覚の一側面に関する情報しか得られないことも記しておかなければならない。

盲人が五感のうち残った四つの感覚を特別に発達させるわけではないことは認めるが、彼らが特別な感覚を発達させるのは事実だ。これは第六感または「障害物の感覚」と呼ばれる。盲人、特に非常に若いうちに失明した者は、障害物を避け、離れていても周りの物体を認識する驚くべき能力をもつようになる。たとえば盲目の子供たちは木にぶつかることなく庭の中を走り回ることができる。ジャヴァル医師[183]は、盲人の中には、家の前を通りながら、一階の窓の数を数えることができる者がいると語る。四歳で失明したある教師は、一人で庭を散歩しても決して木や柱にぶつかることはない。彼は、二メートル離れたところから壁を察知する。またある日、初めて入った大きな部屋の真ん中に大きな家具があることに気づき、ビリヤード台ではないかと推測したこともある。

もう一人の盲人は、道を歩きながら店舗と住宅をはっきりと識別し、ドアと窓の数を数えた。この障害物の感覚の存在は、あまりにも多くの具体的事実によって裏付けられており、疑いの余地がない。しかしこれを可能にするメカニズムについては、さまざまな見解がある。ツェル医師[184]によると、この感覚は盲人にだけ発達するのではなく、「目が見える者も訓練によってこの感覚を獲得することができる。なぜなら、この感覚は、自覚されてはいないものの、ほとんどすべての人間に備わっているものだからである」と考えた。しかし、何年かけてもこの感覚を発達させることができない人間は、盲人の中にさえいる。前述のジャヴァル医師もそうした一人で、彼は点字をうまく読めるようになったが、離れている障害物の識別には一度として成功しなかった。

メカニズムに関し最も蓋然性がある仮説は、この第六感は鼓膜の働きによるもので、聴覚に関係しているというものである。騒音が障害物に気づくのを妨げることは知られているし、雪も同じように作用する。雪は足音を消すからだ。盲目の調律師は聴覚が非常に発達しており、同時に高度の第六感も備えている。

ここに挙げた例は、人間には、特殊な状況でしか表れず、かつ特別な訓練が必要な複数の感覚が存在することを示している。「生の感覚」は、ある程度までこのカテゴリーに属している。人によってはこの感覚は非常に不完全な形でしか発達しない。最も多くの場合、この感覚は晩年になるまで表れない。しかし、病気やその他の生命の危険に触発され、早期に発現することもある。たとえば自殺しようとしている人間に強烈な生の本能が突然表れ、どんな犠牲をはらってでも助かるよう行動させることがある。

したがって生の感覚は健康な人間に発達することもあれば、急性、慢性の病気の患者に発達することもある。この多様性は生殖本能と比較することができる。生殖本能は時には全く欠如していることもあり、多くの女性では比較的遅くまで発達しない。生殖本能の覚醒に、出産、病気などの特殊な状況が必要な場合もある。

生の感覚は発達させることができる。盲人教育が代償的な感覚の発達を目指すのと同じように、教育は生の感覚の発達を目的とすべきである。また、厭世主義の傾向がある若者には、「厭世的な精神状態は一時的なもので、人間性の法則に従うと、後年、楽観的人生観に場所を譲る」ということを必ず伝えなければならない。

第八章　ゲーテとファウスト

I

ゲーテの青年期――青年期の厭世主義――ウェルテル――自殺願望――仕事と恋愛――成熟期における人生観

人間性の研究において、偉人の伝記は貴重な研究資料になる。ゲーテを選んだのはいくつかの理由がある。まず、彼は万能の天才である。第一級の詩人、劇作家で、幅広い分野にわたる知識を持ち、自然科学の発展にも貢献した。大臣として、また劇場支配人として、実社会にも籍を置いた。八十三年の生涯の各時期を比較的正常な状態で過ごし、多くの著作に具体的なデータを多く残したので、彼の性格と人生について知ることができる。そのうえ、ドイツの同胞の間で生まれた一種のゲーテ崇拝熱のおかげで、彼の人生に関する著作は莫大な数に達し、その量は地球上のどんな人物も足元にも及ばないほどである。彼は「高等な生活」を目指していたので、人生の最も高貴な問題に取り組み、一生を通じて解決策を模索した。

これらの理由から、ゲーテは我々の研究にうってつけの人物だと考えられる。彼の生涯は、少なくとも大筋が万人に知られているのでここで繰り返す必要はない。

ゲーテはあらゆる面で非常に恵まれた環境に育ち、すでに子供時代から注目すべき天分を示した。素晴らしい記憶力と早熟な想像力に恵まれ、古典言語、現代言語やその他の古典科目の習得は、彼にとって一種の娯楽だった。父親の図書室であらゆる種類の書物に囲まれ、幼いころから文学に熱中した。熱狂と情熱は彼の性格の支配的な特徴だった。十五歳になる前から詩作を始めたが、まだ詩人になることが自分の運命だとは感じておらず、彼はむしろ学者になり教師となることを目指していた。

本格的に科学を勉強するため、十六歳でライプツィヒ大学の学生になった。法学と哲学にはあまり満足せず、医学と自然科学に興味を持ったが、それはどちらかといえば表面的なものだった。活発で感激しやすい性格なので、多くの知人を得て、劇場に頻繁に足を運び、あらゆる種類の楽しみに情熱を傾けた。この時代に書かれた手紙を読むと、彼の当時の生活がうかがえる。十八歳の学生ゲーテは友人に次のように書き送った。「おやすみ。僕は獣のように泥酔している」。一か月後には、同じ友人に「イェティの腕の中で無我夢中」と書いている。

ストラスブールで法学学士号を取得した後、弁護士のキャリアを選んだが、自分に向いていないと気づき、初めて発表したいくつかの文学エッセイの成功に力を得て、文学者としての道を歩むことを決めた。

若いゲーテは文学者としてあらゆる種類の刺激を求めた。彼は文学と科学に取り組みオ

ゲーテ
Johann Wolfgang von Goethe (1749-1832)。ドイツの文豪。今更伝記風のことは書かない。ここでの文脈に即した点だけを、後にも現れる作品『若きウェルテルの悩み』(*Die Leiden des jungen Werthers*, 1774) や友人ケストナーに関連付けながら示す。一七七〇年代初め、ゲーテはヘッセンのヴェツラー (Wetzlar) という町で過ごすが、ここで、何人かの友人ができた。カール・イェルーザレム (Karl Wilhelm Jerusalem, 1747-1772) やケストナー (Johann Christian Kestner, 1741-1800) らがその代表であった。この二人とゲーテの交友は、運命的な結末を導く。ケストナーは当時佳人シャルロッテ・ブッフ (Charlotte Buff, 1753-1828) と婚約中であった。多感なゲーテは、シャルロッテに一目ぼれし、熱烈に跡を追うが、一方親友となったケストナーへの友情もあって、最後は身を退く決心をし、失意のうちにヴェツラーを去る。しかし思い切れぬ悩みに身を焦がしている最中に、イェルーザレムの自殺の報が届く。こう

カルトサイエンスにさえ没頭、劇場や社交界にもしばしば顔を出した。特に想像の産物に喜びを感じたので、科学的な問題にはほとんど目を向けなかった。「私には常に活動が必要なのだ」と彼は雑記帳に記している。

若いころのゲーテは情熱的な性格でしばしば非常に激しい怒りの発作に襲われた。同時代人によると、激怒すると絵画を壊し、自分の仕事机の上にある本を破ったとされている。彼は早いうちから厭世主義者になった。この精神状態は『若きウェルテルの悩み』に最もよく表現されている。これはゲーテに大きな栄誉を与えた小説で、彼はその中に自分の人生観を描写している。若い厭世主義者の内面生活を正確に伝える何節かを抜粋しよう。[185]「理解されないこと、それは特定の人間の運命なのだ」。「人生は一場の夢にすぎない、と先人たちは言った。この考えが私につきまとう。人間の能力、活動、知能を閉じ込めている狭い境界線を考える時、我々が生活の必要を満たすためにすべての力をふりしぼり、それがみじめな存在を長引かせることとしかできないのを見る時、多くの問題を前にして我々が落ち着いているのは敗北の上に築かれた諦めにすぎず、その有様は囚人が独房の壁を新しい視点で描いたさまざまな絵で覆っているのに似ているのを見る時、友よ、これらすべてが私を沈黙させる」、「子供はなぜ自分が欲求を持っているのか知らない、ということについてはすべての教育学者の意見が一致している。しかし次のことは誰も信じようとしない。成人が地上を子供のように動き回っていること、大人も子供と同じで自分がどこから来たか、どこに向かっているかを知らないこと、子供と同様に大人も真の目的に向かうことは少なく、むしろビスケットやお菓子、鞭によって動かされていること。しかし私には

した一連の出来事を昇華させた結果が、『若きウェルテルの悩み』であった。この作品は「精神的インフルエンザの病原体」とまで言われるほど、後世の若者たちに、厭世的な強いインパクトを与えた。なお、シャルロッテは、後に無事ケストナーの伴侶となる。【村上】

これは非常に明白な真実だと思われる。私は『最も幸せな人間は子供のようにその日暮らしの人間だ』ということについて、喜んで君に同意する（君が僕になんと言うのかわかっているからね）。子供は、散歩したり、着せ替え人形で遊んだり、母親が香料入りパンをしまった戸棚の引き出しの前まで行き、それを恭しく見ながら引き返したりして、お目当てのパンを手に入れると口一杯に頬張りながら『もっと！』と叫ぶのだ。そう、これこそ幸せな人間なのだ」。

ウェルテルはこの厭世的な考えをシャルロッテとの恋愛のはるか前に表明しており、実はこの人生観が彼の恋愛を不幸なものにした。ゲーテのこの作品が大反響を呼んだのは、若い恋人ウェルテルの悲劇的な最後のためではなく、まさに彼の思想全般に因るものなのだ。彼の思想は当時のエリートの人生観と完全に一致していた。バイロン主義はバイロンよりも前に誕生していたのだ。

ウェルテルは、人間の心理能力が不調和に進化することを示すよい見本である。欲求と欲望は意志が発達するはるか前に、非常に激しい形で発達する。生殖機能はさまざまな段階が、不揃いで調和を欠いた形で発達することを『人間性の研究』で示したが、最も高等な心理的機能も、同じく不揃いで調和を欠いた形で発達する。性的感受性や漠然と異性に惹きつけられる気持ちは、生殖機能の発現など全く論外な時期にすでに表れる。そしてまさにこの時点から、長い青少年期を通じて経験される一連の不幸が始まるのだ。性的感受性の早熟な発達は、一種の全般的な知覚過敏をもたらし、これも不幸のもう一つの原因になる。子供は目に映るものは何でも手に入れたがり、月に向かって腕を差し伸べ、自分の欲求が満たされないので不幸を感じるが、若者に見られる不調和も子供に劣らず著しいものである。若者は、物事が実際にどのように関わりあっているかを理解できず、早くから願望を口にする。しかし、意志は人間の能力の中で最も遅れて発達するものなので、自分には願望実現に必要な力がはるかに不足している、ということが理解できないのだ。

ウェルテルは愛すべき性格のシャルロッテに恋心をいだく。彼女にはすでに婚約者がいるが、状況を考慮しないで情熱に身を任す。悲劇的恋愛はここに始まり、若い主人公が厭世主義に蝕まれて自殺することで終わる。感情を抑える意志をもたない主人公は、無為の状態に陥り、人生に疲れ、頭を撃ちぬいて自殺するのが最上の解決手段だと考えたのだ。

自殺に至る物語の最後の局面にここで時間を費やす必要はない。我々が何よりも関心を持っているのはゲーテの性格だからである。ゲーテ本人はシャルロッテに対する情熱を抑えることに成功し、失恋の深い悲しみの後、別の女性との恋で慰めを得た。この違いはあるものの、ゲーテがウェルテルを通して自分の青春を語ったことは明らかで、ゲーテ自身がそれを明言している。彼はケストナーにあてた手紙で「自分自身の状況を芸術的に再現する仕事をしている」と語っており、この手紙は二十四歳のゲーテが『若きウェルテルの悩み』を執筆中だった一七七三年七月に書かれている。

この作品の影響力はカーライルが非常にうまく表現している。[186]「この作品は、ゲーテの世代の思索する人間すべてが感じていた深刻でひそかな苦悩を表現したものに他ならない。ウェルテルは普遍的な苦悩、普遍的な魂の痛みの表現なのだ。ヨーロッパ全域で、人々がこぞってこの作品を称賛したのはまさにこの理由による」。ウェルテルは「この恐ろしい嘆きの最初の響きで、あらゆる国の人々の耳を一杯に満たしたので、他の音は一切聞こえなくなってしまった」。

ゲーテは、厭世主義的な時期に、しばしば自殺を考えた。自伝では、まさにこの時代に、よく研いだ短刀をベッドサイドのテーブルに置き、何度か短刀を自分の胸に突き立てようとした、と語っている。彼はこの時代を振り返り、友人のツェルターに「私は死の衝動から逃れるのに、どんなに大きな決意と努力が必要か知っている」と書いた[187]。ウェルテルの結末を思いつかせたのはイェルーザレムの自殺で、この出来事はゲーテに強烈な印象を与えた。シャルロッテに対する情熱は克服したものの、その後数年間、ゲーテの人生観は厭世主義的な色合いを帯びていた。また、彼は一七七八年に次の言葉を雑記帳に残している。「私はこの世界に向いていない[188]」。生物の身体と性質の外的条件への適応について正確な概念がまだ生まれていなかった時代にこのような発言をしたことは、非常に驚くべきことだ。あまりにも洗練された感受性を持つゲーテは、自分が周囲の環境にうまく適応していると は感じていなかった。

ゲーテの人生のその後の進展と、若い厭世主義者が際立った楽観主義者に変身する経過をたどるのは非常に興味深い。

ゲーテは、苦悩の発作を、詩作、仕事、恋愛で癒した。自分の苦悩を紙に書きつけることで、すでに苦痛がかなり軽減されるのを感じた、と彼は告白している。子供や女性は涙を流すことで気持ちを楽にするが、苦悩を表現した詩は詩人の心を慰める。シャルロッテとの恋はまだ終わっていなかったが、ゲーテは彼女の妹のヘレーネを愛する心の準備ができたと感じた。ゲーテは一七七二年の十二月、次のように書いている。「彼女が到着したかどうかをあなたに伺おうとしていたところに、ヘレーネがこちらに戻ってきたと知らせる手紙を受け取りました」「肖像画から判断すると、彼女はとても優しいに違いなく、シャルロッテよりもさらに優しいかもしれません。私は自由の身で、愛情に飢えているのです」「新しい計画、新しい夢のためにまたフランクフルトに来ています。もし私に愛する対象があったなら、こうしたことは全く起こっていなかったでしょう」。それから間もなく、ゲーテはケストナーへの手紙で「シャルロッテに、私は心から愛する女性をここで見つけたと伝えてください。もし結婚するとしたら、他の誰よりもこの女性を選ぶことでしょう」と書いている。

ゲーテは自分の天職にまだ気づいておらず、ワイマールの宮廷の大臣に就任した。彼は新たな職務に熱心に打ち込み、その仕事は大臣の通常の仕事範囲をはるかに超えていた。彼が管轄していた道路建設、鉱山経営の問題を深く究明するために、鉱物学や地学を学び、それに精通した。また、森林管理と農業のために植物学を真剣に学び、画学校の経営は解剖学を学ぶ必要性を彼に感じさせた。これらのさまざまな仕事のおかげで、彼は科学が本当に好きになった。ライプツィヒ大学、ストラスブール大学在学中の表面的な取り組みと異なり、真剣に科学に熱中したため、後で規範的なものになる複数の重要な発見にも成功した。

しかし、彼が驚異的な天才であるのは、これだけ多くの仕事に携わっていても手一杯ということがなかったことだ。空いた時間があると詩や散文を書いた。これほど多くの仕事に没頭することができて、彼は幸福だった。ヒトの顎間骨の発見は、「胸が震えるような喜び」を彼に与えた。この精力的な活動を支えたのは、フォン・シュタイン夫人に対する愛で、彼はこの愛を「彼を水面に浮かせているコルクの救命胴衣」と呼んだ。彼女と過ごす夕べ、数時間の会話で気持ちが晴れるのだった。

ゲーテの全生涯を通じて恋愛は大きな役割を果たしたが、厭世主義の青年から楽観主義の成熟した大人に変身したこの時期には、これが特別に強く感じられた。フォン・シュタイン夫人との別離を余儀なくされると、悲しみが彼を再び生涯最悪の日々に引き戻した。三十七歳のゲーテは、ウェルテルを書いていた時に似た二度目の危機を経験した。彼は一七八六年に「ウェルテルの著者が作品完成後に自分の頭を撃ちぬかなかったのは、間違いだったと思う」と語り、それからしばらくして「ここ最近の数年より死のほうがましだ[189]」と宣言した。

しかし、厭世的感情の再来は短いものでしかなく、その強さも過去の激しさとは比べものにならなかった。彼はしばしば生きる喜びを感じ、生の感覚は、死に対する恐怖などの形で表れた。三十歳を超えるか超えないかという年齢で、彼はすでに自分の死を意識し予防措置を講じた。彼はラヴァターに「失う時間はない。生の真っ只中で運命に破壊される可能性がある年齢にすでに達したのだ」と書いた。あらゆる方面で生への欲求と、死の接近に対する悲しみが姿を現した。この時代、三十一歳の誕生日の数日後に、彼はギッケルハーンの山頂の小さな藁葺き小屋の壁に、死の予感で結ばれた詩を書いた。これは彼の詩の中でも最高傑作の一つとされる有名なものである。

Warte nur, balde　待てよかし、やがて
Ruhest du auch.　なれもまた憩わん。*

ゲーテは、フォン・シュタイン夫人との別離とおそらく精神的疲労の影響で、三十七歳の時に危機的状況に陥ったが、これはワイマールからの突然の失跡と長いイタリア旅行の形で決着した。イタリアで彼は元気を回復し、考古学、芸術、自然などあらゆるものが彼の興味をひいた。彼は、大きな生の喜びを感じ、まもなく教養高いシュタイン夫人の愛を失った悲しみを、ミラノ生まれで青い目が美しい女性マッダレーナ・リッジの腕の中で癒した。この女性もシャルロッテと同じくすでに婚約者があったが、この状況が昔のように大きな苦痛を与えることはなかった。ゲーテは、彼女が婚約者と絶縁した後でさえ運命を共にする決意をせず、最終的には彼女を棄てた。彼はもう一人のイタリア女性、ファウスティーナを選び、ローマ滞在期間中は彼女と過ごした。この恋は、フォン・シュタイン夫

＊ 邦訳は高橋健二訳『ゲーテ詩集』新潮文庫、一九五一年「旅びとの夜の歌（山々の頂に）」より【森田】

人との愛と比べると、観念的でも複雑でもなかったが、ゲーテの気質をはっきり映し出すローマの悲歌に描かれている。最も特徴的な部分を抜粋してみよう。

「聖なる熱狂が、この古代の土地の上で私に生命を与える。過去と現在の世界が声高く私に語りかけ私を魅了する。私はここで思索にふけり、一日中、指を休めることなく古代の作品のページをめくり新たな喜びを得る。夜は、愛が私に別の心遣いを要求する。私が半人前の学者でしかないとしても、私は二倍幸福だ。愛する胸の形をそっと観察し、腰にそって私の手をさまよわせる時、私はやはり学んでいると言えないだろうか。その時、私は初めて大理石を理解する。私は思索し、比較し、触る目で見つめ、凝視する手で触れる」「私は度々彼女の腕の中で詩を作った。ひょうきんな指で、彼女の背中の上で優しく(六脚の)詩句を何度も数えた。優しい目覚めの時、彼女は息をつき、その呼気は私の胸の最も深い奥底で私を抱きしめる」*

イタリア滞在は、ゲーテを決定的に成熟した人間に変えた。彼の生涯で非常に重要なこの時期について、彼の伝記を書いたビルショフスキに語ってもらおう。「イタリア旅行は彼を新しい人間に変えた。病的で神経質な側面が姿を消した。以前はメランコリーが彼に早まった死を考えさせ、生より死のほうが望ましいと思わせたが、最高の晴朗さと生の喜びがメランコリーを駆逐した。寡黙で心配性で、社交界にいても深刻な考えが頭から離れなかった男は、子供のように陽気になった」(BIELSCHOWSKY, Vol.I.)。「この時以来、彼は、人生のサイクルを、うらやむべき自信をもって生き抜き、これはほとんどの人間には神秘

* ブラーズ(BLAZE)訳『ローマ悲歌第五番』(*Cinquième Élégie romaine*,1873, p. 186)より。ルイス(G. H. LEWES)などゲーテの伝記作家の何人かは、この詩はゲーテの妻、クリスティーネに関するものだとしているが、それは誤りで、この詩がファウスティーナについてのものであることには疑いの余地がない。このテーマについてはBIELSCHOWSKY, Vol.I, p. 517を参照。【原註/森田訳】

的に見えた。ゲーテは、後世が称える威厳ある平静さを備えるようになった。しかし、多くの同時代人にとっては、献身的で思いやりのある以前のゲーテは姿を消したのだ」(*Ibid.*, p. 417)。

四十年を経て、ゲーテは人生の楽観主義の時代に入ったのである。

II

ゲーテの楽観主義の時代――この時代の生活様式――芸術的創造に恋愛が果たす役割――芸術への傾倒は第二次性徴のカテゴリーに入れるべきである――老いたゲーテの恋愛――天才と性的機能の関係

偉大な作家ゲーテの精神の均衡は一度に確立されたわけではない。その後も何度か厭世的な時期が戻ってきたがすべて一時的なもので、それが過ぎると、彼は状況が許す範囲で可能な最も完全で調和のとれた人物になった。彼は静穏な老年に達し、八十歳を過ぎて死期が近づくまで活動は衰えを見せなかった。

すでに述べたようにゲーテは生の感覚がかなり早い時期に発達した。楽観主義者になると、彼は生の喜びを経験し、これをできるだけ完全な形で延長したいと願った。すでに老年に達したゲーテは自分の考えを次のように表現した。「人生はシビュラ（巫女）の書に似ており、我々に残された生の時間が短くなればなるほど、ますます貴重なものになる」[**]。

＊＊ 筆者はこの言葉をルイス（G. H. Lewes）によるゲーテ伝のロシア語訳の第二巻三三九ページで見つけた。 【原註／森田訳】

人間性の進化では正常な変化がゲーテの中で起こったのだ。しかし、ゲーテの生活状況は、完璧とはほど遠いものだった。まず健康に問題があった。若いころおそらく結核性と思われる強度の出血に見舞われ、生涯を通じて、痛風、腎疝痛、腸疾患などかなり重度の病気に悩まされた。彼の生活習慣にも欠陥があった。ワインの産地で育ち、若いうちからワインを飲み始め、その量は健康に有害なレベルに確実に達していた。彼はこれを自覚しており、三十一歳で生の本能が覚醒した後では、次の質問が彼の頭を大いに悩ませた。「もしワインを飲むのをやめることができたら、私は非常に幸せになるだろう[190]」と彼は雑記帳に書いている。何週間か後、彼はまた雑記帳に「もうほとんどワインを飲まない[190]」と書いた。しかし彼の意志の強さは節酒を守り続けるには不十分で、何か月もたたないうちに鼻血を出し、「グラス何杯かのワイン[190]」を原因の一つに挙げている。彼は生涯最後の日までワインを飲むのをやめず、晩年にも飲みすぎることがあった。ゲーテが七十九歳の時にワイマールで夕食をとったJ・H・ヴォルフは、ゲーテの食欲と、彼が飲むワインの量に驚かされた。「彼はガチョウのローストの巨大な塊などを食べ、これと共に赤ワインを丸一本飲んだ[191]」。ゲーテの最後の十年間（一八二二〜一八三二）に関してエッカーマンが書いた興味深い本にもワインが数多く登場する。ゲーテは飲むためにあらゆる言い訳を考え付いた。理由は外国人の訪問や友人からの特別上等なワインの贈答などであり、いずれにしろ、彼は日に一本から二本のワインを飲んでいた、と証言されている（Mœbius）。それにもかかわらず、ゲーテはワインが知的作業に悪いことを常に確信していた。彼は、友人のシラーが「威勢をつけ、文学的創造を刺激するために」と称して普段以上に飲むと、無残な結果になることに気づいていた。「これは彼の健康を害した」とゲーテはエッカーマンに語っ

エッカーマン
Johann Peter Eckermann（1792-1854）。ドイツの詩人、作家。晩年のゲーテと親交があり、「ゲーテの生涯の最後の年月にゲーテと交わされた対話（*Gespräche mit Goethe in den letzten Jahren seines Lebens*）」というタイトルの作品（ライプツィヒ。通常『ゲーテとの対話』とされる。第一巻と第二巻は一八三六年、最終第三巻は一八四八年刊行）で知られる。【村上】

ている（一八二七年一月十八日）。「そしてこれは彼の作品にもよくなかった。批評家が彼を非難していた数々の欠点は、飲酒が原因だと私は思っている」。別の会話（一八二八年三月十一日）では、ワインに酔った勢いで書いたものは、異常で無理があるので避けるべきだとも断言した。

ゲーテの並はずれた天分の最も偉大な刺激剤は恋愛である。彼の伝記を彩った数多くの恋愛は誰もが知っている。多くの人はこれに大きなショックを受けた。他の者はこれを正当化しようとした。「彼は性格的に自分の感情を他人に伝え、同情を得たいという欲求を持っていた」と説明したり、「女性に対する彼の愛は、本来の意味の恋愛とは全く関係ない純粋に芸術的な感情の発露だった」と断定したりした。

芸術的天才が性的機能と密接に結びついているのは真実だ。もしかするとこれは芸術的なものに限らず、天才一般に当てはまるのかもしれない。我々はムービウス医師[192]の以下の発言は非常に正しいと思う。「多分、芸術への傾倒は第二次性徴と見なすべきである」。男性のひげなどの身体的な特徴が女性を誘惑するための手段として発達するように、筋力、太い声や多くの才能も、恋愛を達成する必要性から発達したと考えるべきである。原始的な状態では女性のほうが男性よりよく働く。男性の身体的な優勢は、主として他の男性との戦いにおいて役立つが、戦いの大きな動機は女性の所有である。格闘の勝者が女性を観客とすることを望むように、演説する者も気に入った女性の前では特に雄弁をふるう。歌手や詩人は、彼らが経験する愛によって芸術上の刺激を受ける。つまり詩作の天才は必然的に性的機能に結びついているのだ。このため去勢は詩作の天才を破壊する有効な手段である。去勢後の動物は、肉体労働の能力は保つものの、性質が根底から変わり、闘争者としての気性を失う。これと同様に、人間も性的機能と共に多くを失うのだ。去勢者は数多く知られているが、詩人として名を挙げられるのはアベラールただ一人にすぎない。しかし、彼が去勢されたのは四十歳になってからで、その原因となった事件の後では詩作をやめている。去勢した歌手は多いが、彼らは単なる演奏者にすぎず、創造者としての天才とは全く無関係である。去勢者の中に作曲家も何人かいるが、いずれも凡庸な才能しかなく、すでに忘れ去られてしまっている。去勢が早期に行われた場合は、遅くなって去勢した場合よりも、天賦の才能と第二次性徴に及ぼす影響がはるかに大きい。

ナチュラリストの視点からは、ゲーテが多くの恋愛を経験したことを咎めるモラリストの意見には全く同意できないし、この事実を否定したり、恋愛が性的なものではなかったと主張したりしてゲーテを擁護する意見にも同意できない。

『ローマ悲歌』の抜粋からゲーテの恋愛の真の性質は明らかである。フォン・シュタイン夫人に対するゲーテの感情は、純粋に理想主義的な恋愛の典型的な例として引用される。しかし、ゲーテが夫人に送り、その中で親しげに語りかけている手紙のいくつかは「官能的な性格が明白である」(Mœbius, *Goethe*, II)。『親和力』のインスピレーションを得たウィルヘルミーネ(ミンナ)・ヘルツリープに対するゲーテの恋愛は官能的な詩によって表現されたが、あまりにも露骨な内容なので、とても発行することはできなかった(Lew-

ミンナ・ヘルツリープ
Wilhelmine (Minna) Herzlieb (1789-1865)。ポーランド生まれ。ゲーテが愛を捧げた若き佳人の一人。ゲーテの一八〇九年の作品である『親和力』(*Die Wahlverwandtschaften*) の中のオッティーリエ (Ottilie) のモデルとして知られる。【村上】

ES, II)。

我々が特に力説したいのは、ゲーテのこの気質が最も高齢になるまで保たれていたということである。なぜなら、彼の生涯の最晩年においてさえ、彼の詩的天才の力強さに驚かない者はいなかったのである。

年若いウルリケ・フォン・レヴェツォフに対するゲーテの恋は嘲笑のまとになった。彼は七十四歳の時に、彼女に夢中になったのだ。しかし彼の伝記のこの部分は、老年における天才の恋愛の典型的な例として真剣に検討する価値がある。

ゲーテはカールスバート滞在中にこの美しい十七歳の娘と知り合った。彼女は美しい青い目と茶色の髪、温かく善良で陽気な性格をしていた。最初の二シーズンは特に何事もなく過ぎた。しかし、三度目の夏、ゲーテはマリエンバートでウルリケに対する情熱的な恋におちた。彼女は当時十九歳で女性的な美しさがまさに花開いたところだった。この恋は彼を若返らせた。何時間も彼女と過ごし、まるで若い男のようにダンスを始めた。彼は息子に「長い間、こんなに精神と身体の健康を享受したことはなかったと喜んで告白する」と書いている（一八二三年八月三十日）。彼の情熱は非常に真剣なものになったので、ザクセン・ワイマール大公が、ゲーテに代わってレヴェツォフ嬢に結婚を申し込んだ。しかしウルリケの母親の返答は曖昧なもので、結婚の話は留保され、長引いたあげく最終的には拒絶された。ゲーテの家族も結婚の計画に激しく反対した。

ウルリケ・フォン・レヴェツォフ Theodore Ulrike Sophie von Levetzow（1804-1899）。ザクセンの町レープニッ（Löbnitz）に生まれる。一八二一年、十七歳の時、七十二歳のゲーテと会い、ゲーテは彼女との結婚を決意、有力者に口添えを頼んだりするほど熱心だった。ゲーテの言わば最後の想い人となった感がある。彼の「情熱の三部作」(Trilogie der Leidenschaft) と呼ばれるようになった詩集の中の「マリエンバート悲歌」と題されるものは、とりわけ著名である。【村上】

これらの不快な出来事すべてが、年老いた詩人を深く悩ませ、彼は病気になった。心臓のあたりに痛みを感じ、精神的にも大きな打撃を感じた。ゲーテはエッカーマンに次のように訴えた。「何も手につかなかった。何も作品にできず、精神は力を失ってしまった」「もう仕事ができない」「読書ができず、そのうえ、少し心が晴れた幸せな瞬間にしか物を考えることができない」（一八二三年十一月十六日）。ゲーテのこの状態について、エッカーマンは次のような考察を加えている。「彼の苦痛は単に身体的なものだけではないと思われる。彼は現在、この夏マリエンバートで若い女性に対して抱いた情熱的な愛情と闘っている。この愛情が現在の病気の主原因だと考えるべきである」（一八二三年十一月十七日）。

過去のすべての危機の時にそうであったように、ゲーテは詩と恋愛に慰めを得ようとした。馬車でマリエンバートを離れるとすぐに詩作を始めたが、これらの詩はこの年齢の老人の作品としては驚くべき力強さと情熱を示しており、このため『マリエンバート悲歌』は、彼の最も優れた詩の一つと見なされている。当時の彼の心境を示すいくつかを引用しよう。

「打ち勝つことのできない欲望が私に我を忘れさせた。永遠の涙しか残っていない。流れよ、絶え間なく流れよ。しかし涙は私を苛む炎を決して消すことはできないだろう。私の心はすでに荒れ狂い、引き裂かれている。今、この心の中では生と死がすさまじい闘いの最中なのだ」「私は宇宙を失った。私は私自身を失った。かつては神々の寵愛を受けていた私。神々は私を試練にかけ、多くの宝を持ち危険な誘惑に満ちたパンドラを私に貸し与えた。神々は至上の喜びを与える彼女の口づけで私を酔わせた。そして彼らは私を彼女の腕からもぎ取り、私を死で打ちのめした」

しばらくの間、ゲーテはこの悲歌を神聖なもののように隠していたが、後になってエッカーマンに渡すことを決意した。しかし詩作は彼の大きな苦悩を一時的に鎮めただけだった。彼の本性は別の場所で効果的な慰めを得ることを必要としていた。このため、ウルリケとの別離から何週間も経たないうちに、ゲーテはユーリエ・フォン・エグロフシュタイン伯爵夫人の不在を悲痛な思いで嘆くようになった。彼は伯爵夫人を必要としていたのだ。「彼女は自分が私から何を奪い、何を失わせるかを全く知らない。同様に私がどのように彼女を愛し、彼女が私の魂の中でどれほど重要な場所を占めているかも知らない」。ピアニストのシマノフスカ夫人の訪問は、ある程度の埋め合わせにはなった模様で、ゲーテは「超絶した技巧を誇る芸術家としてだけでなく、美しい女性としても」と、彼女に対する敬慕を綴っている（一八二三年十一月三日）。「私はこの魅力的な夫人に深く感謝している」「なぜなら彼女は美しさ、優しさと芸術によって、私の激しい魂を鎮めてくれたからだ」と彼は宰相に語った（Bode）。彼は元女優でダンサーのマリアンネ・ユングとの関係も復活させた。「ゲーテはウルリケに対する思いを紛らわせなければならなかったので、ゲルバーミューレの別荘の美しい所有者の姿が、彼の心を新たに占領した。彼女と過ごした日々と、親密な文通は、愛に飢えた彼の心に静けさを呼び戻した」（Bielschowsky, II）。

ユーリエ・フォン・エグロフシュタイン伯爵夫人
Julie von Egloffstein（1792-1869）。ワイマールの宮廷における最も傑出した才媛と言われる。ゲーテの詩に詠われたこともあり、また画家としてゲーテの息子の肖像画なども残している。【村上】

ウルリケへの愛は、ゲーテの生涯最後の激しい情熱だったが、彼は生涯の終わりまで、美しい女性に囲まれている必要があった。劇場の支配人として、役を得ることを望む多くの若い女性と関係を持った。彼は、最も美しい候補者に役を与えるのは不正行為だが、それを彼に犯させようとする女性の魅力に抵抗するには強い意志の力が必要だった、とエッカーマンに告白している。「色事の陰謀に巻き込まれることを自分に許してしまうと、私は傍に強い磁石があると北を指すことができないコンパスのようになってしまうだろう」（一八二五年三月二十二日）。

ゲーテの息子の義妹は、ゲーテは仕事中に若い女性たちが執務室にたむろするのをとても喜んだと語っている。女性たちはその間、何の作業もする必要がなく、ただ黙っていればよかったが、女性たちは黙っているのがとても困難なことが多かった（Bode）。

ゲーテは生涯最後の日でさえ「黒を背景にした黒い巻き毛の女の顔の美しさを見てごらん」と譫妄状態で叫んだ（Lewes, II）。これに続いてあまり意味をなさない言葉をいくつか口にした後、彼は息を引き取った。

この本の老化を扱った章では男性の性本能が長く保持されることを十分説明した。精巣は、他のほとんどの器官より萎縮に抵抗でき、非常な高齢でも妊孕力を持つ精子を作ることができる。このため精巣の働きが身体全体に反映され、恋愛感情を呼び起こすのはごく自然な現象である。もし何らかの理由で早い時期にこの器官を失っていたとしたら、ゲーテがこのような天才にならなかった可能性が非常に高い。彼の恋愛沙汰にショックを受けたモラリストたちは満足したかもしれないが、世界は最も偉大な天才の一人を失うことになっただろう。いずれにせよ、作家の間でゲーテは例外的な存在ではない。ヴィクトル・ユゴーの好色な気質と、老年期最後まで続いた女性への執着は知らない者がいない。最近では、イプセンの死後、バルダッハ嬢との恋愛が暴露されて大きなセンセーションを巻き起こしたが、彼女はイプセンが最晩年期に天才を発揮する意欲を刺激したのである。

性的機能と密接な関係にあるのは、詩作だけではない。他の種類の天才の発現も性的機能と深い関係がある。天才的な哲学者ショーペンハウアーは、二十五歳の時に創造力が湧き起こるのを経験し、その時次のように考えた。「性的快楽への本能が最も強い日々と時間、燃えるような渇望、こうした時こそ、最も高揚した精神力と、最大の認識能力が、最も強烈な活動を開始する準備を整えた瞬間なのだ」「これらの瞬間には、最も力強く最も活発な生が姿を現す。なぜならば、二つの極が、最も大きなエネルギーを発揮するからだ。これは知能が特に高い人間に見られる。人間はこの状態で過ごす何時間かの間に受動的に過ごす何年間以上に生きるのだ」（下記の著書に引用されている。Mœbius, *Schopenhauer*）。これによると「知的創造はショーペンハウアーにおいてはエロティックな興奮と結びついていた」。

こうした事例からブラウン＝セカールは精巣からとった物質で脳の活動を強化すること

ヴィクトル・ユゴー
Victor-Marie Hugo（1802-1885）。フランス・大ロマン派と呼ばれる文芸家たちの中心となった。【村上】

イプセン
Henrik Ibsen（1828-1906）。ノルウェーの劇作家。近代市民社会の倫理の空疎性を摘発するような戯曲を数多く発表した。【村上】

を思いついた。彼は同様の効果を得るために別の方法も推奨したが、その効果は四十五〜五十歳の二人の人物が数年間にわたって確認した。彼は次のように語った。[193]「私のアドバイスに従い、彼らは、身体的、知的な大仕事を達成する必要がある時には、激しい性的興奮状態になるようにした」。「精巣の機能が一時的に非常に活発になり、間もなく望みどおり中枢神経の力が増大した」。

我々は知的活動と性的機能の間に明らかな関係があることを力説しているが、この法則があてはまらない人間がいることを否定しているわけでは全くない。

ここまで、ゲーテの天才の発現に重要な役割を果たしたいくつかの要因を指摘した。今度は、彼の最晩年の精神状態を検討したい。この時期のゲーテの精神状態は、偉大で調和がとれたものとしてしばしば称賛されている。

III　ゲーテの老年——ゲーテの身体的な力と知的な活力——楽観主義的人生観——晩年における生の喜び

ワイン愛飲者は、節酒に対する反論としてゲーテの例を挙げることができる。若い時は病気がちだったにもかかわらず、多量のワイン飲用は、ゲーテが活力的で知的活動に満ちた老年に到達する妨げにならなかったからだ。エッカーマンはゲーテの最後の十年間を誠実な同伴者として過ごしたが、ゲーテの身体的、精神的な活力に対する驚きと称賛の言葉を惜しまない。七十四歳でイエナに戻ったゲーテは、エッカーマンによると「彼を見ることで喜びを覚える」ような状態だった。「彼はとても健康でたくましく、何時間も歩き続けることができた」（一八二三年九月十五日）。「彼は光を映して輝いており、「彼の表情は喜び、力、若さにあふれていた」（十月二十九日）。一緒に歩くと、ゲーテは速足でエッカーマンを追い抜いて自分が強壮であることを示し、エッカーマンを喜ばせた（一八二四年三月）。彼の声は力強く表情に富み（一八二四年三月三十日）、話し方は生き生きとしていた（一八二七年七月九日）。

ゲーテとエッカーマンの間で交わされた会話の最中、エッカーマンは「彼の声音と目から輝き出る炎は活力に満ちており、まるで青春真っ盛りの力で燃え盛っているかのようだった」と書いているが、当時ゲーテは七十九歳近い高齢だった（一八二八年三月十一日）。これらの特徴はゲーテの生涯の終わりまで保たれており、ゲーテの死の数か月前にエッカーマンは次のように記している。「毎日、力と若々しさにあふれる彼を見ていると、こうした状態は永遠に続くのではないかと思われた」（一八三一年十二月二十一日）。翌春の初めに、ゲーテは肺炎と考えられる「カタル性熱」にかかり、一週間床に就いた後に死亡した。死因はおそらく心臓の衰弱だと思われる。もしもゲーテがワインの愛飲者でなかったなら、この病気を克服してより長く生きることができたかもしれない。

ゲーテの知的活力は、身体の強壮さよりもはるかに偉大で注目に値するものだ。彼はさまざまなことに興味を持ち、学ぶことへの渇望は尽きることがなかった。ダルトンが齧歯類の骨格を詳細に描写しているのを、並々ならぬ関心をもって熱心に聴いているゲーテを見て、エッカーマンは次のように驚きを表現した。このほとんど八十歳になる人物は「たゆみなく経験を求め、経験を重ねる。どの分野でも中断したり中止したりしない。常にさらに先に進もうとする。常に学び続ける。そしてこれによって、彼は永遠で尽きることのない若さを保つように見える」（一八二五年四月十六日）。物事の本質をとらえる能力と記憶力は驚異的だった。八十一歳を超えても、聴衆を「滞ることのない思考の流れと並はずれた独創性」で驚嘆させた（一八二八年十月七日）。

「ゲーテの晩年は、彼の天稟の並はずれた力を示す最も輝かしい証である」と彼の医学的伝記を書いたムービウス医師は語る。「彼の最晩年の作品のほとんどは、完成された形式、叡智と感情において、どのような絶賛の言葉をも超越している。八十歳の人間が、このような作品を書いたことがあっただろうか。生理学的な観点から見ると、老齢のゲーテの作品が与える驚きは、彼の若々しい活動が呼び起こす驚きをほとんど凌駕する」（MEBIUS, *Goethe*, I）。

若いころの血気盛んで激しやすい性格ははるかに穏やかになったものの、依然として激昂したり癇癪を起こしたりすることがあった。彼には老人特有の躁状態があり、しばしば横暴な性向を見せたので、これに関して多くの逸話が残っている。しかし、年老いてから気質はより晴朗になり、物事に関する考え方も楽観的になった。短い危機を何度か経験したものの、彼は生きることに幸福を感じていた。一八二八年にはドルンブルクに引退し、静かな生活を送った。「ほとんど一日中戸外で過ごし、ブドウの木の柔らかい蔓と対話する。ブドウは良い考えを私に明かしてくれ、これについて君たちに素晴らしいことを知らせるかもしれない」とゲーテはエッカーマンに語った（一八二八年六月十五日）。「私は詩も作るが、出来栄えはなかなかのものだ。この状態で生活を続けることができればよいと思う」「私は満足だ」。「春の初めの今、緑の新芽を見つけ、毎週葉っぱが次から次へと出て、茎が成長していくのを眺めて満足する。五月に花のつぼみを見るとうれしくなり、六月になって薫り高いバラの花がついに素晴らしい姿を見せてくれると幸福を感じるのだ」（一八二五年四月二十七日）。この時代の生の喜びは、彼の多くの手紙にも表れている。彼は一八三〇年四月二十九日に、ツェルターに次のように書き送った。「君には打ち明けよう。私はこの高齢になってもアイデアが頭に浮かび、それは人生を繰り返して追究、実現するほど価値があるアイデアなのだ。私はこのことを幸せに思う」。

彼の人生観はウェルテルの時代から大きく変化した。ゲーテはエッカーマンに自分でも「年を取ると、この世について若かったころとは違う考え方をするようになる」と語っている（一八二九年十二月六日）。若いころ、彼をあれほど悩ませた青年期特有の感じ易さは著しく和らいだ。エッカーマンは、自尊心を傷つける出来事を受け入れるゲーテの態度に驚いた。ワイマール新劇場に関するゲーテの計画が、劇場建設の最中なのに放棄され、ゲーテが関わっていない別の計画に取って代わられた時、エッカーマンは非常に動揺し、憂慮しながらゲーテの家を訪問した。「この全く予想外の展開がゲーテの感情を深く傷つけたのではないかと危惧した。ところが全く違っていた。彼は非常に穏やかで、落ち着いており、傷ついた様子は全くなかった」（一八二五年五月一日）。

八十歳を過ぎても、ゲーテは人生に対する倦怠を全く感じなかった。最後の病気の時にも、死にたいという気持ちは全く見せなかった。むしろ快癒を期待しており、よい季節の到来が力を与えてくれるだろうと考えていた。つまり、彼は依然として生きることへの欲求を持っていた。しかし、自分の人生サイクルが完結したことも理解しており、人生に飽き足りた気持ちは経験しなかったが、生きたことに対する一種の満足感は感じていた。彼は次のように語った。「私のように八十歳を過ぎると、生きる権利はもうほとんどない。毎日死ぬ覚悟ができていなければならないし、後のことをきちんと整理しておくことを考えなければならない」（一八三一年五月十五日）。それにもかかわらず、彼は仕事を続け、『ファウスト』第二部の最後の二章を執筆した。これが完成すると、ゲーテはこのうえない幸せを感じた。「私は、残された日々をまぎれもない贈り物だと見なすことができる。結局、私が何をしようと、作品がどのようなものであろうと、全く重要ではないのだ」（一八三一年六月六日）。

ゲーテは作品中のファウストに百年の生命を与えた。自分自身も百年生きると考えていた可能性が高い。百歳には達しなかったものの、ゲーテはそれにかなり近い年齢まで生き、最も活動的な人生を送って後世に貴重な教訓を残したのだ。

Ⅳ 『ファウスト』はゲーテの自伝である――第一部の三つの独白場面――ファウストの厭世思想――脳の疲労が恋愛に救いを求める――マルガレーテとの恋愛と不幸な結末

「ゲーテはファウストだった。ファウストはゲーテだった」とこの大詩人の伝記作者は語っている（BIELSCHOWSKY, II）。「ゲーテはファウストにおいて、ウェルテルより詳しくはるかに完全な形で自分自身を描こうとした」というのが通説になっている。もしそれが本当なら、具体的データに基づいてゲーテ本人を研究した後で、『ファウスト』を研究することに何の意味があるか疑問に思われるだろう。実は『ファウスト』には、ゲーテの実人生と重なる部分と並んで数多くの思想が盛り込まれており、彼の思想の全体像の解明に役立つのである。ゲーテの生涯が『ファウスト』の解明に役立つように、『ファウスト』はゲーテの精神を理解するうえで助けとなるうえ、すでに見てきたように、ゲーテのようなスケールの大きな人物は、人間性の研究に大きな意味を持つのである。

『ファウスト』は二部から構成されており、それぞれがゲーテの生涯の重要な時代に対応している。第一部のファウストは厭世主義者だが、第二部では楽観主義に転じている。作品は人間が直面するいくつかの高尚な問題を扱ってはいるものの、その焦点は恋愛で、すべてがこの問題を中心に展開している。

第一部はゲーテの青年期に着想され、大部分が同時期に執筆された。主要テーマは一人の青年の美しく魅力的な娘に対する恋で、主人公の青年はこの娘に対し自分の道徳観に反した行動を取る。ゲーテのすべての作品と同様、第一部の主要テーマは作者自身の人生体験に題材を得たもので、この場合はゲーテが二十二歳の時の出来事がベースになっている。牧師の娘フリーデリケの話はよく知られている。彼女は、輝かしい才能を持った青年ゲーテの恋心をかきたて、彼女自身もより激しく深い愛情で彼に応えたのだ。ところが、ゲーテは一生彼女に縛り付けられる可能性に恐れをなして態度を豹変させ、哀れな恋人を悲惨な状況に置き去りにした。彼は後になってフォン・シュタイン夫人に「自分は、別離が哀れなフリーデリケの死を招きかねない時に彼女を棄てた」と告白した。「私は、最も善良な娘の心を深く傷つけた。この結果、悲しい悔恨を感じる時が来た。非常につらく耐えがたかった」(Bielschowsky, I)。

贖罪の意味もあって、彼はフリーデリケを『ゲッツ・フォン・ベルリヒンゲン』と『クラヴィーゴ』という作品の主人公にした。しかしこれらの人物は彼女に値しないと感じたため、『ファウスト』のマルガレーテとして彼女に不朽の命を与えた。

ファウスト博士は、人間が所有するあらゆる知識を学んだが、研究から少しも満足を得ることができなかった。彼は一人の若い女性の美と魅力に慰めを見出し、情熱的な恋に落ちる。ファウストが研究室を棄て、マルガレーテが住む俗世間に走った内的な心理メカニズムは、くわしく検討する価値がある。

ファウストは最初、自分の時代に存在するあらゆる知識を吸収する時間があった老学者として登場するが、未熟な若者の特徴も備えている。彼は研究したすべての学問に飽き足らず「この世界のはらわたに何が隠されているかを知り、あらゆる活動を目撃し、生命の原理をつかむ」*ことを欲した。これは「最も困難な問題を一挙に解決する力が自分にはある」と自負する若者が、何かを学び始める時に見せる激しい要求である。実はこの独白はゲーテがウェルテルを書いた時代のもので、彼はまだ二十五歳にもなっていなかった。[194] この独白が深い印象を与えないのはそのためである。二つ目の独白は、服毒の試みによって終わるものだが、一七九〇年に刊行されたもの（『ファウスト断片』）には記載されていないため、それほど古くはない。この独白はゲーテが五十歳を過ぎて執筆したもので、最初の独白に比べ大きな成熟がうかがえる。具体性には欠けるものの人生の悲惨さを以下のように興味深い形で表現している。「我々の精神がいだく最も素晴らしいものすべてに、下卑た性癖がたえまなく異議を申し立てる。我々は、この世で幸福を手にした場合にだけ幸福以上に価値があるものなど幻想で虚偽にすぎないと考え、我々に生を与えた崇高な感情は現世の利益に押し殺されて滅びてしまう。初めは、大胆な飛翔の空想が永遠への憧れを掻き立てる。しかし間もなくすべての希望は頓挫し、その残骸には小さな空間で十分となる。すると不安がすぐさま我々の心の底に忍び込む。不安は密かな苦悩を心にうえつけ、動きまわって喜びと休息を破壊する。（不安は）毎日新しい仮面をつけて姿を現す。家庭、宮廷、女、子供、火、水、短刀または毒として。おまえは、おまえに打撃を与えることができないすべての物を恐れ、全く失ってもいない物のために絶えず涙を流すことになるのだ」。人生を耐えがたいものにするのは、我々を待ち構えている不幸に対し、何の備えも

＊ ブラーズ（BLAZE）の仏語訳から引用。ただし「受精」に代えて「生命の原理」を用いた。原文の「Samen」は錬金術で使われる表現で、「生命の原理」が訳としてより適切だからだ。【原註／森田訳】

できないことに対する恐怖なのだ。ファウストの精神状態は、絶えず何かを恐れていたショーペンハウアーを想起させる。ある時には泥棒、ある時には病気に対する恐怖がショーペンハウアーを苦しめた。彼は決して床屋にひげを剃らせなかったし、外出時には何かを飲む時に使うために小さな銅製の器を持ち歩くほどだった。

「こんな生活に終止符を打って死んだほうがましなのではないか。たとえ虚無に落ちる危険があるとしても」とファウストは自問した。彼は毒の入った盃を手に取り口に近づけたが、外から聞こえてきた歌声と鐘の音に服毒を思い止まり、生に呼び戻される。ただし、自殺を思い止まらせファウストを地上に引き戻したのは、宗教的な信仰ではなく、子供のころの思い出、「幼年期に楽しく跳ね回った思い出と春の自由な祭典」だった。彼は通りに下りて人ごみに交じり、新しく生まれ出ようとしている春を楽しむが、これらすべても彼に人生の不幸を忘れさせることはできない。彼は弟子に出会って会話を始め、再び厭世主義者としての姿を現す。「この過ちの大海に浮かぶことを、いまだに望むことができる者は祝福されている。まさに必要なことについては無知で、知っていることは全く使おうとしない」。そして、ここでファウストがあの有名な独白を口にする。これについては批評家たちが大いに頭を悩ませ、議論した。「私には二つの魂が宿っている。一つの魂は絶えずもう一つの魂から離れようとしている。片方は生き生きと情熱的で、この世に愛着を感じており、肉体の器官でこの世にしがみついている。もう一つの魂は、自分を取り巻く生活を強い力で振り払い、天上へ行く道を切り開くのだ」。評論家たちは、この独白から二つの魂に関する一大理論を構築し、その中にマニ教の二元論、キリストが神であり人間であるという二つの本質その他もろもろを合体させたのだった。*

二つの魂の独白は、世界文学中、人間の不調和を描いた最も優れた詩的表現の一つである。この独白は、若者にしばしば見られ、第一部に描かれたファウストの青春を特徴づけている不均衡の状態をあざやかに表現している。

研究室に戻ると、ファウストは再び厭世主義の兆候を表す。「ああ。私の胸から満足があふれ出ることは、最高の意志を以てしても、もはやありえないと感じる。なぜ、河はすぐに枯渇し、喉の渇きで我々を新たに憔悴させなければならないのか？　何度これを経験したというのだ！」。ここでファウストは「罪」や「悪」と呼ばれる「常に否定する霊」に語りかける。この霊は「彼の目に最も甘美な幻覚」、すなわち美女の裸体を呼び起こす。ファウストは、自分は楽しむことだけを考えるには年を取りすぎているが「欲望を感じないでいるには若すぎる」と認める。欲望に苦しめられ、彼は「夜になると不安と共に床に横たわる。ここには全く休息がない。恐ろしい幻が私を怯えさせ」このため「死を願い、生を嫌悪する」。「ああ、祝福された者たちよ」とファウストは言う。「勝利の閃光の中で、死によって血に染まった月桂樹をこめかみに飾られる者たち。野放図なダンスの輪から抜け出し、若い娘の腕の中にいるところを突然、死に襲われる者たち」。こうしてファウストは恋の恍惚状態に陥る。彼は鏡の中に「この世のものとも思えない姿」を見て次のように叫ぶ。「愛の神よ。おまえの最も速い翼を私に与え、彼女のところに連れて行っておくれ」「最も完璧な女性の姿！　女性がこれほどまで美しいということがありえるのか。私

＊　このテーマに関する詳細は下記の著作に記載されている。KUNO FISCHER, *Goethe's Faust*, pp. 328-330.【原註／森田訳】

の前に横たわる肉体に天上世界の縮図を見るべきなのだろうか？　地上にはこのような美は全く存在しない」。

人生への不満、人間知識の不足と暗い厭世主義は激情的な恋に変わり、紆余曲折の末ファウストはマルガレーテに救いを求める。この小説は最も偉大な傑作の一つで誰でも内容を知っている。ファウストは、自分では全く知らないうちに、実はブラウン＝セカールの治療法の一部に従い始めていたのだ。研究のしすぎで起きた脳の疲労は研究の継続を耐えがたいものにする。この状態はファウストの次のセリフに非常によく表現されている。「思考の糸が途切れてしまった。そしてもう長い間、私は学問が大嫌いだ。我々の燃えるような情熱が官能の深淵で静まるようにしろ」。脳は機能することを拒絶し、盲目の本能は幻の形をかりて「身体には知的活動を強化する力を持った何かが備わっている」とささやく。しかしこの「何か」は罪と見なされており、逡巡を乗り越えるには大きな勇気を必要とする。しかしこの悪なしには生き続けることができない。つまり死か恋愛のどちらかを選ぶしかない。そしてファウストは後者を選んだのだ。

ゲーテとフリーデリケの恋と同様にファウストとマルガレーテの恋も不幸な終わり方をするが、『ファウスト』の結末ははるかに不幸なもので、ゲーテは、『ファウスト』を最も暗鬱な色調で描いたといえる。マルガレーテは子供を殺し、母親を毒殺し、正気を失って最後には斬首の苦しみを味わうことになる。ファウストは不幸のどん底に突き落とされ、自分の天才が害悪を招いたことを呪い、哀れなマルガレーテを助けようとして絶望のあまり叫ぶ。「ああ、私が生まれてさえいなければ」。

要約すると、第一部のファウストは若い学者で、科学と人生にあまりにも多くを要求し、彼の天才は原動力として婚外の恋愛を必要とする。平衡が欠如しているので彼は必然的に厭世主義者になる。このような状態では、人生が悪い方向に展開し、彼の行動が鎮めがたい悔恨を招くのは不思議ではない。しかし最初は、全般的な不満が彼を自殺に追いやるのに十分な力を持っていたのに対し、後になると、彼を深く愛した哀れな人物が受ける巨大な苦痛は、彼に激しい苦悩を与えはするものの死を決意させるほどではない。ファウストの魂の進化が楽観主義への重要な第一歩を踏み出したのだ。危機は非常に深刻なものではあったが、活動的でスケールの大きな人生への帰還という形で終わる。

V

『ファウスト』の第二部は主に老人の恋愛の描写にあてられている――老いたゲーテの恋愛の情熱――老ファウストのへりくだった態度――ヘレナに対するプラトニックな恋――老ファウストの人生観――彼の楽観主義――作品の全体的構想

『ファウスト』の第一部は、発表されるや否や全世界の賞賛を浴びたが、第二部に対する反応は非常に冷淡なものだった。すべての人が第一部を読んで知っていたのに対し、第二部はわずかな読者しかおらず、それも詩人、劇作家など同業者が主だった。舞台化された第二部第二幕は本より強い印象を与える。しかしそれも副次的な装飾的要素が美しいバレエを想起させるというだけのことである。第二部については、内容が難解複雑で、解釈が容易でないことが一般に認められている。多くの文芸評論家が、著者の思想を理解しようと散々頭を悩ませた。ゲーテに第二部の執筆と完成を促したのはエッカーマンだが、彼がいくつかの場面の意味について説明を求めると、ゲーテは質問を巧みにかわし、スフィンクスさながらに秘密を明かさなかった。たとえば、有名な「母たち」に関する質問には、ゲーテは秘密めかした様子で「原稿を渡すので、うちに帰って研究し、これから何を引き出せるか見てごらん」と答えた（一八三〇年一月十日）。G・H・ルイスはゲーテの最も熱狂的な崇拝者の一人だが、彼でさえ第二部の意味をとらえることができず、とうとう理解するのをあきらめた。「『ヴィルヘルム・マイスターの遍歴時代』と『ファウスト』の第二部には非常に多くのシンボルが隠されている。老いた詩人は、深遠な思想を誇る評論家たちが、ファウストとマイスターの解釈で慧眼なところを見せようと、競いあう様子を見て楽しんだが、自分は意地悪く頑なに口を閉ざし、救いの手を差し伸べようとはしなかった」「どんどん積み重なっていく誤解を解いてやろうという意図はほんのわずかも見せなかったばかりか、評論家の洞察力に新たな問題を突きつけることに喜びを感じているようにさえ見えた」。ルイスは、第二部は着想の面でも作品としての仕上がりの面でも完全に目的に達していないという意見だった。「私はこの作品を理解しようとし、作品の完全な美しさを見せてくれる正しい視点を見つけようと全力を尽くした。しかしすべての試みは無駄に終わった」。このため、彼は、読者に作品の平板な概略を記述することしかできなかった。第二部の大筋の着想はすでに長い間あたためられていたが、執筆はゲーテの晩年に何年もの月日をかけて行われた。重要なのは、文章はそれぞれの行為や場面の順番に従って書かれたわけではないということだ。まず第三幕が書かれ、次に第五幕の後半が書かれた。続いて第一幕および第二幕の一部、すなわち古代ワルプルギスの夜の場面は一八三〇年に執筆され、一八三一年に第四幕、そして第五幕の最初の部分が最後に書かれた。

第二部は、たとえば地球の火成論や紙幣の問題など、雑多な要素を含んでおり、これらのテーマが偶発的で二次的な重要性しか持っていないことは明らかである。このため、作品のカギは、最初に書かれた場面で探すべきである。最初に書かれた第三幕はヘレナの物語、第五幕の後半は社会全体の幸福の実現に向けたファウストの活動を描いている。

ゲーテの作品は彼の生涯の行為や出来事を反映しているため、この難解な作品の説明はゲーテの生涯に求める必要がある。

我々は、青年期、老年期を通じゲーテの活動の原動力が恋愛であることをすでに見てきた。恋愛こそ彼の全生涯、またはほとんど全生涯を貫く赤い糸なのだ。ゲーテがフリーデリケへの愛情を明かすことには何の障害もなかった。青年が若い女性に恋をすることは全く自然だと誰もが考えたからだ。ところが若い美女に情熱を燃やす老人の恋では事情が全く異なってくる。彼がウルリケ・フォン・レヴェツォフとの結婚を断念した理由の一つは「物笑いの種になることへの恐れ」（LEWES, II）ではないかと言われているが、これは人生で最も重要な動機の一つである。老年の恋について語ることがゲーテにとってどれほど困難だったか、想像に難くない。ヘレナに対するファウストの恋は、ひげを剃り帽子を替えることで若返るいわゆる自称老人の話ではない。どんな神秘的な魔法の装置を使っても、若返ることなど不可能な本物の老人の話なのだ。しかし、老いたファウストの恋はまぎれもない真の情熱で、ゲーテがこの描写に費やした詩節は、彼のペンが生み出したなかでも最も美しいものである。

第二幕の初めに、第一幕で恐ろしい危機を経験したファウストが登場する。不安にさいなまれ疲弊したファウストは、新しい生活を始めることを決意する。「生命の動脈は、新たに汲み出された強い力で脈打ち、この世のものならぬ夕暮れを称える。大地よ、おまえは今夜も変わらず生気をとりもどし私の足元で息づいている。おまえはすでに私を官能で包み始め、絶え間なく最も高い存在をめざそうという力強い決意を私の中に掻き立てる」。

世界一美しい女性の姿が呼び起こされたのを目にすると、官能への欲求があふれ出る情熱に変わる。「では、私にはまだ目があるのか」とファウストは叫ぶ。「私の中で奔流となって流れているのは、純粋な美という源ではないのか。私の恐ろしい旅に与えられた幸運な褒美。この天啓の前では何も価値を持たない。私が遂行したばかりのこの聖なる職務以来、なんと大きな変化が起こったことだろう。初めて、世界が望ましく、堅固な、持続性のあるものに感じられる。もしも私の中で生命の息吹が消えてしまうとしても、おまえから離れたところに根を下ろすことはできない。その昔、私を夢中にした幻惑的で優しい姿も、これほどの美しさの前では、ただの影にすぎない。私がすべての力と情熱を捧げる相手はおまえなのだ。同情も、愛も、崇拝も、熱狂も」。情熱に駆られたファウストは、美女が若者の息を吸い込みキスをするのを見て嫉妬に苦しむ。彼はいかなる犠牲を払っても彼女を自分のものにしたいと欲する。「私はここに何の意味もなく存在するというのか。私はこの鍵を手にしていないというのか。この鍵は激しい恐怖や孤独の波浪を越えて私をこの大地に導いた。私はここに身を落ち着け、ここに私の現実がある。ここから聖霊は霊たちと戦い、二重の王国の征服に備えるのだ。(私がいなければ)あのような遠方から彼女はどうやってこのように近くまで来ることができたというのか。私が彼女を救うのだ。彼女は二重に私のものなのだ。だから頑張れ、母たちよ。私の願いをかなえてくれ。一度彼女を知ったものは、彼女なしに生きることはできないのだ」。

美女が姿を消したことですっかり動揺したファウストは意識を失い長い眠りにおちる。覚醒するやいなや「彼女はどこだ」と問い、彼女を捜し始める。ケイロンが過去にヘレナを背に乗せて運んだことがあると知ると、ファウストは叫ぶ。「おまえが彼女を運んだと?　彼女を?」。ケイロン「そうだ。この背中にのせて」。ファウスト「私の錯乱はますますひどくなるのか。なんという喜び。同じ場所に座れるとは。なんということだ。興奮で正気を失いそうだ。どんな様子だったか話してくれ。彼女は私が恋焦がれる唯一の存在なのだ。おまえは彼女をどこで乗せどこに運んで行ったのか。お願いだから教えてくれ」「おまえは彼女をかつて目にしたことがあるが、私は今日彼女を見たのだ。美しく魅力的で私の欲望をかきたてた。それ以来、私は魂を奪われ、全身全霊で彼女に恋焦がれている。もし彼女に追いつくことができなければ、私は生きていられない」。ケイロンはファウストのあまりにも情熱的な態度を異様なものに感じ、大事をとって静養するようにと忠告する。

紆余曲折と障害を経た後で、ファウストは彼女に再会し、次のように語る。「私の運命と所有物をすべてあなたの手にゆだねる以外に、どんな道が残されているでしょうか。あなたの足元にひざまずき、あなたを女王と仰ぐことを自由で忠実な私にお許しください。あなたは、姿を現しただけで玉座と国の支配者になられたのです」。この言葉使いは、以前ファウストがマルガレーテに対して使ったものとは非常に異なっている。むしろ年老いて恋をしている男が、熱愛する若い美女に語りかける言葉のように聞こえないだろうか。玉座に座ったヘレナが彼女の隣に座るよう促すと、ファウストは次のように答える。「気高い女性よ。まず、最初にひざまずくことをお許しください。そして私の心底からの賛辞を受けいれてください。私を立ち上がらせてあなたの傍に導こうとするその手に、どうぞ口づけさせてください。あなたの広大無辺な王国の統治を私と分かち合ってください。そして、崇拝者、従僕そして番人という三つの役割を、私という一人の人間に与えてくださいい」。老人は、情熱的な恋の虜となって正気を失っており、愛する女性にへりくだった言葉でしか話しかけることができない。

ヘレナは全く愛の告白はしなかったが、優しい態度でファウストに接する。ファウストが「永遠に若いアルカディアでの幸せな滞在」を提案すると、ヘレナは外界から遮蔽され草木が生い茂った洞窟についていくことに同意する。そこで何が起こったかは語られない。

彼らは二人だけで洞窟にこもり、一人の年老いた女召使だけが時々近づくことを許される。

二人の結びつきの結晶は、マルガレーテが産み落として殺害したような子供ではなく、すばらしく特別な男児だった。その子は生まれ落ちるや否や飛び跳ね始め、動作があまりにも活発なので、両親は大きな心配にかられる。

ゲーテは第二部の多くの場面について説明を求められても頑強に口を閉ざしていたが、この驚くべき子供が何を意味しているかについては簡単に語った。「この子は人間ではなく、単純な寓意（アレゴリー）だ。どのような時代や場所にも、そしてどのような人間にも縛られない詩を擬人化したものだ」（一八二九年十二月二十日）。ゲーテはバイロンの悲劇的な運命に強い感銘を受け、ファウストとヘレナの息子という形で英国の詩聖を表徴した。

ゲーテのこの断定的な説明を手掛かりとして、文芸評論家たちはファウストとヘレナの結びつきはロマン主義と古典主義の統合を意味しており、この統合から近代詩が生まれ、近代詩が最も優れた代表者バイロン（を象徴する子供）として擬人化された、と主張した。しかし、ゲーテ自身は古典主義、ロマン主義の違いには全く拘泥していなかったので、彼が実際にそのように考えていたとは思えない。「ロマン主義と古典主義をめぐるこの大騒ぎは何だ！　重要なのは一つの作品が完全に誠実で真剣だということだ。もしそうならばその作品は古典的なのだ」（一八二八年十月十七日）。このことから、ゲーテは、年老いたファウストと彼の愛らしい同伴者のいわゆるプラトニッククラブの関係から詩が生まれることを表現しようとした可能性のほうがはるかに高い。プラトニッククラブは完璧な作品を創造する原動力となり、美しい女性に刺激されると老詩人でさえ完璧な作品を創造できるのだ。

ファウストとヘレナが息子と共に洞窟から姿を現した時、ヘレナは次のように言う。「地上の幸福のための愛は高貴なカップルを結びつけます。しかし神聖な喜びのためには幸福な三位一体を形成するのです」。これに対しファウストは次のように答える。「私はすべてを見つけることができた。私は君のもので君は私のものだ。こうして私たちは結びついた。これこそがあるべき姿なのだ」。

息子の死後、ヘレナはファウストを棄て、衣服をファウストの手元に残す。「ああ、古代のことわざでは幸せと美の結びつきは長続きしないといいますが、私の場合もそれが正しいと証明されました。生命の絆も愛の絆も断ち切られてしまいました。私はこれを一つ一つ悼んで悲しい別れを告げ、あなたの腕に抱かれるのはこれが最後になります」。

この危機の後、年老いたファウストは自然の中で慰めを得る。彼は、マルガレーテとの悲惨な破局の後に、自然を熟視することで生きる力を得た経験があった。今回は高山の台地に仮住まいし、そこから、おぼろげな雲の塊が目の前で美しい女体を形づくるのを見た。しかしファウストは年老いており、恋愛の記憶に生きるだけだった。彼は「いや、私の目は私を欺かない。太陽の光に満ち溢れた褥の上に、堂々と横たわる神々に似た巨大な姿」「女の面影は大きくなり、恍惚とした私の目の前で威厳にあふれ魅惑的にただよう。ああ。すべてが砕けてしまい、形のない塊は東の空のほうに留まった。過ぎ去った日々の官能を映しだす遠い昔の氷河のように。しかし優しい蒸気が生暖かく軽やかに私を包む。それは私の頭と胸を晴れやかにし、震えながら空中に立ちのぼり、高く高く上って形を作る。美しく魅惑的な顔、私の青春の最初の幸福、これほど長い間哀惜していた、おまえはいまでも幻想なのか。私の心の奥底に隠されていた宝が新たに溢れ出すのを感じる。幼い時代の宝が」「魂の美しさと同じく、優しい形は砕けることなく立ち上り、空中で左右に揺れ、私の存在の最上の部分を運び去る」。この精神状態は、ウルリケとの別離の後のゲーテの状態に似ている。

恋愛との決別、詩との決別。しかしこれによって優れた生への跳躍が消滅したわけではない。老ファウストの生への欲求は依然として非常に強かった。しかし彼が夢見ていたのは、青春時代のように到達不可能な理想ではなかった。そしてメフィストフェレスが皮肉を込めて次の質問を投げかけた。「おまえが熱望している目的を、人は決して見抜かないのか。それはさぞかし崇高なものだったに違いない。この行程で月のごく近くまで接近したおまえのことだ、おまえの野望はおまえを月に駆り立てなかったのか」。これに対し、ファウストは次のように答えた。「全くそんなことはない。この地球には偉大な行為に十分なスペースがある。私は偉大なことを成し遂げなければならない。雄々しい活動に私を駆り立てる力が自分の中にあるのを感じている」。楽観主義的なこのセリフは第一部のファウストの嘆きとあまりにも異なっているが、時がたつにつれ、この傾向はより顕著になる。すっかり年老いてほとんど百歳になったファウストは自分の心境を次のように告白する。「すべての望みをしっかり摑みとり、私を満足させない物は手放し、私から逃れ去るものは決して引き留めようとしなかった。こうして世界を旅したことに私は満足している。私は欲し、成就し、そしてまた欲し、人生の渦巻く奔流を雄々しく渡ってきた。私の人生は、最初は壮大で力強いものだったが、後に賢明で慎重なものに変わった。私は、地上の境涯を十分に知っている。これを超えたところで起こる出来事は見ることが禁じられている。瞬きしながらそちら側に目を向ける者、夢の中で天上の高みから下界を見下ろし、同輩を追い抜いたと想像する者は愚かだ。地上にしっかりと根を下ろし、周りをよく見まわすがよい。有能な人間に対し世界が沈黙し続けることはない。永遠の空間をさまよう必要があろうか。彼が地上で見出すものは、少なくとも理解が可能なのだ」。

最高の智に到達したファウストは、利用可能な土地を増やす目的で干拓工事の采配をふるう。「私は幾百万の人々が移り住めるよう土地を開拓する。彼らはおそらく安全ではないだろうが、自由な活動が許される。緑で肥沃な田園よ」「ここ、内部の土地は楽園なのだ」「そうだ。私はすべての叡智が到達した究極の結論に全身全霊を捧げる。それは、自由と生命に値するのは毎日それを勝ちとる者だけだ、というものだ。生命を取り巻く危険の中で、子供、男、老人が雄々しく年月を重ねる。自由な土地で自由な人々に囲まれて生きる、このような活動を、他のどこで見ることができようか。そして、私はこの瞬間に向かって『ゆっくりすすめ、おまえはこんなにも美しい』と言うだろう。私の地上の日々の痕跡が、永劫の中に没することはありえない。この至高の幸福の予感に浸りながら、私は今、えも言えぬ時を味わうのだ」。これが叡智を備えた百歳の老人、ファウストの最後の言葉だった。このセリフはゲーテの道徳哲学の本質を総括するもので、社会の利益のために個人を犠牲にすべきという主張だと解釈されることが多い。たとえばルイスはファウストの問題を次のように要約した。「ファウストの勇敢な魂は、個人的な願望と個人的享楽の空しさを深く味わった後に、人間は人間のために生きるべきで、人類の幸せを目的とした仕事以外には恒久的な幸せを見つけることができない、という大いなる真実を知ることになったのだ」。我々にはむしろ、ゲーテの『ファウスト』は、人生は大部分、個性の完全な発達に費やすべきで、経験によって思慮深くなり個人として満足を感じるようになった人生の後半のみを、人類の幸福に貢献する活動に捧げるべきだ、と主張しているように思われる。ゲーテの思想にも、彼の作品中の人物にも、個人の犠牲の主張は見られないのである。

ゲーテは、『ファウスト』において、特定の行為と我々を導く原則の間に起きる葛藤の問題を解明しようとした。人生の前半で主人公が犯した悪行は、贖罪によって相殺されなければならなかった。彼はエッカーマンに「ファウストの救済のカギ」は天使の合唱部分に隠れていると語った。

救済と栄光。彼は蘇る。
霊の世界の主人。

絶え間なく闘士として戦う者。
我々は、これを代償として彼の罪を赦すことができる。

しかし、ゲーテ自身は何も語っていないものの、ファウストとゲーテにおいて最も重要な役割を担っているのは芸術的創造の原動力としての愛の行為であり、この悲劇の終わりで彼はこれをほのめかしたのではないかと思われる。隠者たちは宗教的、官能的な恍惚状態で祈りを捧げ、神秘的な合唱隊が次のように歌う。

不可解で名状しがたいものが成就した。
永遠に女性的なるものが
我々を天にひきよせる。

この詩節は「自己犠牲の愛」の意味に解釈されることもあれば「神の恩寵」（Bode）を指すとされることもある。しかし、この部分はむしろ女性美に対する愛をテーマにしており、この愛が崇高な行為の遂行を可能にすることを指していると考えるべきだ。この解釈は、この部分が神秘的な合唱隊によって歌われ、「名状しがたいもの」に言及しているという事実とぴったり一致している。「名状しがたいもの」という言葉は、老人の恋愛の情熱を指していると考えられるからだ。いずれにせよ、『ファウスト』全体、特に第二部は、人間の優れた行動に愛が重要な役割を果たすことを雄弁に主張しており、これは人間性の法則に合致している。この人間性の法則こそ、すべての評論家や崇拝者の説明よりはるかによく、ゲーテの行動を説明しているのである。

ファウストの第一部と第二部は全く別々の作品だ、という意見がよく聞かれる。しかし第一部と第二部は互いに補完し合っていると考えるべきである。第一部では若い厭世主義者が登場し、彼は大胆さと厳しい要求の持ち主で、愛の渇きを癒すためには、自殺も厭わず、何ものも彼を止めることができない。第二部で現れるのは、成熟して年老いた人物で、依然として女性を愛しているが、愛し方が異なっている。思慮深く楽観主義的になったこの人物は、個人としての憧れと野心を達成した後に、人生の残された日々を人類の幸福のために捧げる。そして、一世紀にわたる人生の後に、まさに自然死の本能を体現しているかのように、最高の至福感に包まれてこの世を去るのである。

第九章　科学と道徳

I

道徳問題の難しさ——生体解剖と反対論者——理性に基づく道徳の可能性に関する調査——功利主義的道徳理論と直観的道徳理論——両者の欠陥

本書では、道徳に関わる問題を何度か取りあげた。たとえば寿命延長の問題では、老人を犠牲にすることを道徳的に容認している民族が確かに存在するものの、生殖可能期間をはるかに超えた長寿は高い道徳性の原則に全く反していないことを証明しなければならなかった。

本書で紹介した多くの学説の根拠となっている実験生物学は、動物の生体解剖に基礎を置いている。動物自体に何の利益もないのに、生きた動物に手術を施すのは不道徳だと考える人間は多い。フランスとドイツでは、実験室での生体解剖の禁止や制限が試みられたが成功しなかった。これに対し英国では、動物の生体解剖を厳しく取り締まる法律を制定し、面倒な管理を義務付けているため、多くの学者が不満をもらしている。

人間の臨床実験はさらにデリケートな問題である。昔は人間の遺体解剖を隠れて行う必要があったが、今日でも同様に、いくら些細なものであっても、人間を対象とした実験は、あらゆる種類の回り道が要求される。自動車などが引き起こす無数の交通事故や狩猟事故に平然としている人たちが、新しい治療法の効果を試す人体実験には声高に反対するのである。

多くの人が、性病を防止する試みはすべて不道徳だと考えており、学者も例外ではない。最近も、水銀軟膏の梅毒予防作用に関する研究に、パリ大学医学部の教授たちが反対の声を上げ、「売春街に〔性病の〕危険なしに行けると人々に信じさせるのは不道徳だ」「不品行に耽溺する方法を大衆に与えるのは適切ではない[195]」と主張した。しかし彼らに勝るとも劣らない権威を持つ別の学者たちは、梅毒の予防法を発見し数多くの人間を救うのは、完全に倫理的な仕事だと信じている。この仕事のおかげで、予防法がなければ恐ろしい梅毒の犠牲になった多くの人たち—その中には子供その他の罪のない人も含まれている—を助けることができるからだ。

これらの例から、道徳問題を支配している混乱がいかなるものか、十分理解していただけたと思う。我々は、人間行動のあらゆる行為において、常に道徳律を尊重しなければならない。ところが、どの規則に従うべきかにつき、最も権威のある人たちの間でさえ意見が分かれている状態なのだ。パリの定期刊行誌「ラ・ルヴュ[196]」は、一年ほど前に理性的道徳というテーマで、この問題の検証に最も適任だと思われる作家を対象にしたアンケートを実施した。現代において、信者だけに義務付けられる宗教的教義ではなく、理性から導き出された原則に道徳行為の基礎を置くことは可能か、という質問に対して、理性的道徳の可能性を否定する者がいる一方、これを支持する者もおり、大論争が巻き起こった。哲学者のブートルーが「道徳は理性だけに根拠を置くべきで、理性以外の何物にも基づくべきではない」と主張したのに対し、詩人のシュリ・プリュドムは、道徳の基礎は、何よりも感情、つまり良心に置くべきだと主張した。彼にとっては「道徳教育において教師であり生徒でもあるのは、心であって頭脳ではない」。この節の初めで紹介した意見の相違は、この二つの見解を反映したものである。動物生体解剖反対者は、自分を守ることができない哀れな動物に対する同情から動物実験に反対している。彼らは自らの良心に基づき、他の人間や動物の利益のために生体に加えられるあらゆる苦痛は不道徳だと考えている。私は、傑出した生理学者で、感受性の低い動物、特にカエルしか実験に使わない人たちを知っている。しかし学者の大部分は、将来人間と有用な動物の幸福を増す可能性がある科学的問題を解明する目的で、実験動物を開腹したり最も残酷な苦痛にさらしたりすることにやましさを全く感じない。もし生体解剖が禁止、制限されていたなら、感染症を支配する大原則を見つけることは決してできなかっただろう。そして、この大原則の発見こそが感染症と闘う数多くの手段の発見につながったのである。生体解剖を正当化するために、学者は人類に有用なすべての手段を容認する功利主義的道徳理論の立場をとる。これに対し生体解剖反対者は、我々の良心の自然な動きを行動規範とする直観理論に従っている。

動物生体解剖の是非は、簡単に結論が出る話である。すべての生体解剖は生命過程の実験的研究に必要不可欠で、重要な進歩の実現を可能にする唯一の手段なのだ。それにもかかわらず反対者は至る所に存在する。彼らは動物に愛情を抱くようになった結果、この行

理性的道徳の可能性
後に見るように、人間の道徳の由来を、神の命令に求めず、只管理性に求めることは晩年のカントにとって最大の課題であった。【村上】

為を容認できないのである。

梅毒予防に関する道徳的議論はさらに容易に解決できる。生体解剖は動物に現実に苦痛を与えるが、梅毒予防が与える苦痛は、ある程度間接的で不確かなものでしかない。この病気に罹患しないことが確実になれば、婚外交渉の頻度が増える可能性はある。しかし、不貞の結果として起こりうる苦痛と、罪のない多くの人々の梅毒罹患を予防することで得られる大きな恩恵を比較すると、秤の針がどちらに傾くかは容易に想像できるだろう。このため、予防策研究に抗議する反対者たちの憤慨が、研究者の熱意に水を差したり、予防策の利用を中止させたりする結果には決してつながらない。この例は、大部分の道徳的問題の解決には論理的な検証を行うことが不可欠であることを改めて示している。

しかし我々が実生活で最もよく遭遇するのは、上記の二例とは比べ物にならないほど複雑な問題だ。生体解剖と梅毒予防の研究は有用性が容易に証明でき、反対者は自分の感情を引き合いに出すことしかできない。しかし道徳に関する多くの問題は状況が全く異なっている。性生活は最もデリケートな問題を多く含む領域で、これらの問題について善悪を定めるのは非常に困難である。ゲーテの生涯の紆余曲折を思い出していただきたい。偉大な天才ゲーテは、しばしば当時の道徳律に抵触する行動をとった。ゲーテは、一生縛られることで詩作の創造力が涸れることを恐れてフリーデリケとリリーを棄てたが、この時彼は道徳的に行動したと言えるだろうか。また、子孫に影響を及ぼす可能性がある梅毒などの病気に罹患した人物が結婚することに道徳的な問題はないのだろうか？　若者の婚前交

リリー・シェーネマン
一七七五年春にゲーテと婚約に至るが秋には破局したと言われる。ゲーテの生涯については第八章を参照されたい。【森田】

渉、売春、避妊などの問題も、重大であると同時に道徳的観点から見て非常に複雑である。また、刑罰に関するほとんどの問題も単純ではない。最も論議の的になっているのは死刑だが、結論を出すためには多種多様な研究が必要である。死刑の有効、無効に関する情報を得るためにいろいろな統計が参照されるが、死刑は犯罪数を決して減少させない、という統計結果が見られる一方で、実際に犯罪を思い止まらせる効果があるという意見も聞かれる。死刑より軽い刑罰についての判断も容易ではなく、特に子供に対する刑罰は死刑に劣らず難しい問題で、教育学はこの問題に決着をつけるのに非常に苦労している。

このように、功利主義的道徳論に基づく行為は、その利益が証明できないことが多い。さらに、誰が利益を得るのかはっきりしないケースも多く、判断はなおさら困難となる。ある行為の利益を受けるのは、親族だろうか、同じ宗教の者だろうか、同国民、同人種だろうか、それとも多くの人種を包含する人類全体だろうか。

このようにさまざまな問題があるため、道徳理論家の多くは、功利主義的道徳論は適用不可能だと宣言し、直観論を支持することを表明した。直観論とは道徳はすべての人間に生まれつき備わった感情に基礎を置くとする学説である。直観論によると、この生来の感情は隣人の幸せのために行動するよう促す一種の社会本能で、内的な良心の声を通じてどのように行動するべきかを命じ、行動が生む利益の総体を評価する功利主義よりはるかに優れている。

人間は他の人間と連帯する必要があり、社会生活を送る動物である。これは歴然たる事実だ。しかし、動物社会で社会生活を送る種は、盲目的な本能に従って行動し、その行動は概してうまく統御されているが、人間では全く逆の現象が見られる。人間の社会本能は千差万別である。たとえば隣人愛が極端に発達した人間は、公共の利益のために自己犠牲的な行為にしか幸せを感じない。持てる物すべてを貧困者に与え、何らかの理想のために死ぬことが多く、その目的は必然的に利他的なものである。しかしこうした例はかなりまれで、はるかに多いのは自分に似通った他人に愛情を持つ者で、彼らは自分の血族、友人、同国人のためには献身するが、赤の他人にはほとんど無関心である。同じく多く見られるのは、愛情の対象が非常に限られている者で、彼らは、自分自身や自分の家族の利益のために、同胞を常に都合のいいように利用する。これに対し、自分しか愛しておらず、周りの者を苦しめることに喜びを感じる本物の悪人はそれほど多くない。以上のように人間の社会本能の発達は千差万別なのに、すべての人間が共同生活を送らなければならないのである。

もし人間の内心の意図を知ることが可能だったなら、これに従って行動を分類することができただろう。隣人愛に動機づけられた行動は道徳的で、利己主義に基づく行動は不道徳だと明確に規定できたはずだ。しかし行動の真の動機が確定できることは非常にまれである。こうした動機は心の奥深くに隠されており、本人でさえ気づかない場合がはるかに多いからだ。また、人間はほとんど常に、自分の行動を良心の声と調和させ、他人に与える苦痛を正当化する方法を見つけ出すものだ。これに対し、例外的に非常に発達した良心を持ち、周囲に利益を与えていなければ苦痛を感じる性格の者もいる。

敵の行動を悪い意図に基づくと考える傾向が日常的に見られる。これによって非難が容易になり、他人の行為を批判することが可能になるので、隣人を中傷したいという大きな欲求が満たされるのだ。これはジャーナリストや政治家が非常によく使う方法だが、道徳に関するまじめな研究の対象からは絶対に除外しなければならない。

意図、良心ははっきりとらえることができないので、これらの要素を人間の行為の評価に使うことはできない。このため、行為を評価するためには、行動がもたらす結果に目を向けることが必要になる。ところが、社会本能が善をもたらさない例は多い。生まれつき非常に善良な性格をもった人間が、利益ではなく損害を与えるケースが頻繁に見られる。ショーペンハウアーはずっと以前に、感情に従うだけの道徳は、本物の道徳のカリカチュアにすぎないと論じている。善行を施したいという利他的な欲求に突き動かされた人間が、無反省に気前の良さを周囲に振りまいた結果、自分と自分の同胞に害を与える例がある。シェイクスピアは『アテネのタイモン』という作品に最高の善人を登場させたが、彼は自分は「善行のために生まれた」と言い、すべての所有物を右に左に分け与えたため、寄生的人物の大群が彼の周りに集まった。彼は最後に破産し、救いようのない人間嫌いになる。シェイクスピアはフレヴィアスのセリフとして次のように言っている。「運命の仕業は奇妙なものだ。他人にあまりにも良くする時最も大きな誤りを犯す」。実はこの、感情だけに基づく道徳こそが、生体解剖反対のキャンペーンを思いつかせ、無自覚のうちに害悪を広げる張本人なのである。

世の中は非常に複雑なので、悪意ある行為が最も寛大な感情に基づく行為より社会の役に立つことがあるのに驚かされる。たとえば、厳しい弾圧策のほうが、温情に満ちた善良な行政官の中途半端な方策より有用なことが多い。

こうした状況では、道徳直観理論が、純粋な功利主義的道徳理論を超える支持を得られなかったのは当然である。社会性の感情は道徳的行動の動機になることはあっても、人間の集団行動の根拠にするには不十分なのだ。他方で、すべての道徳的行動は実利を目的としている。しかし、あまりに多くのケースで実利の正確な特定が困難なので、実利を理性に基づく道徳の基礎とすることはできないのだ。

このため、善行の問題の解明を可能にする他の原則を探すことが必要となった。

Ⅱ

道徳を人間性の法則に基づかせる試み——カントの道徳的義務の理論——カントの理論に対する批判——道徳的行動は理性によって導かれるべきだ

すでに古代においても、天啓に基づく宗教的戒律ではない道徳の基礎が熱心に探し求められていた。この結果、人間の本性を認識することで道徳の原則が見出せるという理論が誕生したが、その欠陥はすでに長い間知られている。私はこれを『人間性の研究』ですでに説明した。快楽主義者とストア学派の哲学者は、それぞれの学説は非常に異なっているにもかかわらず、学説の基礎を人間性に置くことが可能だと考えた。しかし、人間性には非常にさまざまな解釈が可能なので、この原則は実際に応用するには弾力性がありすぎることが判明した。

理性を根本原理として道徳を確立しようとするいくつかの試みが失敗した後、カントが発表した説は、多くの思想家によって正真正銘の進歩だと見なされた。しかしカントの理論は一般には全く認められず、道徳という大問題は純粋の論理では解決できないことを示したにすぎなかった。カントの理論に長く時間を費やすことはしないが、その特徴を簡単に説明することは有意義だと考える。

カントによると、道徳は同情という感情に源を発するものではなく、人間の幸福を目的とするものでもない。もしも自然が、人生の目的とは幸福になることだと定めたとすると、自然は物事を非常にまずく案配したと言えるだろう。なぜなら、一般に下等生物のほうが最も完璧な人間より幸福だからである。道徳的な行動に我々を駆り立てるのは内的な欲求である。しかし我々は、行動がもたらす幸福を事前に評価し、その後で行動を決定できる状況にいつも置かれているわけではない。

カントの学説は直観に基づく道徳理論である。しかし道徳は、我々の同胞に対し善行を積ませる共感や善良さの中にではなく、唯一、義務の意識の中に存在する、とカントは考えた。他人の役に立つことに喜びを感じる人間の行為に、カントは全く何の価値も認めない。彼によると、義務感に基づいて善行をなした時にのみ、その行動は道徳的なのである。偉大な哲学者カントの理論のこの部分は、シラーが次の警句で最も見事に表現している。「私は隣人のためによい事をすることに喜びを感じる。これは私を不安にする。自分が完全な徳をもつ人間でないことを感じるのだ」。

カントの道徳論を批判するため、ハーバート・スペンサー[197]は、同胞に対して全く共感を持たず、自分の自然な本能に逆らいながら、義務感だけに基づいて善行をなす人間で一杯の世界を想像した。この英国人の哲学者は、そのような状態では「世界は住むことが不可能になるだろう」と考える。人類の大部分は、義務の意識よりも自分の性向に従って行動する。このため、カントの学説によると、道徳的行動をとれるのは、大多数の人間とは異なる例外的人間だけということになる。下等な文化に属する人間は、他人が施すあらゆる善行を、それが共感に基づくものなのか、それとも義務感に基づくものなのかに頭を悩ませることなく受け容れるだろう。しかし高等な文化を持つ人間は、他人が自らの本能に逆らいつつ、純粋に道徳的義務に基づいて善行を施した場合には、その奉仕を受け入れないだろう。さらに、道徳的行動の対象となる相手の気持ちを傷つけないように、行動の本当の動機を隠さざるを得ないケースもしばしばあると思われる。このように真の意図が隠蔽されるケースは、動機で行動を判断することが現実には不可能だということを示している。利他主義の発現が、善意によるものか義務感によるものかを区別するのは、非常に多くの

ハーバート・スペンサー
本章三二九頁の註参照

場合不可能である。このため、道徳的な行動の動機を推し測る試みは完全に放棄するほうがよい。

カント自身も、人間の行動を評価する何か別の方法を見つけなければならないと考えた。その結果、彼が次の道徳法則に到達したことは周知の事実である。「君の意志の採用する行動原理が、つねに同時に普遍的な法則を定める原理としても妥当しうるように行動せよ」[198]*。この法則の理解を助けるために、いくつかの具体例を挙げよう。お金がなく借金を払えない人間が、その状況にもかかわらず、借金を返済すると貸し主に約束すべきかどうかを自問する。カントの理論によると、この人物は次の質問を自分に問わなければならない。「もし、すべての人がこうした約束をするのが普通になると、どのような結果をもたらすだろうか」。その答えは「もしこうした嘘の約束が一般的になると、誰も約束を信じなくなり、その結果、約束は実生活で存在できなくなるだろう」というものである。こうしてカントの法則は、特定の行為が道徳に反すると断じる理論的基礎を提供するのだ。盗みについても同様である。もしも、すべての人間が欲しいものを全部盗ることが一般的慣習になると、私有財産は消滅してしまい、それと同時に盗みも消滅する。カントによると自殺も不道徳な行動である。なぜならば、もし自殺が普遍的になると、人類は存在しなくなるからである。

しかしカントが論じているのは、問題の一側面にすぎない。道徳的な行動は、多くの場合、範囲を限定する必要があり、対象を人類全体に広げ、一般化して考えることはできな

＊ 邦訳は中山元訳『実践理性批判1』光文社古典新訳文庫、二〇一三年・八九頁より【森田】

い。たとえば、ある人物が同胞の幸福のために命を捧げたいと心から欲しており、この行動が道徳的かどうかをカントの法則に当てはめて判定しようとした場合、彼は自殺に関するのと同じ結論に達することになる。もしすべての人間が他人のために命を犠牲にすると、最終的に誰も生きている者がいなくなるからだ。つまり、他人の幸福のために命を犠牲にするのは不道徳であるという結論に達するのである。

カントは道徳の理性的基盤を探求したが、外的形態しか見つけることができなかったのは明らかで、この外的形態には道徳の実質的内容が欠けているのだ。しかし道徳的な人間は、義務感を行動の指針とするだけでは十分でない。これに加え、自分の行為がどのような結果をもたらすべきかを知っていなければならないのだ。もし嘘の約束をすることが不道徳だとすると、これはその結果、こうした約束をだれも信用しなくなるからだ。しかし、信用は人間の幸福のために必要なものだ。もし盗みがカントの法則により非難されるとすると、それは盗みが一般化すると所有が不可能になるからだ。ところが、所有は一般人にとり幸福を意味する。自殺がカントの原理に反する行為なのは、自殺が人類の消滅をもたらすからである。しかるに、人命は無駄にしてはならない財産なのである。

カントは一般的幸福の概念を排しつつ、理性的道徳の理論を構築しようとあらゆる努力をした。しかしその努力にもかかわらず、幸福の概念を回避することは不可能だった。「実践理性」は、義務感を原則に高めつつ、道徳的な行動が目指すべき目標を示さなければならない。この点につきカントは非常に曖昧ないくつかの概念しか明らかにしていないが、これらの概念は非常に興味深いものなので紹介したい。義務感（意識）は、道徳的な行動をとろうという「意志」を想定している。この意志は既存の条件によって制限されてはならない。カントはこのテーマを彼独特の曖昧模糊とした表現で次のように説明している[199]。

「それにもかかわらずわたしたちは理性によって、一つの法則を意識しているのであり、この法則は、わたしたちの意志によって同時に自然の秩序が発生しなければならないかのごとくに、わたしたちのすべての行動原理を従属させるのである。だからこの法則は、経験的には与えられることがなく、それでも自由によって可能になる自然の理念、すなわち超感性的な自然の理念でなければならない。わたしたちは少なくとも実践的な観点から、こうした自然に客観的な実在性を与えるのである。というのもわたしたちはこの自然を、純粋な理性的な存在者としてのわたしたちの意志の客体と考えるからである。

　だから意志が従属する〔感受的な〕自然の法則と、意志と意志の自由な行動の関係が問題とされる場合に意志に従属する〔超感性的な〕自然の法則とは異なる。その違いは、意志が従属する自然の法則においては、客体が意志を規定する像の原因でなければならないのにたいして、意志に従属する自然の法則の場合には、意志が客体の原因でなければならないということにある。だから〔意志に従属する自然の法則を規定する〕原因が原因として働くのは、それが規定される根拠がたんに純粋な理性の能力のうちにあるからであって、この理性の能力を純粋実践理性と呼ぶことができるのである」*（『実践理性批判』より）

＊ 邦訳は中山元訳『実践理性批判1』光文社古典新訳文庫、二〇一三年・一二七〜一二八頁より

【森田】

私が理解できる範囲では、カントは、理性的道徳は現実の人間性によって束縛されてはならないと認めているようである。もしかすると、彼の考えを次のように解釈することが許されるかもしれない。その解釈とは、「道徳的意志は、それ自体の法則に自然を従わせ、そうすることによって自然を修正することができる」とカントは直観したというものだ。

しかし、この考えとは全く逆に、カントの道徳理論を、現時点で存在する人間性に引き戻すことによって完成させようとした批評家たちもいた。ヴァシュロ[200]はこの考えを非常に明瞭に書きあらわしている。彼はまず手始めに、カントは「道徳律の目的がもつ極めて大きな重要性を理解していなかった。この問題は、古代のあらゆる学派が「最高善」と呼んでひたすら研究したものであるが、カントの理論においては付随的な役割しか持たない。カントは人間の運命は義務だけに存在するわけではなく、これに幸福を追加すべきだと認めることには異存がなかった」と力説した。しかし、人間行動を評価する基準となる幸福とは一体何なのだろうか。この疑問に答えるために、ヴァシュロは古代の哲学者の観点に立った。これについては『人間性の研究』で詳しく論じたが、ヴァシュロの表現はより具体的なものだった。「何らかの存在にとり、幸福とは何であろうか」と彼は自問する。「それは自分の目的の達成である。ある存在の目的とはなんだろうか？　それは本性を単純に発達させることである」「この方法を人間と道徳にあてはめてみよ。観察と分析によって人間性を理解することができれば、人間の目的、善および法則をそこから導き出すことができる。なぜなら善の概念は、必然的に意志に課される責務、義務および掟を伴うからである。つまり、すべては人間を知るということに帰結する。これは人間を熟知すること、特に動物から人間を区別する人間特有の能力、感情、傾向性を理解することを意味している」。この理論を要約すると次のようになる。「我々の本性のあらゆる能力を発達させること—その際に、手段または仲介物にすぎない能力を、その集積が人間の目的そのものを構成する能力に従属させること。これが、我々が人生と呼ぶこの小さな世界の真の秩序なのだ。人生の目的も法則もこういうものだ。この公式は、非常に古い真実を、最も科学的で異論の余地がない形で説明している。この真実は、道徳全体を司る原理であり、道徳のあらゆる適用を支配する。正義、義務、徳とは何かを知りたいならば、まさにこの世界で答えを探さなければならない。その上でもその下でもない」。

より最近のカントの批判者、パウルゼン教授[201]もこれに似た結論に達している。彼は、カントは公式を次のように修正すればよかったと考える。「道徳律は、人間の生の自然法として機能することができる法則である。言葉を換えるならば、その法則が自然律のように行動を支配する場合、結果として人間の生の保全と最高の発達につながる法則なのである」。

したがって、道徳の問題は、どの側面から検討しても、行動を人間の本性の法則に従属させるべきだという結論に行きつく。サザーランド[202]は道徳の問題を科学的な方法で扱った現代の学者で、道徳を次のように定義した。「理性に裏付けられた同情によって導かれる行動」「この同情は、他人のより大きな幸福を、重要性の劣る幸福のために犠牲にしてはならず、これは後者がより緊急性を持つ場合でも同様である。たとえば母親は子供が味の悪い薬を飲まなければならない時には同情するかもしれない。しかし、その同情が理性的なものであるならば、母親は子供の健康を無視して同情に流されるようなことはしない」。

この例では、同情は医学に服従しなければならない。一般に道徳的な行動は、それが同情、義務感などいかなる動機に基づくものであろうと、常に理性によって導かれなければならないのだ。そして道徳が科学的知識に基づかなければならないのはまさにこの理由による。

III

個人の道徳――同じ境遇で育ちながら行動が全く異なっていた兄弟――生の感覚の遅れた発達――同情の進化――道徳的行動におけるエゴイズムの役割――キリスト教的道徳――ハーバート・スペンサーの道徳――行きすぎた利他主義の危険

道徳的行動は主として人間同士の関係で発生するものだが、個人に関する道徳も存在する。個人的道徳のほうがより単純なので、理性的道徳の研究は後者から始めるほうがよいだろう。

人間が個人的な幸福を求めて、全く無制限に自分の傾向性に従った場合、一般に不道徳だと見なされるような行動をとることが多い。人が自分の本性に従うことで怠惰で大酒飲みになることはありえる。怠惰は脳の〔血液〕循環の何らかの異常が原因で起こる可能性がある。このため飲酒によって幸福で快活な気分になる者が酒に頼る必要を感じるように、怠惰も本性に基づく自然な性向である可能性がある。それではなぜ怠惰とアルコール依存症は不道徳なのだろうか。ハーバート・スペンサーの法則が示すように、完全無欠で豊かな人生を送ることを妨げるからだろうか。しかしスペンサーの理論の信奉者は、まさにこの法則によってあらゆる種類の行きすぎを正当化する。彼らは、こうした行きすぎがなければ、完全でスケールの大きい人生は不可能だと主張するのである。

怠惰、大酒飲みなどの悪徳は人間性の本質に密接に関係しているとはいえ、やはり不道徳と見なされるべきである。なぜなら、これは人間が理想的な人生サイクルを達成するのを妨げるからだ。我々は二人の兄弟をごく身近に知っていた。彼らは同じ環境で、同じ影響を受けて育ち、年齢もほとんど変わらなかった。それにもかかわらず、彼らの嗜好と行動は非常に異なっていた。兄は非常に知能が高かったにもかかわらず、高校時代は特に運動を好み、あらゆる種類の娯楽への傾向性（好み）を培った。彼は、「人生の目的は幸福なので、できる限り幸福を追求するべきだ」と言い、最も楽しみを与えてくれる場所にせっせと通った。カード遊び、豪華な食事、女性は、それぞれ等しく彼の幸福の源となった。並はずれた才能を持っていたのでほとんど勉強しなくても試験に合格した。兄は、いつも本に読み耽っている弟の生活には全く魅力を感じなかった。「君は勉強に幸せを感じている。それは君が勝手に決めることだ」と兄は弟に言った。「でも僕は本が大嫌いで、楽しみに没頭している時にしか幸せを感じない。人生の目的に到達するには、みなそれぞ

ハーバート・スペンサー
Herbert Spencer (1820-1903)。イギリスの社会学者。チャールズ・ダーウィンの祖父に当たるエラズマス・ダーウィン (Erasmus Darwin, 1731-1802) と仕事上の関りがあって、彼から、生物の進化に関する諸説を学んだと言われる。後に、ダーウィニズムの強固な信奉者となり、それを人間社会にも拡張・適用した「社会進化論」を提唱する。「最適者生存」(survival of the fittest) という進化論の表現は、ダーウィンのものではなく、スペンサーが編み出したもの。またJ・S・ミルにも大きな影響を受け、「他者危害回避の原則」(no harm to others) とほとんど同じ原則を、社会倫理の基礎に据える説を立てた。日本との関連では、森有礼 (1847-1889) が交誼を結んだこともあって、スペンサーの所説は、モース (Edward Sylvester Morse, 1838-1925) が進化論の普及に力を注いだこととも相まって、広く紹介されることになった。【村上】

れ自分の道を歩むべきなのだ」。結果的に兄は、こうした行動がわざわいして健康をひどく損ない、循環器系の病気になって病に勝てないことを悟り、五十六歳で亡くなった。晩年は非常に不幸だった。生の本能が非常に強く発達し、生きることに強く執着したからだ。彼は自分自身の無知の犠牲だった。若いうちは、年齢を重ねるにつれて生の感覚が発達し、生きたいという気持ちが若いころよりはるかに強くなるとは知らなかったのだ。弟も同様にこのことを知らなかった。しかし、彼は、科学の研究に没頭していたので青年期に低俗な娯楽に近づかず、節制した生活を送り、このおかげで、兄がすでに見る影もなく衰えていた時、弟は依然として壮健で活動的な生活を送っていた。

私がこの例を挙げたのは、節制は不節制に比べて幸せな老年期をもたらすという月並みな真理をもう一度くりかえすためではなく、個人の発達において生の本能が進化するという概念が重要だと示すためなのだ。この概念はまだほとんど知識として一般には普及していない。私は、私の兄の臨終に立ち会った。兄はイワン・イリッチという名で、トルストイの有名な小説、『イワン・イリッチの死』のモデルになった人物である。四十五歳で自分が膿血症で死ぬことを悟っていたが、非常に優れた知性をもち、頭脳は明晰さを保っていた。私が枕元で看病している間、彼は自分の考えを私に伝えたが、それは最も現実主義的なものだった。死の観念は彼にとって長い間非常に恐ろしいものだった。「しかし、人間はすべて死ぬ運命にある」ことから、最終的に「四十五歳で死んでももっと後で死んでも、結局その違いは単なる数量的なものにすぎないと自分に言い聞かせ、運命を甘受した」。この考えは兄の精神的な苦痛を和らげたが、しかし生の本能が進化するという現実

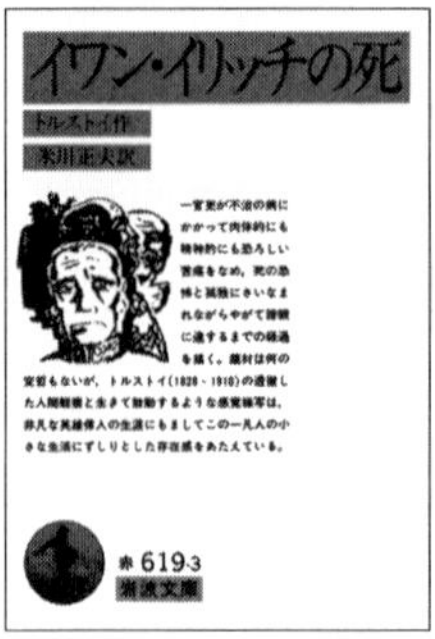

『イワン・イリッチの死』

トルストイの短編。イワンは判事。病気を発し、死の床で苦痛にのたうち、「死」の意味を問う。見守る人が「終りだ」と言う言葉を聞き、「死は終った—だから死はもうない」と自分に言い乍ら彼は死ぬのである。死への恐怖の中に、死への希望、光を見出すという逆説が読者の心を打つ。名作と言われる所以である。【村上】

とは一致しない。生の感覚は年齢によって大きく異なり、四十五歳を過ぎて普通に生き続ける者は、それ以前には経験しなかった多くの感情を経験することになり、精神の進化は、老年期において大きな進歩を遂げるのである。

自然死の本能が正常な人生の最後を飾るという仮説を受け入れることができない者も、青年期は単なる準備段階にすぎず、精神が完全な発達を遂げるのは老年期であることは決して否定しないだろう。この観念は生命に関する科学の根本原理とされるべきで、これを教育学と実践的哲学の指針にしなければならない。

つまり個人的道徳とは、正常な人生サイクルを完結し、老年期でなければ達成できない、できる限り完全な満足感の達成を可能にする行動を意味する。青年期に健康と力を浪費した結果、人生で最も完全な幸せを深く感じることが不可能になった人間を、我々が不道徳と断じるのはまさにこの理由による。

完全に孤立した人間はもともと存在しない。人間は無力な状態で生まれ、生存に必要なものを自分で手に入れることができないので、食物と保護を与えてくれる人間と関係を築く。利己的ではあるものの、子供は自分の保護者に愛着を持ち、この結果共感が生まれる。共感と自分自身の利益を求める感情に導かれ、子供は非常に早くから自然と人間に備わった特定の本能を意志の力で抑制し始める。こうして、食物を断たれることへの恐怖が子供を保護者に従わせる。つまり、特定の道徳的な行動をとらなければ、子供は正常なサイクルを完結することができないのだ。

成熟し青年期に達すると、人間は異性に近づきたいという本能的な欲求を経験する。この欲求は、一定の義務を青年に課すが、若い男性の愛情は、子供の愛情ほど利己的ではないものの、自己犠牲のあらゆる特質とはほど遠いものである。

若い女性は、母親との同居に続き一人の男性との共同生活を経た後で、今度は自分も母親になる。母性本能が一定の行動規範を教えるが、この自然本能は、子供が独立できる年齢まで育て上げるという目的を達成するには不十分である。子供への共感に導かれ、子供を危険から守るために、若い母親はより経験のある女性たちから知識を得る。誕生後最初の数年間は、母親の道徳的行動は、ほとんど専ら子供の身体的な養育に費やされる。この目的のために、母親は多岐にわたる多くの知識を獲得しなければならない。母親がずっと無知のままでいる場合、彼女の行動は不道徳だと言わざるを得ない。

幼い子供の養育に関する道徳問題は比較的単純である。なぜなら、子供ができるだけ完璧な健康状態で成年に達することが育児の目的だという点について、万人の意見が一致するからである。たとえば性器に触るなど、子供が早い時期に上記の目的に反する習慣を見せた場合、それが自然の本能に基づくものであっても、母親は知識を動員してこれを止めさせる。その際、本能に基づくすべての欲求を満足させるのが幸福だという理論は気にしない。

オルトビオース
オルトビオースは、メチニコフが一九〇三年の『人間性の研究』で、老年学（ジェロントロジー）、死生学（タナトロジー）とともに導入した造語の一つである。語源はギリシャ語のβιωσις（biôsis＝生き方）で、「健康で正常な生活」、「衛生上の規範に完全に一致した生活の仕方」の意味があり、「正統生活」とも訳されている。
メチニコフは、人間の不幸と厭世主義は、老いと死に対する恐怖と、死を以て終わる人生に目的が見つけられないことが根底にあると考えた。彼は、この苦悩は宗教も哲学も解決しておらず、克服するためには、科学に基づくオルトビオースを実践し、人生の最も完璧なサイクルを全うすることを人生の目的に据えることが必要だと主張した。「オルトビオースは健康で長い老年期をもたらし、死を望む本能の発現と安らかな自然死を可能にする。この結果、老年も死も忌しかし非常に危険な最初の時期が過ぎると、母親は子供の教育においてどのような目的を追求すべきかを自問することになる。母親は子供ができる限り幸せであってほしいと望む。まさにここでオルトビオース（Orthobiose）の概念が役に立つ。この概念は「最大の幸福とは生の感覚が正常に進化することによって、穏やかな老年期と最終的には人生に満ち足りた飽満の感覚に到達することである」と母親に教えるからである。

誕生直後から保護者と暮らし、後には異性と暮らすことによって共同生活を学んだ人間は、この経験から社会生活に必要な特定の要素を身につける。個人生活の目的を達成するためには、同類の援助が不可欠だと身にしみているので、反社会的な傾向を自制することを学ぶが、これは何よりもまず自分自身の利益のためである。これを示すいくつかの例を挙げてみよう。一定レベルの教養を身につけた人間は、自分のあらゆる物質的欲求を実現するために、自分より教育程度の劣る人間の助けを不可欠とすることがよくある。彼は召使を雇い入れ、彼らとある程度親密な関係を結ぶ。彼は、自分と身近な人間が、我々がすでに『人間性の研究』で描写したような正常な生活を送ることを望む。この目的を達成するためには、召使を厚遇することが彼自身と家族の利益にとって必要不可欠だ。主人の健康は召使の行動によって左右されることが多いからである。召使が衛生学的な規則を厳守するためには、彼ら自身が良好な衛生状態で生活することが必要だ。主人が豪華な住居に住んでいるのに、召使は屋根裏で劣悪な生活を強いられているという状態は、主人の幸福という観点から見て不道徳である。召使が住む屋根裏はあらゆる種類の感染症の巣窟とな

避し恐れるべきものではなくなり、人間は厭世主義から脱出できる」とメチニコフは考えたのだ。

オルトビオースは人間性への深い理解と、老年、死に関する知識に基礎をおくため、科学の発達が不可欠で、社会において科学により重要な役割を持たせることが必要だとメチニコフは主張した。さらに、人類が幸福になるためには、科学的知見に基づき、将来に向けて人間性を改良していく必要があり、個人の道徳も人生の究極の目的に照らし合わせて判断するべきだとした。科学の発達に従いオルトビオースの内容も進化するため、メチニコフは具体的内容を明示的に列挙することはしていないが、衛生学的規則を遵守する質素な生活、乳酸菌の定期的摂取などを想定していたと思われる。

なお、『人間性の研究』のロシア語版の和訳を『人の生と死―メチニコフの人性論』として出版された八杉龍一氏によると、わが国でも一九七〇年代の半ばごろにオルトビオースの理念に基づいた実践の会が活動を始め、機関誌も存在したとのことである。【森田】

り、これが主人の家族に伝染する。進んだ衛生学の規則を守っているように見える人物が病気になり、それが自分の召使から感染したとは夢にも思っていないことがよくある。

もう一つの例として怒りを挙げることができる。怒りが健康に悪いことには疑問の余地がなく、怒りを抑制することは本人自身の利益のために必要である。憤怒が原因で血管が破裂したり、真性糖尿病を発症したりすることがある。また激しい憤怒の発作の後で白内障が発症する例も観察されている。

贅沢な習慣が健康を損なうことが多いのは周知の事実である。たとえば豪華でたっぷりした食事、劇場や社交界で過ごす夜などは、身体器官の機能を著しく損ねる。他方で、何人かの人間の贅沢が他の人間の苦しみの原因となることがよくある。贅沢を抑制するには、陰で苦しむ人々に対する同情心に訴えるより、奢侈は寿命を縮め最大の幸せへの到達を妨げるという事実のほうが、はるかに効果的に違いない。

大多数の人間が主に利己主義に導かれて生きていることを考えると、実践的であることを標榜するすべての道徳理論は、この側面を十分考慮しなければならない。他の理論もすべてこの動機に訴えている。キリスト教的道徳の総括ともいえる山上の垂訓では、すべての道徳的行為は、報酬の獲得や罰の回避を目的とするものとして勧告されている。イエスは次のように言う。

「喜びなさい。大いに喜びなさい。天には大きな報いがある」(『マタイによる福音書』

五章一二節)。「見てもらおうとして、人の前で善行をしないように注意しなさい。さもないと、あなたがたの天の父のもとで報いをいただけないことになる」(同六章一節)。「あなたの施しを人目につかせないためである。そうすれば、隠れたことを見ておられる父が、あなたに報いてくださる」(同六章四節)。「人を裁くな。あなたがたも裁かれないようにするためである」(同七章一節)。「しかし、もし人を赦さないなら、あなたがたの父もあなたがたの過ちをお赦しにならない」(同六章一五節)*。

このようにイエスは利他主義が人間行動に果たす役割をあまり評価していなかったのである。

ハーバート・スペンサーは、道徳概論である『倫理学のデータ』において、「一般的に適用されるためには、行動規範は人間にあまり犠牲を強いるものであってはならない、なぜなら、その場合は最高の学説さえ単なる絵空事に終わってしまうからだ」と力説している。彼は同時に、「将来、人類は完全な存在に近づき、全く何の強制がなくても、いわば本能的に道徳的行動をとるようになるだろう」と予測している。この英国人哲学者は、将来の人類をカントの理想とは全く異なるものとして想像している。カントは、本来の利己主義的傾向に逆らって道徳的行為をする義務感に満ちた人々を理想としたが、スペンサーは、人々は道徳的行為を「その性向に従って」起こすようになり、この結果、未来の世界は「きわめて心地よい」場所になると予想している。

スペンサーの理想は今日の現実とはあまりにもかけ離れているので、実現した場合の状

＊ 邦訳は日本聖書協会『聖書／新共同訳』・新約聖書『マタイによる福音書』より 【森田】

態を想像するのは難しい。もしも世界が同情の感情が過度に発達した人間だけで成り立っていたとしたら、それは全く「心地よく」ない可能性が高い。同情はたいていの場合、何らかの大きな悪に対する反動である。このため、もしその悪が消滅したら、共感は無用になるばかりでなく、厄介で有害なものにさえなり得る。

ジョージ・エリオットは彼女の傑作の一つ『ミドルマーチ』で、同胞に対し善行を施そうという熱意にあふれた若い女性を描いた。ある村に住むことになった女性は、そこで出会う貧しい人々を助ける素晴らしい計画を立てる。ところが村人たちはゆとりのあるよい暮らしをしており、慈善精神にあふれたこの女性の世話など全く必要としなかった。この事実を認めた時の彼女の幻滅と傷心は大きかった。

J・S・ミル[203]は『ミル自伝』の中で、若いころ、すべての人を幸福にするために社会を改革することを夢見たと語っている。しかし、自分の素晴らしい計画が実現したら彼自身は幸せになるだろうか、と自問したところ、心の中の声がはっきり「否」と答えた。この事実は、若い哲学者をみじめな状態に陥れた。彼はこの経験を次のように記述している。「気が遠くなるような気がした。人生で私を支えていたすべてが崩壊してしまった。私はこの目標を絶えず追い求めることで幸福を繋ぎ留めておかなければならなかったのに、私を魅了していた魔力は破られた。最終的な目標に無関心なのに、その手段に興味を持ち続けることはできない。自分の人生を捧げる対象が何もなくなってしまった」。

ジョージ・エリオット George Eliot（本名Mary Anne Evans, 1819-1880）。イギリスの女性作家。代表作『ミドルマーチ』は一八七一年から一八七二年にかけて発表された。原題は*Middlemarch, A Study of Provincial Life*とあるように、英国中部の架空の地方都市ミドルマーチに繰り広げられる生活を描いたもの。のちにヴァージニア・ウルフ（Virginia Woolf, 1882-1941）によって激賞されたこともあって、近代女流作家の傑作の一つと評価されるに至った。【村上】

ジョン・スチュアート・ミル John Stuart Mill (1806-1873)。イギリスの哲学者、経済学者。イギリス哲学の伝統である経験論を発展させると同時に、自由主義的な立場に基礎を据えて、倫理から経済に至る種々の問題を論じた。倫理では、「他者危害回避の原則」を唱え、個人の自由を最大限尊重することを主張。また、女性の権利についても、平等主義を貫こうとする論陣を張った。【村上】

文明の進歩と共に人類の大きな悪が減少し、消滅する可能性さえあるのは確かである。このため悪を回避するための犠牲も減少するに違いない。たとえば昔は、ペスト患者の間に入って彼らの苦痛を和らげるという医師の英雄的な行為が見られたが、抗ペスト血清の開発によってペストから身を守る手段が得られて以来、この英雄的精神は全く無用になった。最近でもジフテリア患者の喉の治療のために生命の危険を冒す医師を見ることがあった。我々は才能にあふれ前途を嘱望された若い医師がこうしてジフテリアにかかって死亡した痛ましい例を覚えている。最も気高い英雄的精神を発揮して彼は自分の義務を果たしたが、感染を避けるため家族と隔離されたまま亡くなった。抗ジフテリア剤の発見以来、こうした英雄的行動はなくなった。科学の進歩は、こうした犠牲の必要性も同時に消滅させたのだ。

たった一人の息子を信仰のために生贄に捧げようとしたアブラハムの英雄的精神（ヒロイズム）は、すでに無用なものになって久しい。人身御供は道徳性の究極を示す必要に迫られて行われる風習だが、次第に珍しくなってきており、おそらく完全に消滅すると思われる。理性に裏打ちされた道徳は、こうした行動に驚嘆はするものの、これに頼る必要はないからだ。このため、理性的道徳が予想させるのは、人間が高度の完成に近づいた結果、同胞の同情から利益を得ることを喜ぶかわりに、これをきっぱりと拒絶する時代の到来なのだ。したがって、将来実現されるのは、有徳な人々が純粋に義務として善行をなすカントの理想世界でも、同胞を助けることに本能的欲求を感じる人間が住むスペンサーの理想世界でもない。未来の人類が実現するのは、自足し、他人から善行を施されるのを許容しなくなった人間が住む世界なのだ。

Ⅳ

人間性は理想に合わせて修正すべきである――動植物の改良との比較――シュランシュテットのライ麦――バーバンクが栽培した植物――オルトビオースの理想――無知は不道徳である――社会生活における衛生学の役割――道徳的行動における利他主義の地位――オルトビオース理論は形而上学的概念を含んでいない

『人間性の研究』で説明したように、現在の人間性を理性的道徳の基礎に据えることはできない。今日我々が目にしている人間性は、長い進化の結果として形成されたもので、動物の要素が依然として大きな割合を占めている。古代の思想は、退化により萎縮しつつあるあらゆる器官が調和のとれた活動をすることを理想としており、この理想は現代まで受け継がれている。しかし、人類にこの理想を押し付けるのはもはや不可能なのだ。萎縮しつつある器官を活動に引き戻すべきではないし、動物には適している数多くの性質は人間では消滅させるべきなのだ。

生物一般の性質と同様に、人間性も変えることができるので、理想に合わせてそれを変えるべきである。そしてこの理想は、明確にしなければならない。園芸家や動物の飼育者は、興味を持った動植物の既存の性質に満足せず、自分の目的に合うよう性質を変えていく。同様に、哲学者も現時点の人間性を不変なものと見なしてはならず、人類の幸福のために修正を試みるべきなのだ。

　パンは主食なので、長年にわたり穀類を改良する努力が続けられてきた。リンパウは「シュランシュテットのライ麦」と呼ばれる品種のライ麦の実用化に成功し、この分野で大きな進歩を遂げた。このライ麦は現在ドイツ、フランスでかなり普及している。リンパウが理想としたのは、できるだけ長く太い穂を持ち、重く大きな粒を大量に実らせる品種だった。まず明確な目標を設定すると、今度は大量のライ麦の中から理想に最も近い標本を探し始めた。彼は論理的な選択と交配を繰り返し、長期間にわたる忍耐強い作業の末、ついに新種を作り出すことに成功し、これによって人類に大きな貢献をした。

　我々の時代では、アメリカ人園芸家のバーバンク[204]が、有用な植物の改良で有名だ。彼はジャガイモの新種を作り出し、アメリカ合衆国におけるジャガイモの収益を一年に八五〇〇万フラン増加させた。彼は、品種改良を目的として、広大な園芸用地で果樹、花卉などあらゆる種類の植物を大量に栽培した。彼の理想は、旱魃に強く豊かに成長するなど、いろいろな長所を持つ品種の開発だった。彼は改良により、とげのないサボテンとキイチゴを開発した。とげのないサボテンは、葉が滋養に富むので、家畜のすばらしい飼料になった。キイチゴは味の良い実をつけ、とげに刺されることなく簡単に収穫することができた。さらに種のないプラムを開発した他、グラジオラスとアマリリスの球根の生産量を大きく増加させたので、これらの美しい植物は庶民にも手の届くものになった。

リンパウ
Wilhelm RIMPAU (1842-1903)。ドイツの育種家。シュランシュテット地方で、冬播きの穀物「トリティカーレ」(triticale) の栽培に成功した。トリティカーレというのは、小麦とライ麦の交配による雑種のことで、通常雑種は一代限り、繁殖力を持たないが、染色体の異常によっては、繁殖性を獲得する。リンパウは偶然によって、第一代雑種を繁殖させることに成功したのであった。ここで言われているのは、その「Schlanstedt Tritikale」のことである。【村上】

バーバンク
Luther BURBANK (1849-1926)。アメリカの育種家。マサチューセッツ生まれ。きちんとした教育は受けなかったが、現場で植物と取り組むなかで、様々な改良種を造り出すことに成功した。その成果は、本文での説明の通り。【村上】

こうした成果を上げるためには深い知識と長い時間が必要だった。しかし、植物の改良に何よりも必要なのは、対象となる植物の特性をよく知ることだ。改良後の理想の姿を明確に描くためには、改良のメリットをはっきりさせるだけでなく、その植物の特性から見て理想が実現可能かどうかも見定めなければならないからだ。

これを人間に適用する場合は、動植物に用いる方法を大幅に修正する必要がある。ライ麦やプラムに適用したような選択と交配は全く問題外である。しかし、人間についても、目標とすべき理想的な性質を明確にすることは許される。我々はこの理想こそオルトビオースだと考える。つまり、活動的で壮健な長い老年期の末に、生への飽満感と死の欲求に達する人間の開発である。ここで意味しているのは、ハーバート・スペンサーが主張した、単なる可能な限り長い寿命の実現ではない。ブリア゠サヴァランの大叔母は死の本能が九十三歳で発現した。このように超高齢で死の本能が表れた場合、実際の死がなかなか訪れない時は、寿命を短縮しても何の不都合もない。これはオルトビオースの理想において自殺が是認される唯一の例かもしれない。

こうした自殺は、人類が動物から進化して到達した現時点での人間性には全く反するものだが、オルトビオースの理想には合致している。現状と一致しないもう一つの例は生殖である。人類の起源である動物にとっては、できるだけ無制限に生殖することが種の保存にとって最も重要な手段である。無制限な生殖は、病気、戦い、敵による迫害、気候の変

ブリア゠サヴァラン
Jean Anthelme Brillat-Savarin (1755-1826)。フランス革命期の政治家。美食家で知られる。元々の姓は〈Brillat〉(ブリア)だが、叔母が全財産を遺贈するに当たって、自分の姓〈Savarin〉を残すことを条件にしたために、複合姓を名乗ることになった。本文中の高齢で自死の望みを持ったという「大叔母」が、同じ人物である可能性は高いが、確証は得られなかった。【村上】

動など、あらゆる有害な影響から種を守るからだ。人間は、人間性の法則によると非常に高い繁殖率を誇ることができるが、人類の幸福という理想は繁殖力の制限を要求する。人間性の知識に基礎を置いたオルトビオースは、生物にとり最も自然な機能である生殖を制限するよう人間に命じるのだ。産児制限は現在でも特定のケースですでに適用されているが、病気との闘い、寿命の延長、戦争抑止の分野で新たな進展があるにつれ、適用の拡大が必要になる。産児制限は、粗暴な形の生存競争を減らし、人類の道徳的行動を増加させる主要手段の一つになる。

リンパウとバーバンクは、理想を実現するためにまず対象である植物の特性をよく理解することから始めなければならなかった。同様に、道徳的行動の理想を実現するためには、多くの分野に関する奥深い知識が必要である。人間の身体の構造と働きを知るだけでは十分でなく、これに加えて人間の社会生活に関する正確な知識も必要だ。道徳的行動に科学の素養は不可欠なので、無知は最も不道徳な行為と見なされるべきである。知識がないために衛生学の規則に反する方法で子供を育てる母親は、子供にどれほど深い愛情を抱いていても、子供に対して不道徳な行動をとっているのだ。人間生活と社会を支配する法則に無知な政府も同様である。

当然のことながら、ここで言っているのは、マニュアルや本などに要約された教条主義的な科学ではない。リンパウとバーバンクは植物学の概論書からすべての知識を得たわけではなかった。人間の行動をうまく指導するためには、書物から得られる知識だけでなく、実生活に即した広範な知識が必要だ。学業を終えたばかりの医師は、科学知識はあるものの、優れた医師として働くための準備が十分に整っているとは言えない。一人前の医師になるには、病人の治療に精通しなければならず、そのためには数年間の臨床経験が必要だ。道徳原理の実際の運用についても同様である。人間の行動を規制するためには、理論と実践の両面で深い知識が必要である。まさにこの理由で、規制の策定と運営のために選出される人物は、この資格要件を満たさなければならないのだ。人類がオルトビオースの原則に従って生きることを決意した暁には、異なる年齢層の役割が大きく変化するだろう。老齢期は開始がずっと遅くなるので、六十歳から七十歳の人間は依然としてすこぶる壮健で、現在多くの国で見られるような政府の援助を求める必要はなくなるだろう。他方で、二十一歳の若者は〔現在は成年と見なされているが、将来は〕、政治や行政などの公的な難しい役目を果たせるほど成熟しているとは見なされなくなるだろう。我々は『人間性の研究』で若者が政治問題に干渉することの危険について警鐘を鳴らしたが、これはその後非常に明白な形で確認されている。

普通選挙、世論形成、国民投票など、幅広く深い知識が要求される問題を無知な大衆の判断に委ねる制度は、現代ではまるで偶像のように崇められている。しかし、オルトビオースが定着した暁には、これらの制度は古代の制度と同様に姿を消してしまうだろう。人間の知識の進歩の結果、これらの制度に代わって、本当に有能な人間が道徳の運用を指導する別の制度が登場するだろう。そしてその時には、科学的素養が現在よりも普及しており、科学は教育と生活の場において本来与えられるべき地位を占めていると思われる。

母親が子供に対し道徳的な行動をとるためには、当然のことながら適切な方法で知識を身につけなければならない。神話学や比較文学を学ぶかわりに、衛生学や理性的な育児に関するすべてを学ぶべきだろう。男性についても同様で、精密科学の学習を何よりも優先すべきだ。こうなれば、道徳的行動と科学的素養の統合が次第に進行すると想像される。無知な母親は、たとえ善意と愛情に満ちていても、子供をうまく育てることができない。患者に対し温情あふれる医師も、必要な知識を十分身につけていなければ、患者に多大の損害を与える可能性がある。道徳面で非の打ちどころのない政治家が、無知が原因で悪政を敷く例もよく見られる。知識の進歩につれ、道徳的行動と有用な行動は徐々に同一化していくと思われる。

我々の理論では、身体の健康が重要な位置を占めすぎていると批判された。しかし人生で最も大切なのは健康であり、これは当たり前のことである。ショーペンハウアーは極度の厭世主義者だったが、それにもかかわらず「健康は最も大きな宝である。これに比べると、他のどのようなものも無に等しい」(友人オザウンに当てた書簡から)と確信していた。多くの宗教も、健康管理を重要な義務としている。割礼が衛生を目的として義務付けられた、という見解に同意しない学者は多いが、ユダヤ教では健康に関する戒律が大きな重要性を持っていることは疑いの余地がない。人間の身体を軽んじ、健康に関する戒律を経典から除外したのはキリスト教だけだ。イエスは次のように言う。「だから、言っておく。自分の命のことで何を食べようか何を飲もうかと、また自分の体のことで何を着ようかと思い悩むな。命は食べ物よりも大切であり、体は衣服よりも大切ではないか」*（『マタイによる福音書』六章二五節）。長年にわたり、健康法は発達が遅れており、非常にレベルが低かった。このため人間生活で健康法が重視されていなかったのは無理もない。オルトビオースの理論体系は健康法に過大な重要性を与えているという批判も、こうした過去の名残とみなすべきかもしれない。しかし衛生学は科学的学問として確立されてから、細菌学的研究のおかげで一躍精密科学の地位を獲得した。このため、生活の指針となる実践道徳において、衛生学に重要な地位を与えることが必要になったのである。

また、オルトビオースには「利他主義の占める場所がどこにもない」[205]という批判もよせられた。前述したように、確かに我々は道徳的行動の基礎を利己主義においた。我々は「オルトビオースの理想に従って暮らし、近親者に正常な生活を送らせたい」という欲求は、互いの権利を侵害することなく助け合って社会生活を送る強い動機になると考えた。これならば利他主義の感情が特別発達していない人間にとっても道徳的行動をとる十分な動機になり得るため、道徳的行動の普及に大きく貢献するに違いないと思われる。そして将来は、生命や健康の犠牲など極度の道徳性の発揮がほぼ完全に不要になると仮定しても、現時点では利他主義の使い道はまだ容易に見つかると我々は確信している。すでに収集した科学的知見を実践に運用するためには、多くの献身と熱意が必要である。あらゆる種類の偏見と闘い、健全な思想を発達させ守っていくためには、最も高貴な利他的行動が必要とされる。

＊　邦訳は日本聖書協会『聖書／新共同訳』・新訳聖書『マタイによる福音書』より　【森田】

人類が正常な人生を送る、という真の目的に向かって進化するためには、共感と連帯意識の助けが大いに必要とされることを考えると、我々に反対する者の懸念はますます正当化しがたいものになる。

現在の科学知識を基礎として、理性的道徳を構築することは可能である。しかし科学がさらに発達し続けるならば、道徳的行動の規範は将来さらに完成度を高めると考えられる。我々が科学を無条件に信仰しているという非難があるが、科学はすでに何度も我々の期待に応えてきた。人は多くを約束するが何もしない者より、誠実に約束を守る者に多くを与えるものだ。さまざまな宗教は人類を苦しめる諸悪を正す手段として無批判の信仰を要求してきたが、これまでのところその約束は果たされていない。最も恐ろしい病気と闘うことを可能にし、我々の生活を楽にしたのは科学なのだ。

我々に対して「宗教信仰の代替として、科学の進歩を無条件に信仰するよう説教している」と非難するのは不当である。ここで問題になっているのは、科学に当然与えられるべき信頼を認めるか認めないか、ということだからだ。さらに、我々がファイナリズムの原理——すなわち形而上学——にオルトビオースの理論を立脚させたという非難も、これに劣らず不当なものである。パロディ[206]は次のような批判を展開した。「正常な老化と自然死という仮説は、人間の寿命には自然な長さがあることを暗黙のうちに想定しているように見える。そして現在、人間は、偶発的な理由で、寿命の自然な長さを全うしていないと主張するのだ。メチニコフ氏は『正常なサイクル』という言葉を繰り返し使っている。ここには、

ファイナリズム
Finalismus（独）。目的論。アリストテレス哲学にある〈causa finalis〉に淵源する。一般には〈teleology〉が使われるが、論理立てに当たって、最終目的を設定し、そこから逆算の形で因果的な説明を加えようとする立場。【村上】

彼が当初熱心に否定した昔のファイナリズム的な自然観が、こっそり再び姿を現しているのではないだろうか。これは、種は明確に定義された特有のタイプ、つまり自然の特別な意図に対応する必然的現実だ、という信仰である。そして、自然は指導的概念すなわち理想を持っていたが、周囲の事情がこれを隠蔽または退化させたので、この理想を完全に復元しなければならない、というのが彼の主張ではないだろうか。もしそうでなければ、彼はなぜ『個人と環境の間に完全で安定した平衡点があるはずだ』と断言できるのか。なぜ、正常なサイクルが存在し、不調和を調和させることが可能なはずだといえるのか」。

この原理的な批判が全く単純な誤解に基づいていることを証明するのは難しくない。私は自然が何らかの理想を持っているとか、不調和が調和に変わることが避けることのできない必然だなどとは、一度として考えたことがない。私は、自然の「青写真」や「動機」など知らず、形而上学の領域に足を踏み入れたことは断じてない。自然が何らかの理想を持っているのか、地上に人間が出現したこと自体が自然の何らかの計画に基づいたものなのか、私には知る由もない。私はあくまで人間の理想について語っており、この理想は、今日我々の周囲に見られる老衰と死の大きな苦痛を回避する必要性に対応するものなのだ。私はさらに、人間性はさまざまな起源を持つ非常に複雑な要素の総体で、その中には我々が描く理想に沿った修正を可能にする要素があるとも指摘した。私は、植物の性質の中に特定の要素を発見し、新しい改良種を作ろうとする農学者と異なることは何もしていない。自然界にある特定のプラムの特性の中に、食べやすい種なし品種の改良を可能にする要素があるように、我々自身の特性の中にも、不調和な特性を調和のとれた特性に変えることを可能にする性質が存在しており、この変化は我々の理想に合致し、我々を幸福にすると言いたいのである。

自然がプラムに関してどのような青写真と理想を持ち得るのか、私にはさっぱりわからない。しかし、人間がプラムを改良する出発点となる青写真や理想を描くことができる、ということはよく理解している。私の観点を理解するには、プラムを人間という言葉に置き換えるだけでよい。正常なサイクル、病的でない老年期という表現を使った時、私は、これらの用語を「我々が持っている人間の理想との関係において正常または機能が正常な現象」という意味で使ったのである。私は「家畜のエサになる滋養に富んだ植物を得ることが望まれる状況において、とげのないサボテンは正常なサボテンである」と表現することもできたのだが、「人間の理想に合致する」と表現するかわりに「正常な」「病的でない」と表現するほうが便利だと考えたのだ。

私は「我々の不幸を幸福に変え、不調和を調和に変えることを運命づける何らかの傾向が自然に備わっている」と信じることはとてもできない。もしこの理想に到達することができなくても、私は全く驚かない。形而上学とは縁のない人々の間でさえ「自然には個人を犠牲にしても種を保全する意図がある」という表現がしばしば使われる。これは、種は個体を超えて存続するという真実を根拠とした表現である。しかし実際には非常に多くの種が絶滅したではないか。絶滅種の中には、類人猿の特定種（ドリオピテクス Dryopithe-cus など）のように高度に発達したものもあった。自然はこれらの類人猿を絶滅から見逃し存続させようとはしなかった。どうして人間を同様に扱わないと言えるだろうか。我々には自然とその計画、意図を知るすべがない。このため、自然のことは放念して、我々が理解できる範囲の事柄に専心すべきなのだ。

我々の知性は、人間には大事を成し遂げる力があると教えてくれる。そしてまさにこの理由で我々は人間性を修正し、人間性の不調和を調和に変える。人間の意志だけがこの理想を達成できるのだ。

メチニコフ小伝

信州大学名誉教授
細野明義

①メチニコフの肖像画（ポール・ストラディン医学史博物館所蔵）および胸像。どちらもオリガ夫人の手によるもの

PICTURE CREDIT(p350-375)
③⑤⑥⑩⑪⑫⑯: Institut Pasteur/Musée Pasteur
①②⑨⑬⑰⑱⑳㉑: By courtesy of Honorary Professor Cavaillon, the Institut Pasteur

②メチニコフ記念オデッサ国立大学（ウクライナ最古の大学の一つで二〇〇〇年以降現在の名称）とメチニコフのレリーフ

メチニコフの生涯 概要[(1)—(5)]

イリヤ・イリイッチ・メチニコフ（I. I. Mechnikov または Metchnikoff, 1845-1916）はロシア人の学者で、若い時代にしばしばドイツ、イタリアなどで仕事をし、しかも重要な業績の多くが在外中の研究であったことや、後半生の一八八八年以降はパリのパスツール研究所で研究部門を率いるためにフランスに定住したことから、エリ・メチニコフ（Élie Metchnikoff）というフランス名を名乗った。

メチニコフは南ロシア（現 ウクライナ）のハリコフ地方の村で、当時農奴制下での中流の地主の家に生まれた。彼は末っ子で、兄三人、姉一人がいた。彼は早熟の才能を現し、ハリコフ大学を二年間で、しかも好成績で卒業した。生涯を通じて認められることであるが、彼は秀才らしく感受性の強い神経質な性格であった。

ハリコフ大学卒業後、ドイツのギーセン、ゲッティンゲン、ミュンヘン大学で学び、一八六五年、学位（マギステル）を取得後、オデッサ大学講師になった。一八六七年にペテルブルク大学助教授に就任、一八六八年に同年のリュドミラ・フェドロヴィッチと結婚した。

一八七〇年にはオデッサ大学教授に就任したが、一八七三年に結婚当初から病弱であった妻リュドミラが病死し、彼は厭世的になり自殺を図っている。

③オリガ夫人と（一九〇五年）

④オリガ夫人による伝記『Vie d'Élie Metchnikoff』（Librairie Hachette, Paris, 1920）。宮下義信訳『メチニコフの生涯』（岩波新書）は一九三九年に刊行された

二年後の一八七五年に十三歳の年齢差のある教え子のオリガ・ベロコピトワと再婚した。オリガは多彩な才能をもった女性で、家庭生活はもとより彼の思索や研究にも大きな助けとなった。オリガとの結婚生活が始まって数年後、彼はたまたま起こったオデッサ大学の紛争に巻き込まれ、一八八二年に同大学を辞職した。辞職の年から翌年にかけて彼はイタリアのメッシーナ（シチリア島）に移り、私設の研究室をつくって海洋動物の比較発生学的研究に没頭し、ヒトデ浮遊幼虫の食菌現象を発見した。この現象を、白血球が細菌を取り込み消化する生体防御機能であると説明し、免疫の食作用説（食細胞説）を提唱、生涯のテーマとした。

一八八六年にパスツールの狂犬病予防ワクチン療法の普及のためにオデッサに細菌学研究所がつくられ、所長に迎えられるが、炭疽ワクチンの製造に失敗し、一年もたたないうちに辞職することになった。

一八八七年に、ベルリンでロベルト・コッホに会い、パリでルイ・パスツールに出会った。パスツールはメチニコフに好意を寄せ、パリの彼の研究所で研究に従事させてもらえないかというメチニコフの申し出を快く受け入れた。

一八八八年にパスツール研究所に移ったメチニコフは、自然免疫理論を本格的に展開することになった。当時、免疫は専ら血清中の液性因子（抗体や補体）によるもの（液性免疫）と考えられていたため、液性免疫説論者と論争を繰り返した。この間エミール・ルーとの共同研究により黴毒（梅毒）病原体トレポネーマ（スピロヘータ）のサル感染実験に成功し、トレポネーマの病原性

⑤ルイ・パスツール

⑥パスツール研究所の歴史的本館。パスツールの居宅（現パスツール博物館）とメチニコフの研究室があった

が確実であることを証明した。

一九〇三年に『人間性の研究―楽観主義的哲学エッセイ』（*Études sur la Nature Humaine: Essai de philosophie optimiste*）[6]、一九〇七年に『楽観主義的試論』（*Essais Optimistes*[7] ＝本書）を刊行した。この代表的な二冊の著書には彼自身の科学思想が思う存分に綴られている。

一九〇八年、免疫が自己の抗原に対して成立しないことに着目して免疫学の発展の基礎を築いたパウル・エールリヒと共にノーベル生理学・医学賞を受けた。晩年には老衰の原因は腸内細菌の産生する毒素によると主張し、毒素産生菌の発育を阻害するヨーグルトを健康長寿食として推奨したことはよく知られている。

なお、彼の次兄レフ・イリイッチ・メチニコフは多言語を操る革命家で、一八五九年に亡命し、ポーランド、イタリア、フランスで民族独立と無政府主義の運動に身を投じた人物である。明治五（一八七二）年に大山巌の計らいで欧米視察中の岩倉具視一行とジュネーヴで邂逅し、それが縁となって日本政府からロシア語の教師として招聘されている。明治七年に来日して東京外国語学校（現 東京外国語大学）魯語科で教鞭をとり、わが国におけるロシア語教育の基礎づくりに貢献し、「日本のロシア学の恩人」と称された。外国人教師として日本に足かけ二年滞在し『回想の明治維新』[8]の著作を残している。弟のイリヤが外国で多くの活躍が出来たのもこの兄の存在が大きかったかも知れない。

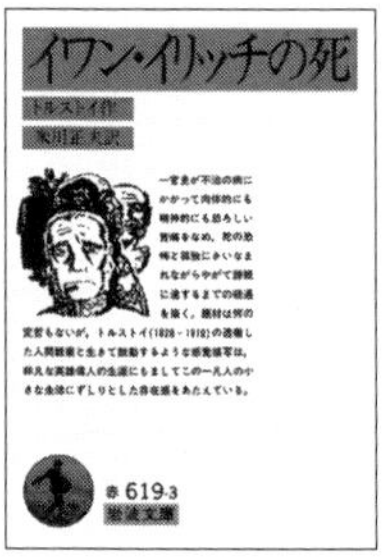

⑦岩波書店・初版刊行一九二八年

次兄のレフ・イリイッチに触れたついでにイリヤの長兄、イワン・イリイッチについても一言触れておきたい。イリヤ・メチニコフの七歳年上のイワン・イリイッチはトルストイが一八八六年に上梓した『イワン・イリッチの死』（写真は一九七三年刊行の米川正夫訳『イワン・イリッチの死』第三三刷改版岩波文庫版）のモデルになった人物としてよく知られている。彼は法律学校を優秀な成績で卒業し、法律家として地方の任地に赴くが、五年後にアレクサンドル二世時代の司法改革の尖兵として控訴院判事の要職に就き、順風満帆な人生を歩み出す。しかし、些細な事故をきっかけに病を得て、三か月ほどの闘病生活の末に四十五歳で他界している。トルストイは、この実在した裁判官の経歴や病状など細部について参考にしながら十九世紀当時のロシアの時代史を踏まえて己自身の死生観もこの作品に投影している。

メチニコフの科学思想

トルストイが一八八六年から翌年にかけて書いた著作『人生論』[9]において、「科学は生命の総体（意思、幸福の願望、精神世界を含めて）の研究を課題としてはいない。科学は生命の概念から、経験による研究に該当する現象の抽出を行うだけである」と指摘し、「科学は死や人間の運命のような人間存在の重要問題を無視している」とする考えを述べている。こうしたトルストイの見解に対するアンチテーゼとして、メチニコフは「科学こそが人間を苦しみから解

⑧チャールズ・ダーウィン

放できる」との考えを強く抱いていた。[1][10]上記の一九〇三年に出版した『人間性の研究』はそうした彼自身の考えを示したものである。

　メチニコフは幼少時代から博物学に夢中で、特に植物学と地質学に興味を持ち、世界中の珍しい動植物や民族などにも広範な知識を有し、真の天職は科学であることを自覚していた。さらに、チャールズ・ダーウィンの進化論の熱烈な信奉者でもあった。『人間性の研究』において、「人間は動物を起源にして長い進化の歴史を経て現在の姿になってきたために人間の身体や精神には持って生まれた不調和があり、これが不幸の源になっており、それ故に寿命も短く、ペシミズムに陥る」と記した。つまり、人間の多くは死への恐怖や短い人生に対する嘆きを根底に抱き、特に若者は厭世的な気持ちに陥りやすくなる傾向があるのもすべて不調和がもたらす故であると説明したのである。加えて、「ジェロントロジー（老年学）」、「タナトロジー（死生学）」という言葉を創語し、人生における嘆きを救済するためにこれらの学問分野の重要性を説いた。

　メチニコフは不調和の解消と調和の創造もすべて科学の問題で、宗教や哲学によって不調和を解決することはあり得ないと論じ、それが宗教や哲学の弱点であると指摘した。加えて、宗教は魂のみを道徳の基礎としており、肉体はすべての悪の源泉であると決めつけているとも記している。彼のこの主張は、大きな論争を巻き起こし、彼自身も批判に曝された。こうした批判に対する反論として刊行されたのが『*Essais Optimistes*』（本書）である。この著書の中で彼は死や老化といった人生の大問題に対し、人間はどう向きあい、社会はどうあ

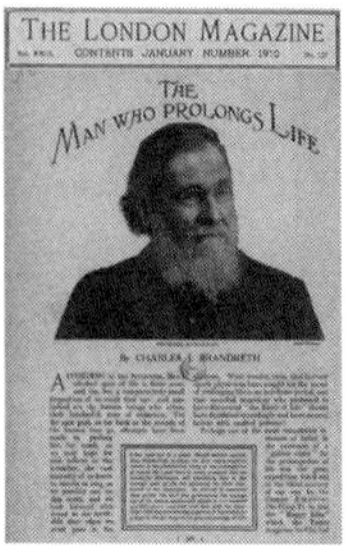

⑨一九一〇年のロンドン・マガジンに掲載されたメチニコフの記事とプロバイオティクス。メチニコフは乳酸菌が「寿命延長」に貢献しうることに注目し、効能を広く紹介した最初の科学者の一人である

⑩カリカチュアの左上には「百寿者製造工場」と書かれている

るべきかについて思索し、オプティミズムへの道は科学によるほかないと主張した。

彼は、まず進化論の立場に立ち、微生物、植物、下等生物、脊椎動物、類人猿について考察することにより人間の状況に対する理解を深め、個人は尊重されるべきで社会の犠牲になってはならないと訴え、人間の肉体的および精神的問題を科学に頼って徹底して追究するといった姿勢を示した。同時に、細胞、臓器、人間、社会のレベルで、老化の仕組み、高齢者の情況、社会のあるべき姿を考え、個人のレベルでは百寿者の記録を精査して長命の原因を探ろうとし、一般に質素な生活を送った人に百寿者が多いとした。

また、自然科学だけでなく、人文科学、社会科学の観点からも問題を考察し、ブッダ、バイロン、カント、ショーペンハウアー、スペンサー、ニーチェなどを論じている。加えて、加齢に伴う精神の変化を観察し、有意義な老年期を送った人物を研究するためのケーススタディとして、ヨハン・ヴォルフガング・フォン・ゲーテの生涯と彼の作品『ファウスト』を徹底的に追究した。そして名状しがたいものを成就させた晩年のゲーテの境地を説明し、生命とは何か、死とは何か、人間とは何か、などのより根源的な問題を探究した。

つまり、一九〇七年に発表した『*Essais Optimistes*』でメチニコフは科学を進歩させ、社会における科学の役割を増大させることで青年の時に抱いていた厭世観が楽観的な気持ちに変わり、調和のとれた人間性が生まれると説き、結果として寿命が延びて健康で長い老年期が実現し、死の本能が生まれると説い

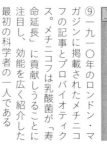

⑪腸内菌叢を研究するメチニコフのカリカチュア。絵の下に「メチニコフ博士―老人の修繕人」と書かれている（一九〇九年、パスツール研究所年報より）

たのである。さらに、人生における不調和の最大なものである老衰と死の早発は、われわれの正常な生活圏が破壊されることに起因し、その破壊は腸内微生物の毒素による慢性中毒によって招来されるとも述べている。

彼は五十三歳の時に心臓と腎臓に疾患のあることを認めたためブルガリア乳酸菌で培養した凝乳を摂取して健康を取り戻した経験を持ち、この経験を含め、六十歳近くになってオルトビオース（正統生活）という概念に到達している。

オルトビオースの「ビオース」とは古ギリシャ語「biôsis」、すなわち「生活の仕方」「生き方」を意味する語（façon de vivre）に由来し、「これまで積み上げてきた合理的な科学思想に基づき、簡素で衛生学の法則に従った正しい生活を送ること」を意味している。このオルトビオースを実行することにより健康に満ちた老年期を迎えることが可能となり、眠りへの欲求に似た死の本能が生まれてきて穏やかに天寿を全う出来ると説明したのである。

しかし、彼は晩年に凝乳事業に関わって、不本意な誹謗中傷に晒されることになり、それが原因で健康を害している。それ以降彼自身の食生活はパンと水だけの食事を好むようになったと彼の妻オリガが記している[1]のをみると、食生活に関しては生活全般に関係するとしたオルトビオースの概念からは逸脱しており、七十一歳で他界したことはそれほど長命とは言い難い。

⑫メチニコフの研究室スタッフ（一八九〇年）。前列左端がオリガ夫人。前列左から三人目がメチニコフ。後列左端はハフキン（本書XIV頁参照）

メチニコフの研究の流れ

メチニコフは一八六三年以降、様々な分野で数多くの論文を、主にドイツ語とフランス語で発表している[11]。近代科学への彼の影響が大きいことは、今日でも数多くの論文に彼の名前が引用されていることからも明らかで、その内容は発生学、免疫学、プロバイオティクス、腸内菌叢、感染症の他、終末医療など多岐にわたっている。

それらのうち代表的な研究は食菌現象の免疫学的解析研究と腸内細菌の役割に大別され、いずれも生命科学分野における今日的中心研究課題に発展していることは周知のとおりである。前者は彼が十代後半の大学生の頃からイタリアシチリア島の私設の研究室で過ごした四十歳頃までの若い頃の研究であり、この研究はパスツール研究所に移った一八八八年以降も続けられた[1]。

メチニコフは、一八六三年の大学卒業以降、ヘリゴランド島の研究所、ギーセン大学、ナポリの臨海実験所などで無脊椎動物の発生を中心とした研究を行い、カイチュウ（線虫類）の世代交代を発見し、また *Golesmus bilineatus* という一種の陸棲プラナリア（渦虫類）で細胞内消化が起こる現象を観察した。細胞内消化というのは、動物が腸で食物を消化してそれを身体の細胞が取り込むのではなく、個々の細胞が固形物を内部に取り込んで消化する現象である。この現象は後に彼自身が発見する白血球などの食細胞現象（食作用）の第一歩であったが当時はそれほどの重要性に気づかず、食細胞説として確立されるまで

⑬メチニコフ（左）とエミール・ルー（本書Ⅻ頁参照）。ルーは一九〇四年から一九三三年までパスツール研究所所長を務めた

に長い年月が経過した。

後生動物の起源に関して十九世紀初頭、ドイツの生物学者エルンスト・ヘッケルがガストレア説を提唱し、当時大いに普及したが、メチニコフはガストレア説に対抗して食細胞現象に立脚したパレンキメラ説を提唱している。[2]

パスツール研究所に移ってからの彼の中心的研究課題は食細胞現象をもとにした免疫学説の樹立にあった。下等生物の食細胞は細胞内消化と身体の防御作用を共に営むが、高等生物では白血球が身体の防御作用を担っているとの思考を経て、白血球の食菌作用を提唱し、免疫系における先駆的な研究を行った。つまり、食細胞は自己由来の細胞や大型構造物も貪食すること、食細胞の受容体が液性因子を介さずに標的と直接結合して取り込みを行う場合のあること、そして抗体やリンパ球受容体を必要としない自然免疫応答も担うことを明らかにした。

この学説の正当性について彼はヨーロッパ各地の学会で主張し、大きな論争を巻き起こした。特に、コッホはメチニコフの食細胞説に対して否定的で、激しく対立した。しかし、このことは逆にメチニコフの研究意欲を燃え立たせ、ついに揺るぎない食菌細胞（白血球）の免疫学における先駆的研究を完成させた。[1]

なお、メチニコフが発生学から発展収斂させた自然免疫は、一九九六年にフランスのジュール・ホフマン等のグループが免疫学的に重要な役割を果たすトル様受容体をショウジョウバエから発見したのを契機に、獲得免疫が作動するうえで、自然免疫の存在が極めて重要であることが明らかにされ、今日では

⑭光岡知足博士

「自然免疫の働きが無ければ一連の獲得免疫反応は起こらない」ことが定説化されている。「免疫の中心は食細胞にある」と唱えたメチニコフの洞察力の鋭さを物語るものである。[12]

一方、四十歳を過ぎてからメチニコフは腸内腐敗が老化や短命の原因になっているのではないかと推論して、良質の腸内細菌叢を保持することの重要性を示唆し、今日のプロバイオティクスの概念を提唱している。また、『*Essais Optimistes*』では酸乳飲用と寿命について、酸乳飲用者の中には百寿者が多いことの実話を集め、紹介している。これらの記載は当初から多くの微生物学者の関心を惹き、腸内細菌学を発展させてきた。この分野の研究を世界に先駆けて手掛けたのがわが国の光岡知足博士[13]であり、腸内細菌学の進展に多大な貢献を果たした。

また、メチニコフ以後今日に至るまでの百余年の間に、プロバイオティクス[14]やプレバイオティクス[15]、さらに、腸内細菌学と免疫学を融合させたイムノバイオティクス[16]といった用語が生まれ、それぞれの分野で膨大な学術的成果が報告されている。

日本における酸乳の受容とメチニコフ

メチニコフは腸内腐敗が老化や短命の原因になっていると推論し、オルトビオースの主要因として良質の腸内細菌叢を保持することの重要性を提言し、毒

⑮中瀬古六郎訳『不老長壽論』（一九一二年刊行）

素産生菌の発育を阻害する酸乳を健康長寿食としてすすめたことは既に述べた。

この洞察は今日のプロバイオティクスの概念を誕生させ、発酵乳や乳酸菌飲料が世界中で消費されるきっかけをつくった。乳酸菌、特にプロバイオティクスと健康に関する様々な研究が世界各国で行われており、今日の食品機能学の分野において最も科学的かつ実証的テーマになっている。

メチニコフが一九〇三年に出版した『人間性の研究』と一九〇七年に出版した『*Essais Optimistes*』は、英国の動物学者であるチャルマーズ・ミッチェルによってフランス語から英訳され、それぞれ『*The Nature of Man: Studies in Optimistic Philosophy*』[17]（1903）、『*The Prolongation of Life*』[18]（1907）と題して出版され、世界中で広く読まれるようになった。

日本でも民芸美術の研究家、陶芸家として知られる柳宗悦がこれら二冊のメチニコフの著書の内容をダイジェスト的に纏め、「メチニコフの科學的人生觀」と題して明治四十三年創刊、大正十二年廃刊の文芸同人雑誌「白樺」に掲載している[19]。また、大隈重信が「最近欧米の最も健全なる思想を代表せる名著を訳述・解説し、以てわが邦人をして世界文化の潮流に接触せしめんと欲する」ことを目的として大日本文明協會を設立し、アメリカ留学から戻った中瀬古六郎に英語版『*The Prolongation of Life*』を邦訳させ、『不老長壽論』[20]という書名で一九一二年に同会から出版した。格調高い漢文調で正確に訳されているが、現代の読者には読みにくい文体で綴られている。

さらに、大正期に日本の一般大衆がヨーグルトに不老長寿の効果があること

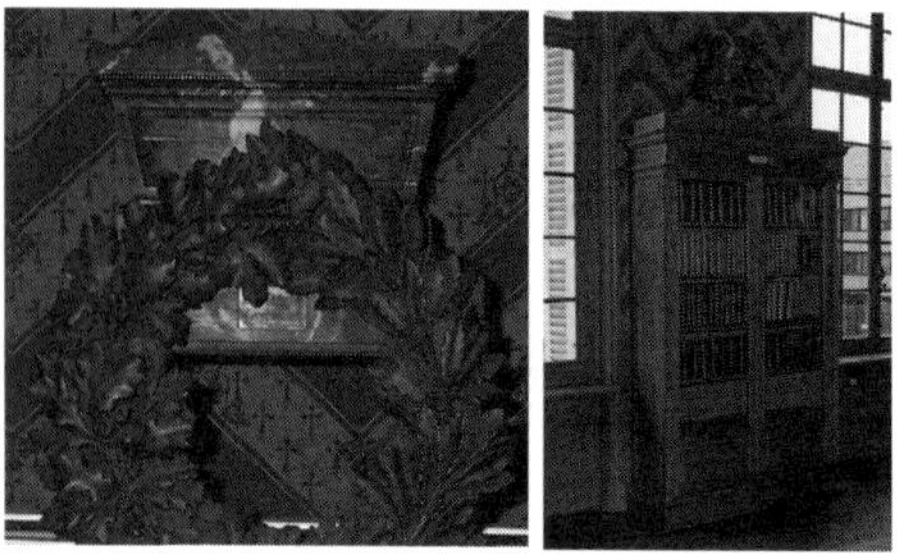

⑯パスツール研究所（現パスツール博物館）の図書館に置かれたメチニコフの遺灰。遺灰は本棚の上の壺のなかに入っている

を知り、日本人がヨーグルトを受容するうえで大きな役割を果たしたのが当時広く読まれていた雑誌「實業之日本」である。大正三年にヨーグルト特集号[21]が企画され、メチニコフの不老長寿説が紹介された。その記事のタイトルは「病根を一掃し活力を持續し健康を增進する長壽靈劑の新發見」であり、メチニコフの偉業の紹介に始まり、ヨーグルトを愛飲していた当時の総理大臣山本権兵衛をはじめとした日本の著名人の名を記したものであった。この記事では長寿霊剤つまりメチニコフの発酵乳の保健機能が紹介されており、まさに当時の日本人を啓発したに違いない効能が書き連ねられ、ヨーグルトは「無病長生の靈藥」として、またメチニコフは「歐洲醫學界の明星」として紹介されている。

こうした宣伝は人々の噂により効能が誇大に喧伝された節があることは否めないが、大正時代の日本においてヨーグルトが好印象で受容されたことは確かである。今日ではメーカーの数も増え、科学的に裏付けられた生理機能を標榜した発酵乳、乳酸菌飲料が数多く製造販売され、広く国民の支持を得る中で確固たる市場規模を維持している。発酵乳や乳酸菌飲料が今日保健食品の筆頭に挙げられ、日本に限らず、世界各国で広く愛飲されていることの原点にメチニコフが唱えた不老長寿理論があることは確かであり、その意味でも彼が果たした功績は極めて大きい。

⑰オリガ夫人の手によるメチニコフのデスマスク（一九一六年）

むすび

本稿で触れたメチニコフの著書からは彼の思想の統一性と不断の向上心に加えて抜群の資性の力強さが読み取れる。更に、研究を通じて疑問に思ったことを放置せずそれを明らかにしようとする姿勢には科学に対する執念と良心性が強く感じられ、偉大な業績を挙げた科学者は驚異的努力家であることも教えてくれる。彼が傑出した稀有の指導者であり、今なおパスツール研究所の所員からも多大の尊敬を集めているのもそうした理由からであろう(3)(4)。

発生学、免疫学、腸内細菌学はメチニコフが遺した中心的業績である。彼の独創性に富んだ莫大な業績は、十九世紀の生物学史に高く聳えているばかりでなく、彼が遺した業績の真の意味が医学や食品機能学などの生命科学が大きく発展を遂げた今日になって益々はっきりしてきたように思われる。それは、発生から始まり、老化および死を究極の課題とし、科学こそ解決できるとした固い信念を持ち、哲学的考察を加えて導き出した彼の知見には不変の真実性と説得力があるからである。

心臓病の悪化により七十一歳で死去するまでパスツール研究所に在籍したが、パスツール研究所で過ごした二十八年間は彼にとって最も充実した期間であり、この間彼の研究室に集まった百余人の研究者に大きな影響を与えた。彼の遺灰は、パスツールの墓と共に今でもパスツール研究所に安置されている。

文献

（1）オリガ・メチニコワ（著）、宮下義信（訳）『メチニコフの生涯』（上下）岩波新書（一九三九年）

（2）イリヤ・イリッチ・メチニコフ（著）、八杉龍一（訳）『人の生と死―メチニコフの人性論』新水社（一九九一年）

（3）川喜田愛郎『近代医学の史的基盤』（下）、九〇七〜九一一頁、岩波書店（一九七七年）

（4）Jean-Marc Cavaillon. The historical milestones in the understanding of leukocyte biology initiated by Elie Metchnikoff. *J Leukoc Biol* 90（3）:413-424（2011）

（5）Jean-Marc Cavaillon, Sandra Legout. Centenary of the death of Elie Metchnikoff: a visionary and an outstanding team leader. *Microbes Infect* 18（10）:577-594（2016）

（6）Élie Metchnikoff. Études sur la Nature Humaine: Essai de philosophie optimiste, Masson, Paris（1903）

（7）Élie Metchnikoff. Essais Optimistes, Maloine, Paris（1907）

（8）レフ・イリイッチ・メーチニコフ（著）、渡辺雅司（訳）『回想の明治維新―一ロシア人革命家の手記』岩波文庫（一九八七年）

（9）レフ・トルストイ（著）、原卓也（訳）『人生論』新潮文庫（一九七五年）

（10）森田由紀「［楽観主義的エッセイ］メチニコフの思想と日本への影響―翻訳者の視点から」第4回広島医史学研究会・岡山医史学研究会合同学術集会口演要旨（二〇一九年）

（11）https://eds.b.ebscohost.com/eds/results?vid=0&sid=8b91bda2-2743-42a7-8878-fcfd97c2087a%40sessionmgr101&bquery=Metchnikoff&bdata=JmNsaTA9RlQxJmNsdjA9WSZsYW5nPWZyJnR5cGU9MCZzZWFyY2hNb2RlPUFuZCZzaXRlPWVkcy1saXZl
パスツール研究所アーカイブ（https://www.pasteur.fr/en/ceris/library）から検索可能

（12）審良静男「免疫システムの常識を覆した［Ｔｏｌｌ様受容体］」ヘルシスト二一〇号二〜七頁（二〇一一年）

(13) 光岡知足「機能性食品―プロバイオティクス、プレバイオティクス、バイオジェニクス」、『プロバイオティクスとプレバイオティクス―21世紀の食と健康を考える』(ネスレ科学振興会 監修)、一～二三頁、学会センター関西(二〇〇二年)
(14) Fuller R. Probiotics in man and animals. *J Appl Bacteriol* 66 (5) :365-378 (1989)
(15) Gibson GR, Roberfroid MB. Dietary modulation of the human colonic microbiota: Introducing the concept of prebiotics. *J Nutr* 125 (6) :1401-1412 (1995)
(16) Clancy R. Immunobiotics and the probiotic evolution. *FEMS Immunol Med Microbiol* 38 (1) :9-12 (2003)
(17) Metchnikoff E/translated by P. Chalmers Mitchell. "The Nature of Man: Studies in Optimistic Philosophy", W. Heinemann, London (1903)
(18) Metchnikoff E/translated by P. Chalmers Mitchell. "The Prolongation of Life", W. Heinemann, London (1907)
(19) 柳宗悦「メチニコフの科學的人生觀」(上下)、白樺 二巻八号一～四九頁・二巻九号一～五二頁(一九一一年)
(20) エリー・メチニコッフ(著)、中瀬古六郎(訳)『不老長壽論:全』大日本文明協會(一九一二年)
(21) 實業之日本編集部「病根を一掃し活力を持續し健康を增進する長壽靈劑の新發見」實業之日本 一七巻一号八四～八七頁(一九一四年)

メチニコフ年譜

（文責　細野明義）

年	年齢		おもなできごと
1845		●五月十六日、南ロシア（現ウクライナ）のハリコフ地方の村パナソフカに生まれる	
1853	8	●兄の家庭教師の指導により植物採取の方法を学び、植物学の論文を書く	黒船来航
1857	12	●ハリコフ中学校入学 英国の歴史家ヘンリー・バックルの『文明史』を読み、人類の発展には特に実証科学が欠かせないことを学ぶ。また、唯物論者の思想や社会学説について勉強し、無神論者と目されて「神様なし」の綽名が付けられる 博物学（植物学、地質学）に熱中し、自分の真の天職は科学であることを自覚する	
1859	14		安政の大獄 ダーウィンが『種の起源』を刊行
1860	15	●ピエール・ブロンの『動物界の綱目』の図版でアメーバや滴虫類を見て感動し、生命の初原的な顕現の研究を行うことを己に誓い、ハリコフ大学に出入りして講義を聴講する	
1861	16		アメリカ南北戦争始まる パスツールが微生物の自然発生説を否定

1862	17	●ハリコフ大学のチェルコフ教授の便宜を受け、顕微鏡下で滴虫類を観察し論文に纏め、学術誌に投稿する。この論文は受理されたが、後に誤りに気づき、メチニコフ自ら取り下げている ●ハリコフ中学校卒業。金牌を受ける ●ヴュルツブルク大学（ドイツ）に入学を希望したが不調に終わる。その帰路ライプツィヒでチャールズ・ダーウィンの著書『種の起源』を購入する ●ハリコフ大学に入学。チェルコフ教授のもとで生理学を研究する	生麦事件 日本国内でコレラが流行
1863	18	●ツリガネムシについて論文を書き、ドイツの生理学雑誌「アルヒーフ誌」に発表し、著名な生理学者ヴィルヘルム・キューネの辛辣な反駁を受ける ●ダーウィンの生物進化説に深い感銘を受ける ●輪虫類—腹毛類—線虫類の関連性について研究する ●二年でハリコフ大学を卒業	文久の大火 薩英戦争
1864	19	●ヘリゴランド島（ドイツ）で孤立的な動物について研究を行い、ギーセンでの博物学会で報告する ●ジュネーヴの兄レフの所でロシアの社会主義者ベルツェンに会い、科学は政治に優越するものであることを認識する	
1865	20	●ギーセンで、ドイツの博物学者フリッツ・ミュラーの書いた『ダーウィン賛同』に出会い、その内容に感銘を受ける ●ナポリに行き、アレクサンドル・コヴァレフスキーとの共同研究で動物の比較発生学の基礎づけを行う。メチニコフ自身の研究主題を「下等生物の胚葉の比較とその細胞」とした。研究の結果、すべての生物間には共通性があるとの具体的な確証を得る	メンデルが遺伝の法則を発見

年	年齢		おもなできごと
1865	20	●ナポリにコレラが蔓延したためナポリを去り、ゲッティンゲンの解剖学者ヤーコプ・ヘンレの門下に入り、アブラムシの発生について研究する ●哲学書を耽読する ●ドイツの学者の研究力と研究室の組織力に感心するが、学生には失望を抱く ●コレラが終息した秋、再びナポリに行く。頭足類の研究を行い、無脊椎動物に胚葉が有ることを発見し、学位論文の骨子にする ●多くの昆虫類、サソリ、セピオラ（イカ）の研究から胚葉を発見し、下等生物と高等生物との共通点を見出す ●陸棲プラナリアで食細胞の基礎となる細胞内消化を観察する ●マギステルの学位が授与される ●オデッサ大学講師となる ●第一回ベーア賞が授与される（メチニコフはその後、第三回、第七回のベーア賞も受賞）	
1867	22	●ペテルブルク大学動物学の助教授となる	大政奉還
1868	23	●秋の学期まで外国に派遣され、メッシーナに行き、棘皮動物と海綿の発生について研究を行う ●ペテルブルク大学に戻るが、ペテルブルクの生活は重苦しく、厭世的な人嫌いに陥る	明治天皇即位
1869	24	●ペテルブルクを去り、スペチア（ギリシャ）に行き、浮遊動物やギボシムシについて研究を行う。棘皮動物とギボシムシの類を結ぶ連鎖を決定し、動物各群間の系統上の連続性を証明する上で重要な知見を得る	雑誌「ネイチャー」創刊

		・サソリの発生についての研究を完成させる ・ペテルブルク大学助教授に復職 ・リュドミラ・フェドロヴィッチと出会い、結婚する	
1870	25	・オデッサ大学教授に就任	
1873	28	・妻リュドミラが結核で死亡。葬儀の後、ジュネーヴの兄レフ・メチニコフの所へ行く ・モルフィネを嚥下して自殺を図るが、一命をとり止める ・ローヌ河の橋でトビケラの群飛を見て、科学者としての自分を取り戻す ・アストラカンの草原に住むモンゴロイドのカルムイク人はコーカソイドより発育が早く停止することなどについて人類学的研究をし、モスクワの人類学会に報告する	
1875	30	・年齢差十三歳のオリガと再婚 ・多細胞動物（後生動物）の起源に関する研究に着手し、細胞内消化が存在することを確かめる ・多細胞動物の原型はパレンキメラであることを予見し、食細胞説樹立のための研究に繋げる	
1877	32	・心臓病を発症し、これが生涯の持病となる	西南戦争
1880	35	・伝染病研究の発端となる害虫の駆除法を手掛ける	雑誌「サイエンス」創刊
1881	36	・心臓の不調、めまい、不眠症に悩まされる ・回帰熱の病原菌を接種して自殺を図るが未遂に終わる。快復期に入って、かつてない程の生きる悦びに心が充たされ、それ以来身心の平衡を回復し、これまで抱いていた悲観論が楽観論に変わる	大英自然史博物館開館 コッホが細菌の純粋培養法を確立

年	年齢		おもなできごと
1882	37	●オデッサ大学の学生運動や学内人事問題の紛争に巻き込まれ、同大学を辞職する ●パナソフカ（ウクライナ）の所有地を処分してシチリア島メッシーナへ引っ越し、私設の研究室を設け、細胞内消化と腸の起源に関する研究を再開する ●無脊椎動物（ヒトデの幼虫、その他）に細菌を感染させ、それが中胚葉の細胞に摂取される様子を観察し、食細胞説の根拠を明らかにする	コッホが結核菌を発見 ダーウィン死去 日本銀行設立
1883	38	●食細胞を「ファゴシート」と命名し、食細胞説の根拠を論文にまとめ学会誌に投稿、受理される。多くの博物学者や細胞病理学者から好評を得る ●食細胞現象について最初の報告をオデッサで開かれた学会で発表する ●弱毒化した炭疽菌をウサギに接種すると活発な食細胞現象が現れることを確認し、免疫の示唆を得る	鹿鳴館開館
1886	41	●オデッサ細菌学研究所長に就任 ●研究所での勤務に関し地元当局と軋轢が生じた上、炭疽予防注射で数千頭のウシが斃死する事故が発生したこともあり、同研究所を辞すことを決意する	自動車の発明（ベンツ）
1887	42	●ベルリンでロベルト・コッホに会い、パリでルイ・パスツールに会う ●パスツール研究所で働くことをパスツールに懇願し、快諾される	東京に電灯がつく
1888	43	●パスツール研究所で研究部門を率いるため、十月十五日パリに到着する ●食細胞説の充実と発展、さらには擁護のために闘う日々を過ごす 生涯でもっとも充実した二十八年間に及ぶ研究生活が始まる	パスツール研究所開設
1889	44	●ドイツの細菌学者オットー・ルバルシュから、食細胞説に対する批判攻撃を受ける	大日本帝国憲法発布 第四回パリ万国博覧会

1890	45	●ベルリンの学会でコッホが「免疫は血液の化学的性質によるもので食細胞によるものではない」と主張し、食細胞説を強く否定する	教育勅語発布 ベーリングと北里柴三郎がジフテリアと破傷風に対する血清療法を確立 コッホが結核治療薬としてのツベルクリンを発表
1891	46	●ケンブリッジ大学から名誉博士号が授与される ●免疫学説としての食細胞説が多くの人たちに受け入れられるが、医学界からは猛反発される	
1892	47	●『炎症の比較病理学講義』を著し、炎症は局所的損傷であり、炎症が起こると白血球の細胞内消化が働き、人体を防御することをとり上げ、治癒や免疫は食細胞が有害微生物を消化することにより成立することを明記する ●コレラがフランスで蔓延し、コレラに対する実験を開始したが失敗に終わる	イワノフスキーがタバコモザイク病の病原体が濾過性であることを発見し、ウイルスの存在を示唆
1894	49	●コレラ菌を捕食するのは小食細胞（ミクロファージ）であり、毒素を消化するのは大食細胞（マクロファージ）であることを明らかにする ●ブダペストの学会で食細胞説に対しリヒャルト・プファイフェル（ドイツの細菌学者）から攻撃される	日清戦争始まる 北里柴三郎とエルサンがそれぞれ別個でペスト菌を発見
1895	50	●パスツールが他界	レントゲンがX線を発見
1897	52		志賀潔が赤痢菌を発見
1898	53	●モスクワでの国際学会で「科学は自然界の法則を解明し、人類のために益する」と講演する	キュリー夫妻がラジウムを発見

年	年齢		おもなできごと
1898	53	●老年性萎縮は細胞が衰弱することが原因で、マクロファージが関与していると推論する ●メチニコフ自身が心臓、腎臓に疾患があることを自覚し始め、不眠症に陥る ●食養法として凝乳中の乳酸菌を摂取する	
1900	55	●パリの国際学会で、免疫とは広汎な意味で消化作用の分野であると自らの免疫学説について講演する	高峰譲吉と上中啓三がアドレナリンの結晶化に成功 ランドシュタイナーが血液型を発見
1901	56		第一回ノーベル賞授与式
1903	58	●パスツール研究所副所長に就任する ●『人間性の研究—楽観主義的哲学エッセイ』を著し、老衰は病理的現象で人間性の不調和に基づくものであり、オルトビオースの完成を目指すべきと主張する	
1904	59		日露戦争始まる
1905	60	●エミール・ルーと共同で類人猿を使い梅毒の研究を行う ●老衰と腸内細菌群について研究する	ポーツマス条約調印 シャウディンとホフマンが梅毒病原体スピロヘータを発見

1907	62	●『*Essais Optimistes*（楽観主義的試論）』を著し、老衰と腸内細菌群との関連性に触れながら死の問題について論説すると共に凝乳飲用と長寿の関連性について記す ●乳酸菌がアルカリ性の環境を好む有害細菌の増殖を抑制することを明らかにする	
1908	63	●免疫の研究によりパウル・エールリヒと共にノーベル生理学・医学賞を受賞（⑱） ●ベルリンで「生物体の治癒力」について講演する	
1909	64	●結核菌の研究を行う ●プロテウス桿菌の病原性を確認し、アジアコレラ菌との類似点を明らかにする ●モスクワに行きレフ・トルストイを訪問する ●シュトゥットガルトで「世界観と医学」について講演する ●腸内細菌群と細菌毒素についての研究に着手する	伊藤博文暗殺
1911	66	●ロシア・カルムイク草原地帯への細菌探検隊に加わり、現地を探訪する（山内保も同行）	柳宗悦が雑誌「白樺」（二巻八・九号）に「メチニコフの科學的人生觀」を発表
1912	67	●凝乳製造事業に関係し、誹謗中傷を受け、健康を害する ●哲学論文集『合理的人生観探求の四十年』（ロシア語版）を著す	タイタニック号沈没 明治天皇崩御

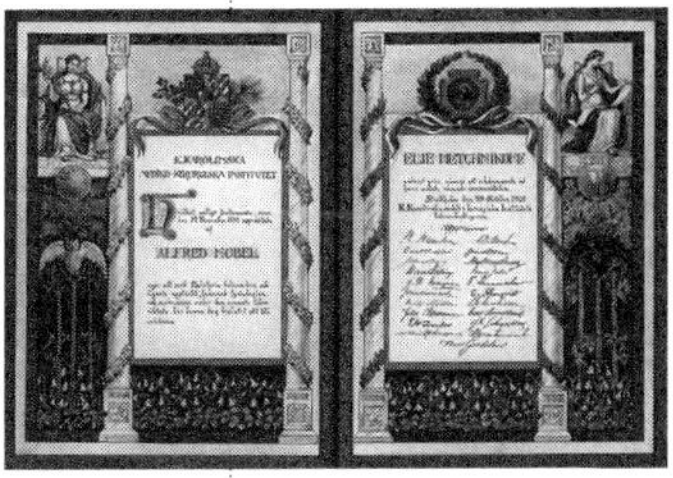

⑱

年	年齢		おもなできごと
1912	67	・多量の糖分を含む野菜や果物を摂取するとフェノール類やインドールなどの有害物質の産生が減ることをつきとめる	中瀬古六郎翻訳の『不老長壽論』刊行
1913	68	・モーリス・メーテルリンクの厭世主義、神秘主義（青年期）、楽観主義（壮年期）について研究する ・老衰に伴う頭髪の白化、精神状態、日々の検尿について記録する ・心臓病の発作を起こす	
1914	69	・パリ郊外の別荘においてカイコ蛾の死因について研究する ・糖尿病に罹患した老犬を使い糖尿病が伝染性疾患でないことを認める ・第一次世界大戦勃発によりパスツール研究所の多くの所員が同研究所を去り、研究所の荒廃が始まる ・頻脈症発作を起こし、動作緩慢に陥る	第一次世界大戦始まる フンクがビタミンの概念を提唱 雑誌「實業之日本」がヨーグルト特集を掲載（⑲）
1915	70	・多量の乳酸菌摂取を心がける ・カイコ蛾の死因が尿毒症であることを確認し、研究を終了する	

⑲

病根を一掃し活力を持續し
健康を増進する長壽靈劑の新發見

1916

71

- 性的機能についての著述に必要な資料収集を行う
- 淋病の研究に着手するも未完成に終わる
- 教育と結婚について検討する
- 吐血（十二月）
- パリに在るパスツール研究所本館のパスツールの旧宅に移る
- 病床に就く（六月）
- 七月十五日　心臓病悪化により永眠

⑳メチニコフと名付け娘（goddaughter）のエリーズ（通称リリ）・レミ

㉑亡き夫のデスマスクを前にするオリガ夫人（一九三九年）

夏目漱石死去

訳者あとがき

森田由紀

すべてはリトアニアの首都ビルニュスで始まりました。

二〇一五年、国際会議で訪れた秋晴れの美しい旧市街をぶらぶら歩きながら、信州大学名誉教授の細野明義先生にメチニコフの著作についてお話をうかがい、興味を持ちました。そこで、彼の一九〇七年のフランス語の原著『Essais Optimistes』を読み始めたところ、一世紀以上も前に「人生百年時代」の到来を予測し、樹齢数千年の老木や消化管のない輪形動物の奇妙な自然死などに注目しながら生と死について考え、老年学の研究対象としてゲーテの生涯を分析する知の巨人の真摯な姿にすっかり魅了されてしまいました。この素晴らしい著書を完訳して、現代に生きる日本の皆さんに是非読んでいただきたいとの思いが強く湧きあがりました。

さて、いざ翻訳を始めてみると、内容が多岐にわたるため、読んでいて意味は理解できても適切な用語を思いつかないことが頻繁にありました。インターネットで調べものができる時代に生きている幸運を喜ぶと同時に、先人のご苦労を思って頭が下がりました。また、原文は複数の修飾節をもつ長いセンテンスが多く、それをそのまま訳して意味不明瞭な文章になることがよくあり、原文からの距離の取り方に苦労しました。しかし著者の考え方が新鮮だったので、楽しく作業を進めることができ、ニュースを聞いて「そういえばメチニコフはこんなことを言っていた」とか「彼ならどう考えただろう」と思うようになりました。なによりも、老化プロセスの解明や健康維持法などの「実用的」な問題だけでなく、進化論に立脚し、微生物、植物、クラゲ、昆虫から脊椎動物、類人猿から人間に至るまで、すべてを「生命」としてとらえ、生命とは何か、死とは何か、人間とは何か、などの根源的な問題を追究し続ける彼の知性の壮大なスケールに驚嘆の念を覚えました。

今回の出版については本当にいろいろな方々のお世話になり、これも偉人メチニコフが導いてくださったご縁であると心から感謝しています。お世話になったすべての方のお名前を挙げることはできませんが、鈴木かおり博士、長南治博士をはじめとするヤクルト学術部門の方々からは初期段階の原稿に貴重なコメントをいただきました。また同社の成田裕社長、南野昌信常務はずっと温かく見守ってくださいました。古くからの知り合いでパリ在住のジャーナリストの藤原かすみ氏は下訳原稿の拙い文章を修正してくださいました。敬愛する元上司黒田善徳氏の発案で、㈲バイオ研代表取締役の菅辰彦博士、東京書籍顧問で乳酸菌の効能にもお詳しい中野研一氏が連携してくださり、晶文社の太田泰弘社長、島田孝久顧問のもとに原稿を持ち込むことができました。そして島田顧問のご尽力の結果、中山人間科学振興財団業務執行理事の平田直氏の目にとまり、同財団の創立三十周年記念事業として本書の刊行を決断してくださった時の嬉しさは、言葉で表現することができないほど大きなものでした。さらに、本書が現代の日本の読者にふさわしいものになるようにと、斯界の第一人者で構成される中山人間科学振興財団創立三十周年記念事業特別委員会の先生方が脚註をつけてくださるという最高の取り組みが実現することになり、翻訳者として冥利に尽きると感激しました。

その後も、私の会社員時代から日本語の師匠と仰ぐ工藤聰博士に直訳調のぎこちない文章を根気よく修正していただき、信州大学名誉教授の山本省先生からはフランス語の解釈と、翻訳一般の心構えにつき貴重な助言をいただきました。とりわけ終始親身にご指導くださった信州大学名誉教授の細野明義先生の熱意と寛容さには教育者とはこういうものかと目を見張る思いでした。さらに心優しい元同僚のブルノ・ポット博士のお口添えにより、免疫学者でパスツール研究所名誉教授であるカヴァイヨン先生に刊行にあたっての巻頭の辞をお願いすることができました。カヴァイヨン先生は文章を寄せてくださっただけでなく、メチニコフやパスツール研究所に関する資料、文献を惜しみなくご提供くださいました。また京都大学名誉教授の泉孝英先生からはメチニコフの高弟、山内保博士について貴重な情報をいただき、泉先生にお会いする機会を設けてくださった広島大学名誉教授の狩野充德先生にはテニヲハ、句読点の大切さを改めてお教えいただきました。そしてフランス語に堪能な校正担当者による一字一句ゆるがせにしない細やかなチェックと、中山書店の柄澤薫子氏の神経の行き届いた編集によって、ようやくエリ・メチニコフの原著の完全邦訳書の完成に到りました。一冊の翻訳書の刊行が、本当に大勢の方の知性と労力、熱意を要求するものだとつくづく思い知らされました。それはノーベル賞受賞者メチニコフの著書ですから当然ともいえますが、一介の翻訳者にご協力、ご尽力いただいた皆様に、心よりお礼申し上げます。

最後に、私事で恐縮ですが、翻訳ばかりしている私に文句も言わず、せっせと下訳を読んでくれた母、医学的記述に関する疑問を、教科書を見ながら一緒に考えてくれた娘の友里香、内容はよくわからないながらも、いつも機嫌よく応援してくれた息子の慶吾に感謝しています。そして、その昔、私が医学の道に進まないと聞いて、すっかり力を落としていた亡き父に、本書をささげたいと思います。

拙い訳ながら、本書を最後までお読みいただいた皆様にお礼申し上げます。

二〇二一年秋

あとがき　財団創立三十周年と本書刊行によせて

公益財団法人中山人間科学振興財団 業務執行理事
中山書店代表取締役社長
平田　直

公益財団法人中山人間科学振興財団は、一九九一年十二月二十日に中山書店創業者の中山三郎平により創設されました。

財団設立の目的は、「人間の生態や行動から、広く文化・芸術・宗教に及ぶ人間の営みを、医学・生物学及び情報科学を基盤として捉える学際的研究を褒賞・助成し、人間に関するユニークな研究の育成を図り、さらに異なる学問・芸術などさまざまな分野の研究者に交流の場を提供し、それぞれ互いに刺激し合い、人間の科学として新たなる研究成果を期待するとともに、その普及を図ること」（小堀樹：中山人間科学振興財団の概要より）であります。本年は、創立三十周年という節目を迎えます。

中山書店は一九四八年六月に「生命現象ならびに人間に関する諸科学の領域を出版の手段によって開発しこれを普及する」ことを出版理念に創業されましたが、本書『メチニコフの長寿論』刊行の経緯には、中山書店を代表する出版物である『動物系統分類学』（母巻全一〇巻二四冊・追補版二冊）が大きく関わっております。

『動物系統分類学』は、一九六一年、動物学の泰斗である内田亨先生（北大名誉教授）からのお声がけに中山三郎平が賛同し呼応する形で刊行が始まりました。内田先生亡きあと、北大同学の後継者で高弟の山田真弓先生に引き継がれ、四十年余という途方もない年月を傾けて完結したものであります。

出版事業においても、継続は力なりは例外ではなく、学者の世代の継続を必要としました。専門書出版は、民間の実業そのものであります。学問の知の公刊という価値観の共有を保ちながら、当然に財務でこれを支えることを経営面では要請されます。謂わば、学問と出版という車の両輪が円滑に連携し、それらを公の共有財産にするという社会的な使命を果たしたプロジェクトであったかと思います。

中山書店は『動物系統分類学』の刊行により、一九九九年度の第一五回梓会出版文化賞特別賞を受賞しました【出版梓会は、人文科学系の出版社で組織されている一般社団法人】。

また同年、中山人間科学振興財団は第八回の公募テーマとして「動物の系統と分類」を掲げ、一連の財団活動を展開いたしました。一九九五年の創業者の逝去からすでに四年を経ていましたが、刊行の端緒となった創業者の熱情的な取組みに対して、ようやく『動物系統分類学』母巻二四冊が完成した、そのご報告とオマージュとを密かに願っての試みでもありました【『25年の歩み』、財団二〇一六年発行（非売品）の冊子を参照】。

＊

当時、日本出版クラブで行われた梓会出版文化賞特別賞の贈呈式で、私は次のような受賞スピーチをいたしました。

「本シリーズは、原生動物から哺乳類までの全動物群を網羅して完結した《動物系統分類学》の百科全書といっても過言ではありません。本邦は申すまでもなく、世界的にも稀有な専門書出版であるといえます。現在、地球規模での環境論が多方面で喧しく議論されておりますが、それらの具体的な論拠の一つとして基礎的な学問に貢献し得ると確信しております。」

この時に会場でスピーチを聞いておられた梓会会員社である晶文社の島田孝久氏から、二十年後の二〇一九年に「素晴らしい翻訳書がある」と紹介されたのが、本書と翻訳者の森田由紀氏でした。

＊

「ヨーグルト不老長寿説」で知られるロシアのノーベル賞学者・メチニコフが一九〇七年にフランスで発表した『Essais Optimistes』（楽観主義的試論）は、世界的名著で過去に日本でも何度か翻訳されたことがありましたが、翻訳の不備が多く「完訳」とは言えないものでした。今回の森田訳は大変読みやすく、三〇〇ページを超える原稿を一晩で読み終えました。

その内容は、一世紀以上も前の著作とは到底考えられない、知的興奮の世界へいざなうものでした。生きものすべてを等しく生命として捉えるとともに、動物の様々な系統進化の比較を通して、「人生の百年時代」を予知していること。そうした視座から人間の寿命を論じているユニークさに感嘆しました。さらに後半ではゲーテの人生観から、才人の存在をまるごとの悩める人間として描き出し、その情熱と創作との関連をめぐる独特な分析の提示に瞠目させられました。

これは中山書店ならびに中山人間科学振興財団のどちらの理念にも通じる内容であり、ぜひとも出版すべき書籍であるとの思いを抱きました。

＊

本年（二〇二二年）十二月に創立三十周年を迎える中山人間科学振興財団の記念事業として、本書の出版を決定いたしました。早速、理事・評議員・事務局の七名（村上陽一郎代表理事、岩田誠理事、五十嵐隆理事、池田清彦評議員、武藤徹一郎評議員、平田直業務執行理事、八木由理子事務局長）による「創立三十周年記念事業特別委員会」が発足しました。

特別委員会のメンバーと翻訳者の森田由紀さん、本書完訳を森田さんに勧められた細野明義信州大学名誉教授、制作進行の実務責任者として柄澤薫子中山書店編集部次長を交え、本書刊行のための初回の打合せが二〇二〇年二月十九日に上野東天紅で開催されました。そこで細野先生からメチニコフについてのレクチャーを受け、書籍に書かれている内容以上に魅力的な人物であることを知り、改めて本書出版に対する思いを強くいたしました。ただ、百十年以上前の仏語の著作であることから、そのままでは今日の読者にかなり不案内な部分もあるので、特別委員会のメンバーと細野先生とで、各専門分野をご分担のうえ「現代の視点から見た専門用語や人名の定義（解説）とその今日的意義」を註釈として新たにご執筆いただくことを決定しました。本書に見られる脚註等はこうして誕生したものです。また細野先生には「メチニコフ小伝および年譜」を書き下ろしていただきました。両者相俟って「読み物」として本書の内容をより深く理解する手助けの役目を果たしているかと思います。

＊

コロナ禍さえなければ、本書の幅広い紹介と普及を兼ねた公益財団法人中山人間科学振興財団創立三十周年記念公開シンポジウムの開催を予定しておりました。パンデミックの為、断念せざるを得ませんでした。誠に残念に思われてなりません。

二〇二一年十月

創立三十周年記念事業特別委員会メンバーらによる初回打合せ（2020年2月19日、上野東天紅）

〔189〕 Bielschowsky, *Gœthe*, Quatrième édit., 1904, p. 368.

〔190〕 Mœbius, *Gœthe*, vol. II, pp. 84, 87.

〔191〕 Bode, *Gœthe's Lebenskunst*, Berlin, 1905, p. 59. に引用されている。

〔192〕 Mœbius, *Ueber die Wirkungen d. Castration*, Halle, 1903, p. 82.

〔193〕 Brown-Séquard, *Comptes rendus de la Soc. de Biologie*, 1889, p. 420.

〔194〕 Erich Schmidt, *Gœthe's Faust in ursprünglicher Gestalt*, 6e édit., Weimar, 1905, p. 1.

第九章　科学と道徳

〔195〕 *Tribune médicale*, 1906, p. 449.

〔196〕 *La Revue*, nos des 15 novembre et 1er décembre 1906.

〔197〕 Herbert Spencer, *Revue philosophique*, 1888, no 7, p. 1.

〔198〕 Kant, *Critique de la raison pratique*, Traduct. de Picavet, Paris, 1906, p. 50.; *Grundlegung zur Metaphysik der Sitten.*

〔199〕 Kant, *Critique de la raison pratique*, Traduct. de Picavet, Paris, 1906, p. 74.

〔200〕 Vacherot, *Essais de philosophie critique*, Paris, 1864.

〔201〕 Paulsen, *System der Ethik*, 7e et 8e édit., t. I, p. 199, Berlin, 1906.

〔202〕 Sutherland, *Origine et développement de la morale*, Trad. russe, 1899.

〔203〕 J. S. Mill, *Mes Mémoires*, trad. franç., 1903.

〔204〕 De Vries, dans *Biologisches Centralblatt*, 1906, 1er septembre, p. 609.

〔205〕 Dr Grasset, “La fin de la vie”, *Revue de philosophie*, 1er août 1903.

〔206〕 Parodi, “Morale et Biologie”, *Revue philosophique*, 1904, t. LVIII, p. 125.

（原註一覧起始頁はp.391）

〔160〕 Stéphanie Feinkind, *Du somnambulisme dit naturel*, Paris, 1893, p. 55.
〔161〕 *Dictionnaire des sciences médicales*, en 60 volumes, 1821, t. LII, p. 119.
〔162〕 Barth, *Du sommeil non naturel*, Paris, 1886.
〔163〕 Babinsky, Conférence faite à la Société de l'Internat, 28 juin 1906.

第六章　動物社会の歴史に関する諸問題の考察

〔164〕 *Souvenirs d'enfance de S. Kowalevsky*, 1895, pp. 301-311.
〔165〕 W. Herzberg, *Sozialdemokratie und Anarchismus*, 1906, p. 17.
〔166〕 Kautsky, *Le problème agraire*, trad. russe, 1905, p. 147.
〔167〕 Herbert Spencer, "The coming Slavery", *The man versus the State*, 1888, p. 18.

第七章　厭世主義と楽観主義

〔168〕 Oldenberg, *Le Bouddha*. Trad. franç., Paris, 1894, p. 214. に引用されている。
〔169〕 P. Régnaud, "Le Pessimisme brahmanique", *Annales du Musée Guimet*, 1880, t. I, pp. 110-111.
〔170〕 Guyau, *La Morale d'Épicure*, 4e édition, 1904, p. 116.
〔171〕 Sénèque, *Ad Marciam*, chap. X.
〔172〕 *Poésies et œuvres morales*, de Léopardi, Trad. franç., 1880, p. 49.
〔173〕 Westergaard, *Die Lehre von d. Mortalitæt u. Morbiditæt*, 2e édit., 1901, p. 649. のデータより。
〔174〕 Dieudonné, *Archiv für Kulturgeschichte*, 1903, t. I, p. 357.
〔175〕 James Sully, *Le pessimisme*, trad. franç., Paris, 1882, pp. 11, 23, 24.
〔176〕 Kowalevsky, *Studien zur Psychologie des Pessimismus*, Wiesbaden, 1904.
〔177〕 Iwan Bloch, *Medicinische Klinik*, 1906, nº 25 et 26.
〔178〕 Dühring, *Der Werth des Lebens*.
〔179〕 Mœbius, *Ueber Schopenhauer*, Leipzig, 1899.
〔180〕 Mœbius, *Gœthe*, vol. I, Leipzig, 1903.
〔181〕 Kunz, "Zur Blindenphysiologie", *Wiener Medizin. Wochenschr.*, 1902, nº. 21. を参照。
〔182〕 Javal, *Physiologie de la lecture et de l'écriture*, Paris, 1905.
〔183〕 Javal, *Entre aveugles*, Paris, 1903.
〔184〕 Zell, *Der Blindenfreund*, 15 février 1906.

第八章　ゲーテとファウスト

〔185〕 *Gœthe's Werke*. Édition de Geiger, vol. V, 1883, Trad. franç. de P. Leroux.
〔186〕 Carlyle, *Miscellanées*, vol. I, p. 272. Lewesによる引用。
〔187〕 *Briefwechsel zwischen Gœthe und Zelter*, Lettre du 3 décembre 1812.
〔188〕 Mœbiusによる引用。*Gœthe*, vol. II, p. 80.

〔131〕 Herter, *British Medical Journal*, 1897, 25 décembre, p. 1898.
〔132〕 Michel Cohendy, *Comptes rendus de la Soc. de Biologie*, 1906, 17 mars.
〔133〕 Grundzach, *Zeitschrift für klinische Medizin*, 1893, p. 70.
〔134〕 Schmitz, *Zeitschrift für physiologische Chemie*, 1894, vol. XIX, p. 401.
〔135〕 Singer, *Therapeutische Monatshefte*, 1901, p. 441.
〔136〕 Nencki et Sieber, *Journal für praktische Chemie*, 1882, vol. XXVI, p. 43.
〔137〕 Stadelmann, *Archiv für experimentelle Pathologie*, 1883, vol. XVII, p. 442.
〔138〕 Foa, *De l'Océan Indien à l'Océan Atlantique : la traversée de l'Afrique du Zambèze au Congo français*, Paris, 1900, p. 75.
〔139〕 Foa, *De l'Océan Indien à l'Océan Atlantique : la traversée de l'Afrique du Zambèze au Congo français*, Paris, 1900, p. 111.
〔140〕 Hayem, *Presse médicale*, 1904, p. 619.
〔141〕 "An authentic narrative of the loss of the American brig Commerce, wrecked on the western coast of Africa, in the month of August, 1815, with an account of the sufferings of the surviving officers and crew, who were enslaved by the wandering Arabs, on the African desart, or Zahahrah; and observations historical, geographical, etc.", by James Riley, Hartford, S. Andrus and Son, 1854.
〔142〕 Heim, *Arbeiten a.d.k. Gesundheitsamte*, 1889, vol. V, pp. 297-304.
〔143〕 P. ex., le bacille butyrique mobile, d'après Grasberger et Schatenfroh, *Archiv für Hygiene*, 1902, vol. XLII, p. 246.
〔144〕 Khoury, *Annales de l'Institut Pasteur*, 1902, p. 65.
〔145〕 Massol, *Revue médicale de la Suisse romande*, 1905, p. 716.
〔146〕 Cohendy, *Comptes rendus de la Soc. Biol.*, 17 mars 1906.
〔147〕 G. Bertrand et Weisweiler, *Annales de l'Institut Pasteur*, 1906, p. 977.
〔148〕 Brudzinski, *Jahrbuch für Kinderheilkunde, N.F. 12 Ergœnzungsheft*, 1900.
〔149〕 Tissier, *Annales de l'Institut Pasteur*, 1905, p. 295; *Tribune médicale*, 24 février, 1906.

第五章　人間の心理に残る進化の痕跡

〔150〕 Jousset, *La Nature humaine et la philosophie optimiste*, Paris, 1904.
〔151〕 Michaelis, *Archiv f. Anat. u. Physiol., Anatom. Abtheil*, 1903, p. 205.
〔152〕 Brettes, *L'univers et la vie*, p. 592.
〔153〕 Ménégaux, *Les Mammifères*, p. 24.
〔154〕 Darwin, *Expression des émotions*, Trad. franç., p. 71.
〔155〕 Volz, *Biologisches Centralblatt*, 1904, p. 475.
〔156〕 J. de Fontenelle, *Nouveau manuel complet des nageurs*, Paris, 1837, p. 2.
〔157〕 Christmann, *La natation et les bains*, Paris, 1887.
〔158〕 Pitres, *Leçons cliniques sur l'hystérie*, 1891, t. I. に引用されている。
〔159〕 Bourneville et Regnard, *Iconographie photographique de la Salpêtrière*, 1879-1880, t. III, p. 50.

gischen Gesellschaft zu Berlin, 5 décembre, 1904.
〔99〕 Ed. Claparède, *Archives des sciences physiques et naturelles*, Genève, mars 1905, t. XVII, —*Archives de psychologie*, t. IV, p. 245.
〔100〕 Laveran et Mesnil, *Trypanosomes et Trypanosomiases*, Paris, 1904, p. 328.
〔101〕 Brillat-Savarin, *Physiologie du goût*, Paris, 1834, 4e édition, t. II, p. 118.
〔102〕 Charles Renouvier, *Revue de métaphysique et de morale*, mars 1904.
〔103〕 Yves Delage, *Année biologique*, t. VII, p. 595.
〔104〕 Cancalon, *Revue occidentale*, 1er juillet 1904, t. XXX, p. 87.
〔105〕 Egger, "Le moi des mourants", *Revue philosophique*, 1896, I, p. 27.
〔106〕 Sollier, *Revue philosophique*, 1896, I, pp. 303-307; *Bulletin de l'Institut général psycholog.*, 1903, p. 29. も参照のこと。

第四章　人間の寿命を延ばす努力をするべきか？

〔107〕 Cicéron, *Tusculanes*, chapitre XXVIII.
〔108〕 Rapport de M. Bienvenu-Martin à la Chambre des députés, Paris, 1903.
〔109〕 A. Réville, *Histoire des religions*, vol. III, Paris, 1889, p. 428.
〔110〕 Brown-Séquard, *Comptes rendus de la Société de biologie*, 1889, p. 415.
〔111〕 Fürbringer, *Deutsche Mediz. Wochenschrift*, 1891, p. 1027.
〔112〕 Pœhl, *Die physiologisch-chemisch. Grundlagen d. Spermintheorie*, Berlin, 1898.
〔113〕 Weber, *British medical Journal*, 1904; *Deutsche Mediz. Wochenschr.*, 1904, nos 18-21.
〔114〕 Westergaard, *Die Lehre von d. Mortalitæt u. Morbiditæt*, 2e edition, Iéna, 1901.
〔115〕 Czerny, *Medizinische Klinik*, 1905, no 22.
〔116〕 Kuebler, *Geschichte der Pocken*; Coler's *Bibliothek*, II, 1901.
〔117〕 Neisser, *Die experimentelle Syphilisforschung*, Berlin, 1906, p. 82.
〔118〕 Besredka et Metchnikoff, *Annales de l'Institut Pasteur*, 1900, pp. 369-413.
〔119〕 André, *Les sérums hémolytiques*, Lyon, 1903.
〔120〕 Macfadyen, Nencki et Sieber, *Archiv. für experimentelle Pathologie*, vol. XXVIII, p. 311.
〔121〕 Mauclaire, *Sixième Congrès de chirurgie*, Paris, 1903, p. 86.
〔122〕 Bouchard, *Leçons sur les auto-intoxications*, Paris, 1886.
〔123〕 Stern, *Zeitschrift für Hygiene*, 1892, vol. XII, p. 88.
〔124〕 Strasburger, *Zeitschrift für Klinische Medicin*, 1903, vol. XLVIII, p. 491.
〔125〕 Fletcher, *The A.B.C. of our nutrition*, New-York, 1903; Dr Regnault, 1er novembre. "L'art de manger", *La Revue*, 1906, p. 92.
〔126〕 Einhorn, *Zeitschr. f. diäletische u. physikal. Therapie*, t. VIII, 1904, 1905.
〔127〕 Foa, *Du Cap au lac Nyassa*, Paris, 1897, pp. 291-294.
〔128〕 Gaffky et Paak, *Arbeiten d. k. Gesundheitsamtes*, vol. VI, 1890.
〔129〕 Tissier et Martelly, *Annales de l'Institut Pasteur*, 1903.
〔130〕 Cormouls-Houlès, *Vingt-sept années d'agriculture pratique*, Paris, 1899, pp. 57-58.

〔64〕 Frédéricq et Nuel, *Éléments de physiologie humaine*, 4e édit., 1899, p. 256. に引用されている。
〔65〕 *L'Aviculture* (journal bimensuel russe), 1er octobre 1904, no 19, p. 3.
〔66〕 *Country Life*, 1905.
〔67〕 Ebstein, *Die Kunst das menschliche Leben zu verlängern*, 1891. に引用されている。
〔68〕 Ebstein, *Die Kunst das menschliche Leben zu verlängern*, 1891, p. 12.
〔69〕 *Annuaire statistique de la ville de Paris*, 23e année, 1904, pp. 164-171.
〔70〕 Ornstein, *Virchows Archiv*, 1891, vol. CXXV, p. 408.
〔71〕 Ebstein, *Die Kunst das menschliche Leben zu verlängern*, 1891, p. 70.
〔72〕 Lejoncourt, *Galerie des centenaires*, Paris, 1842, pp. 96-98.
〔73〕 Prichard, *Researches into the physical history of mankind*, 1836, t. I, p. 1157.
〔74〕 Lejoncourt〔72〕, p. 93; Chemin〔本文p. 90脚註〕, p. 132.
〔75〕 Pfluelger, *Ueber die Kunst d. Verlängerung d. mensch. Lebens*, Bonn, 1890 p. 23.

第三章　自然死の研究

〔76〕 Verworn, *Physiologie générale*, trad. française, 1900, p. 381.
〔77〕 Alexandre Humboldt, *Tableaux de la nature*, trad. française, 1808, t. II, p. 109.
〔78〕 Webb et Berthelot, *Histoire naturelle des îles Canaries*, 1839, t. I, 2e partie, pp. 97, 98.
〔79〕 Adanson, *Bibliothèque universelle de Genève*, 1839, t. XLVI, p. 387.
〔80〕 Alph. de Candolle, *Bibliothèque universelle de Genève*, 1839, t. XLVI, p. 392.
〔81〕 A. P. de Candolle, *Bibliothèque universelle de Genève*, 1831, t. XLVII, p. 49.
〔82〕 Naegeli, *Entstehung u. Begriff d. naturhistorischen Art*, 2e édit., Munich, 1865, p. 37.
〔83〕 Griesbach, *Die Vegetation der Erde*.
〔84〕 Batalin, *Acta Horti Petropolitani*, vol. XI, no 6, 1890, p. 289.
〔85〕 Hildebrand, Engler's *Botanische Jahrbücher*, Leipzig, 1882, t. II, p. 51.
〔86〕 Gœbel, *Organographie der Pflanzen*, Iéna, 1898-1901.
〔87〕 Massart, *Bulletin du Jardin botanique de Bruxelles*, t. I, no 6, 1905.
〔88〕 Hugo de Vries, *Jahrbücher für wissensch. Botanik*, 1890, t. XXII, p. 52.
〔89〕 Rist et Khoury, *Annales de l'Institut Pasteur*, 1902, p. 71.
〔90〕 Duclaux, *Microbiologie*, t. III, 1900, p. 460.
〔91〕 *Archiv. für Anatomie und Physiologie*, 1864.
〔92〕 Malaquin, *Archives de zoologie expérimentale*, 1901, t. IX, p. 81.
〔93〕 Demange, *Étude clinique sur la vieillesse*, Paris, 1886, p. 145.
〔94〕 Preyer, *Revue scientifique*, 1877, p. 1173.
〔95〕 Errera, *Revue scientifique*, 1887, 2e semestre, p. 105.
〔96〕 Gabriel Bertrand, *Annales de l'Institut Pasteur*, 1904, p. 672.
〔97〕 Zeigan, *Therapeutische Monatshefte*, 1904, p. 193.
〔98〕 Weichardt, *Münchener medicinische Wochenschrift*, 1904, no 1; *Verhandlungen der physiolo-*

〔33〕 Edmond Fournier, *Stigmates dystrophiques de l'hérédo-syphilis*, Paris, 1898, p. 4.

第二章　動物の寿命

〔34〕 Buffon, *Histoire naturelle générale et particulière*, t. II, Paris, 1749.
〔35〕 Flourens, *De la longévité humaine et de la quantité de vie sur le globe*, Paris, 1855.
〔36〕 Weismann, *Ueber die Dauer des Lebens*, Jena, 1882, p. 4.
〔37〕 Brehm, *La vie des animaux, Mammifères*, t. II, p. 623.
〔38〕 H. Milne-Edwards, *Leçons sur la physiologie et l'anatomie comparées*, t. IX, 1870, p. 446.
〔39〕 Bunge, *Archiv. f. die gesammte Physïologie*, Bonn, 1903, t. XCV, p. 606.
〔40〕 Oustalet, "La longévité chez les animaux vertébrés", *La Nature*, 12 mai 1900, p. 378.
〔41〕 Ashworth et Annandale, *Proceedings of the R. Society of Edinburgh*, t. XXV, part. IV, 1904.
〔42〕 *Bronn's Klassen u. Ordnungen des Thierreichs*, t. III, p. 466.
〔43〕 Weismann, *Ueber die Dauer des Lebens*, pp. 74, 75.
〔44〕 Oustalet, "La longévité chez les animaux vertébrés", *La Nature*, 12 mai 1900, p. 378. に引用されている。
〔45〕 Gurney, "On the comparative Ages to which Birds live", *The Ibis*, January 1899, VII ser., t. V, p. 19.
〔46〕 Pycraft, *Country Life*, 25 juin 1904.
〔47〕 Evans, *Traité sur les éléphants*, Traduction française, 1904, p. 7.
〔48〕 J. Maumus, "Les cœcums des oiseaux", *Annales des sciences naturelles*, 1902.
〔49〕 Gegenbaur, *Manuel d'anatomie comparée*, Traduction française, Paris, 1874, p. 755.
〔50〕 Th. Eimer, *Virchows Archiv*, 1869, vol. XLVIII, p. 151.
〔51〕 Stragesco, *Travaux de la Société des médecins russes à Saint-Pétersbourg*, Septembre-octobre 1905, p. 18 (en russe).
〔52〕 Czerny et Lautschenberger, *Virchows Archiv*, 1874, vol. LIX, p. 161.
〔53〕 Ewald, *Zeitschrift f. klinische Medicin*, 1887, vol. XII.
〔54〕 Heile, *Mittheilungen a.d. Grenzgebieten d. Medicin u. Chirurgie*, 1905, vol. XIV.
〔55〕 Aldor, *Centralblatt f. innere Medicin*, 1898, p. 161.
〔56〕 Yves Delage, *L'année biologique*, 7e année, 1902, Paris, 1903, p. 590.
〔57〕 Du Pasquier, *Gazette des Hôpitaux*, 1904, p. 715.
〔58〕 Bouchet, *Accidents dus à la constipation pendant la grossesse, l'accouchement et les suites des couches*. Thèse. Paris, 1902, p. 32.
〔59〕 Charrin et Le Play, *Comptes rendus de l'Académie des sciences*. Paris, 1905, 10 juillet, p. 136.
〔60〕 Kukula, *Archiv f. klinische Chirurgie*, 1901, vol. LXIII, p. 773.
〔61〕 Kolle u. Wassermann, *Handb. d. pathogenen Mikroorganismen*, vol. II, 1903, p. 678.
〔62〕 Schmidt u. Strasburger, *Die Fœces des Menschen*, 2e édition, Berlin, 1905, p. 283.
〔63〕 Schmidt, *Die Funktionsprüfung des Darmes millelst der Probekost*, Wiesbaden, 1904, p. 56.

原註一覧

第一章　老化の研究

〔1〕 *Gazette médicale* (en russe), 1904, p. 50.

〔2〕 Dostoïewsky, *Œuvres complètes*, t. VI, 1882, p. 64 (en russe).

〔3〕 Westergaard, *Mortalitæt u. Morbidlitæt*, 2e édit., 1901, pp. 653-655.

〔4〕 Bienvenu-Martin, *Rapport sur l'assistance aux vieillards, etc.*, 1903, p. 5.

〔5〕 A. Revillon, *L'assistance aux vieillards*, 1906, p. 33.

〔6〕 Evans, *Traité sur les éléphants*. Trad. franç., 1904, p. 8.

〔7〕 Ray Lankester, *Extinct Animals*. London, 1905, pp. 28, 29.

〔8〕 Enriquez, *Rendiconti d. Accad. d. Lincei*, 1906, t. XIV, pp. 351, 390.

〔9〕 R. Hertwig, *Ueb. d. physiologische Degeneration bei Actinos. Eichhornii*, Jena, 1904.

〔10〕 Minot, "Senescence and Rejuvenation", *Journal of Physiology*, 1891, t. XII.

〔11〕 Buehler, *Biologisches Centralblatt*, 1904, pp. 65, 81, 113.

〔12〕 Pohl, *Das Haar : die Haarkrankheiten, ihre Behandlung und die Haarpflege*, Stuttgart, 1902.

〔13〕 Marinesco, *Comptes rendus de l'Académie des sciences*, 23 avril 1900.

〔14〕 Marinesco, "Études histologiques sur le mécanisme de la sénilité", *Revue générale des sciences*, 30 décembre 1904, p. 1116.

〔15〕 Léri, *Le Bulletin médical*, 1906, p. 721; *Le Cerveau sénile*, Lille, 1906, pp. 64-69.

〔16〕 Sand, *Mémoires couronnés publiés par l'Académie royale de Belgique*, Bruxelles, 1906.

〔17〕 Laignel-Lavastine et Voisin, *Revue de médicine*, novembre 1906, p. 870.

〔18〕 Manouélian, *Annales de l'Institut Pasteur*, octobre 1906, p. 359.

〔19〕 Matschinsky, *Annales de l'Institut Pasteur*, 1900, t. XIV, p. 113.

〔20〕 Kœlliker, *Éléments d'histologie humaine*, Traduction française, 1856, p. 222.

〔21〕 Vulpian, *Leçons sur la physiologie du système nerveux*, 1866.

〔22〕 Douaud, *De la dégénérescence graisseuse des muscles chez les vieillards*, Paris, 1867.

〔23〕 Demange, *Étude sur la vieillesse*, 1886, p. 118.

〔24〕 Josué, *C. R. de la Société de Biologie*, 14 novembre 1903.

〔25〕 Boveri, *Clinica medica*, 1905, n. 6.

〔26〕 Lorand, *Bulletins de la Société royale des sciences médicales de Bruxelles*, 1905, n. 4, p. 105.

〔27〕 Sarbach, *Mittheilungen a.d. Grenzgeb. d. Med. u. Chir.*, t. XV, 1906.

〔28〕 Kocher, *Verhandlungen d. Kongr. f. innere Medicin*, Wiesbaden, 1906, pp. 59, 98.

〔29〕 Bourneville et Bricon, *Archives de Neurologie*, 1886.

〔30〕 Horsley, "Die Function d. Schilddrüse", *Virchow's Festschrift*, t. I, 1891, p. 369.

〔31〕 Arnal, *Utérus sénile*, Paris, 1905.

〔32〕 Fuss, "Der Greisenbogen", *Virchows Archiv*, 1905, t. CLXXXII, p. 407. —S. Toufesco, *Sur le cristallin*, Paris, 1906.

や行

ら行

わ行

欧数字

（索引起始頁はp.395）

な行

は行

ま行

さ行

た行

索　引

あ行

か行

専門は神経内科学、神経心理学。

東京大学医学部卒業。仏サルペトリエール病院、米モンテフィオーレ病院に留学後、東京大学神経内科助教授、東京女子医科大学神経内科主任教授、同大学医学部長を歴任。中山賞、仏日医学会賞、毎日出版文化賞、時実利彦記念賞特別賞などを受賞。

主な編著書：『ヒュゲイアの後裔―女性医師の系譜』（2020、中山書店電子書籍）『ホモ ピクトル ムジカーリス―アートの進化史』（2017、中山書店）『上手な脳の使いかた』（2016、岩波書店）『神経内科医の文学診断』（2008、白水社）『見る脳・描く脳―絵画のニューロサイエンス』（1997、東京大学出版会、毎日出版文化賞受賞）

五十嵐隆 IGARASHI Takashi

1953年東京生まれ。東京大学名誉教授、国立成育医療研究センター理事長。専門は小児腎臓病学。

東京大学医学部卒業。静岡県厚生連遠州総合病院、都立清瀬小児病院、東京大学医学部附属病院、ボストン小児病院などに勤務の後、東京大学医学部小児科講師、同教授、同附属病院副院長、小児医療センター長（兼任）、東京大学教育研究評議会評議員を歴任。東京都医師会研究賞、日本腎臓財団賞を受賞。

主な編著書：『小児腎疾患の臨床』（2019、診断と治療社）『小児科臨床ピクシス』（全30巻シリーズ総編集、2008～2015、中山書店）『Genetics of Bone Biology and Skeletal Disease』（2018、Academic Press）

池田清彦 IKEDA Kiyohiko

1947年東京生まれ。早稲田大学名誉教授、山梨大学名誉教授、高尾599ミュージアム名誉館長。理学博士。専門は理論生物学、構造主義生物学。

東京教育大学理学部卒業、東京都立大学理学研究科博士課程満期退学。山梨大学教育人間科学部教授、オーストラリア博物館客員研究員、早稲田大学国際教養学部教授などを歴任。

主な編著書：『「進化論」を書き換える』（2011、新潮社）『人の死なない世は極楽か地獄か』（監修著、2011、技術評論社）『生命の形式―同一性と時間』（2002、哲学書房）『構造主義科学論の冒険』（1990、毎日新聞社）『構造主義生物学とは何か』（1988、海鳴社）

武藤徹一郎 MUTO Tetsuichiro

1938年台北生まれ。東京大学名誉教授、がん研有明病院名誉院長。専門は消化器外科学。

東京大学医学部卒業。同大学医学部第一外科教授、同附属病院長、癌研究会附属病院副院長、同院長、癌研有明病院院長を歴任。

主な編著書：『免疫細胞治療―がん専門医が語るがん治療の新戦略』（編著、2009、幻冬舎）『大腸がん』（2000、筑摩書房）『大腸ポリープ・ポリポーシス―臨床と病理』（1993、医学書院）『炎症性大腸疾患のスペクトル』（1986、医学書院）

訳者・執筆者紹介

森田由紀　MORITA Yuki

広島市出身。東京外国語大学フランス語学科卒業。在学中にフランスのポワチエ大学に1年間留学。東京外国語大学卒業後渡欧。オランダのライデン大学人文学部に入学し中国学専攻。同修士課程修了後、オランダのヤクルト本社欧州本部に入社。欧州事業拡張期の同社で法務を担当し、会社設立、商標法、欧州食品法、コーデックス国際規格などの業務に携わり、乳酸菌関連の学術広報もサポートした。退職時は法務・パブリックアフェアーズ担当役員。オランダ語公認翻訳家。2020年からは東京大学史料編纂所共同研究員として「18世紀オランダ東インド会社の遣清使節日記の翻訳と研究」に携わり、現在に至る。

細野明義　HOSONO Akiyoshi

1938年北海道生まれ。信州大学名誉教授。専門は畜産利用学。

東北大学農学部卒業。信州大学農学部助手、同学部助教授、同教授、（公財）日本乳業技術協会代表理事、国際酪農連盟日本国内委員会常任幹事を歴任。日本農学賞・読売農学賞などを受賞。

主な編著書：『近代日本の乳食文化―その経緯と定着』（共著、2019、中央法規出版）『ヨーグルトの科学―乳酸菌の贈り物』（2004、八坂書房）『発酵乳の科学―乳酸菌の機能と保健効果』（2002、アイ・ケイコーポレーション）『畜産食品の事典』（共編、2002、朝倉書店）

村上陽一郎　MURAKAMI Yoichiro

1936年東京生まれ。東京大学名誉教授、国際基督教大学名誉教授。専門は科学史、科学哲学。

東京大学教養学部卒業。上智大学理工学部助手、同学部助教授、東京大学教養学部助教授、同教授、東京大学先端科学技術研究センター長、国際基督教大学教授、東京理科大学大学院教授、東洋英和女学院大学学長などを歴任。ほかに北京の人民大学、大連の理工大学客座教授、ウィーン工科大学招聘教授など。哲学奨励山崎賞、毎日出版文化賞、柿内賢信記念賞特別賞などを受賞。

主な編著書：『科学史・科学哲学入門』（2021、講談社）『コロナ後の世界を生きる―私たちの提言』（編著、2020、岩波書店）『安全学』（1998、青土社）『ペスト大流行―ヨーロッパ中世の崩壊』（1983、岩波書店）など多数。

岩田誠　IWATA Makoto

1942年東京生まれ。東京女子医科大学名誉教授、メディカルクリニック柿の木坂院長。

Elie Metchnikoff

http://nakayamashoten.jp/wordpress/zaidan/

メチニコフの長寿論《ちょうじゅろん》
楽観主義的人生観《らっかんしゅぎてきじんせいかん》の探求《たんきゅう》
ESSAIS OPTIMISTES

2021年12月20日　初版第1刷発行

著　者	エリ・メチニコフ
訳　者	森田由紀《もりたゆき》
発行者	村上陽一郎
発行所	公益財団法人 中山人間科学振興財団 〒112-0006 東京都文京区小日向4-2-6　TS93ビル10F TEL03-5804-2911　FAX03-5804-2912
発　売	株式会社中山書店 〒112-0006 東京都文京区小日向4-2-6 TEL03-3813-1100（代表）

編集・制作	株式会社中山書店
編集協力・校閲 本文デザイン	株式会社鷗来堂
装　丁	花本浩一（麒麟三隻館）
印刷・製本	株式会社シナノパブリッシングプレス

ISBN 978-4-521-74933-4　Printed in Japan